普通高等教育"十一五"国家级规划教材

空间数据分析教程

（第二版）

王劲峰　廖一兰　刘　鑫　编著

U0263459

科学出版社

北京

内 容 简 介

环境与社会科学的数据多存在于地理空间之中，空间数据分析方法是分析挖掘地理空间数据信息和知识的有效手段。本书包括了空间探索性分析、空间统计学、机器学习和时空分析，以及空间分析软件包和案例数据等内容。本书介绍的各种方法和模型均附有真实案例和数据，以及软件和数据下载地址和操作步骤，读者可以按照书中描述重复这一过程，然后输入自己的数据迅速得到自己的计算结果。阅读本书只需要概率统计的基本知识即可。

本书可供地学和社会科学领域的本科生、研究生使用，以及地理信息科学的学者参考。

审图号：GS（2019）974 号

图书在版编目（CIP）数据

空间数据分析教程/王劲峰，廖一兰，刘鑫编著. —2 版. —北京：科学出版社，2019.4

普通高等教育"十一五"国家级规划教材

ISBN 978-7-03-060789-8

Ⅰ. ①空⋯　Ⅱ. ①王⋯　②廖⋯　③刘⋯　Ⅲ. ①空间信息系统-数据处理-研究生-教材　Ⅳ. ①P208

中国版本图书馆 CIP 数据核字（2019）第 043905 号

责任编辑：杨　红　程雷星/责任校对：何艳萍
责任印制：赵　博/封面设计：迷底书装

科 学 出 版 社 出版
北京东黄城根北街 16 号
邮政编码：100717
http://www.sciencep.com
北京厚诚则铭印刷科技有限公司印刷
科学出版社发行　各地新华书店经销
*
2010 年 3 月第　一　版　　开本：787×1092　1/16
2019 年 4 月第　二　版　　印张：17 1/2
2025 年 1 月第十一次印刷　字数：448 000
定价：59.00 元
（如有印装质量问题，我社负责调换）

第二版前言

拙著《空间分析》(王劲峰等，2006)侧重理论，本书侧重应用，两部书互相补充，形成姊妹篇。《空间数据分析教程》(王劲峰等，2010)第一版一经出版，很快售罄，曾多次加印，并荣获第二届全国优秀地理图书奖。网络评论和读者来信给予了很多鼓励和反馈意见。同时，在基于空间自相关性(spatial autocorrelation)的经典空间统计学基础上，近年关于空间分层异质性(spatial stratified heterogeneity)的统计理论取得突破，方法和应用取得长足进展，时空统计学方法进一步发展，这些都为空间数据分析提供了新的研究工具。现在市场上流行本书第一版的 pdf 版说明读者对本书还有需求。因此，作者对第一版进行了全面修订，形成第二版。新版主要变化如下。

(1)结构做了大幅调整。第一版以数据类型划分各章，第二版以问题导向划分，读者可以根据研究问题"单刀直入"选择所需要的方法。

(2)增加了数据集，更新了书中方法软件的免费下载网址。每章均有案例图解，数据可从 http://www.sssampling.cn/201sdabook/main.html 免费下载。

(3)增加了空间分层异质性的分析方法，这是本书与国内外同类书籍比较的一大特色。随着研究范围的增加和空间分辨率的提高，特别是空间大数据涌现，空间分层异质性现象凸显，是一个蕴含丰富信息的"金矿"。相应的统计理论方法取得突破，将在本版中介绍。

(4)增加了时空建模方法，编为第 16~20 章。随着空间数据的累积，形成了大量的时空数据集以供分析使用。

(5)删去了第一版中读者可以方便地从其他图书中找到的统计学一般和次要内容。

本书的读者对象是 GIS 和空间统计学的零基础者，也可供相关专业的研究人员参考。书中的案例数据和使用的软件均有免费下载地址。读者可以重复书中描述的模型计算步骤，然后输入自己的数据，得到自己的计算结果。读者需要针对研究问题选择变量，对输出结果给出专业的解释，从而形成一篇好的研究论文或报告。

在第二版修订中，得到了很多学者和同学的帮助。徐成东组织研制了用于空间分层异质性研究的 Geodetector 软件，参与了第 8 章和第 6 章的写作；姜成晟组织研制了空间抽样与统计推断软件；任周鹏撰写了第 9 章；李俊明撰写了第 11 章和第 18 章；李东岳撰写了第 16 章；孔令才撰写了第 17 章和第 20 章。张宁旭、李春林、符晨曦、彭超和刘小驰撰写了部分章节案例。本书是在广泛深入的科研和长期教学的基础上完成的，一直以来得到陈述彭、丁德文、程国栋、Robert Haining、Manfred M. Fischer、George Christakos、王志峰、宋长青、冷疏影、周成虎、刘高焕、陆峰、苏奋振、裴韬、葛全胜、庄大方、李新、黎夏、陈军、闾国年、汤国安、李满春、童小华、秦昆、徐冰、董玉祥、刘彦随、秦大河、傅伯杰、林珲、史文中、隋殿志、关美宝、吴嘉平、Zhang Tonglin、Meng Xiaoli 教授；201 空间分析研究组及历任班长孙英君、李新虎、曹志冬、胡茂桂、王妍、任周鹏、殷倩、张杰昊、徐冰、汪洋；教学过程中邵雪梅、陈东、张学珍、宋现锋，以及马志鹏、路小娟、姚一鸣等各位老师和同学的指导、支持和帮助；指导本书写作的领导、朋友和家人没有一一列出，在此一并表示衷心的感谢。

　　本书得到中国科学院大学教材出版中心资助，在此表示感谢！

王劲峰　廖一兰　刘　鑫

2019 年 2 月 5 日春节

第一版前言

有空间坐标或相对位置的数据通称为空间数据，如发病率在各社区、乡村的分布，气象台站监测的温度、降雨、辐射，大气污染分布，土壤重金属含量在区域各抽样点的数值，全国各主要城市的 GDP，区域社会经济调查(抽查或普查)数据，城市各路段的瞬时交通流量，遥感影像各像元的光谱值，等等。

统计学是数据描述、总结、推断、预测分析的基本方法，大多数情况下要求样本互相独立、大样本、多次重复。空间数据通常具有互相不独立性，空间异质性、不可重复性。将经典统计学理论直接运用于空间数据其结论将是有偏和非最优的。因此，经过地理学家和数学家近 50 年的研究发展，形成了独特的空间数据特有的分析理论。

拙著《空间分析》(王劲峰等，科学出版社，2006)一经出版，各书店和网络售书很快售罄；国内外的几位地理信息科学著名学者给予很好的评价；作者还被告知该书被剑桥大学地理系推荐为参考书；从中国大陆去美国求学的一些学子在其航空行李重量严格受限的宝贵空间里携带了此书；被同行朋友作为枕边书；作者的欣慰还特别来自于该书读者的评价，鞭策作者放下案头繁重的科研工作，撰写一本适合地理信息科学更加普及的空间分析读本。

一部成功的著作，不仅被初学者视为深入浅出的入门教材，而且也被该领域的著名学者的研究论文经常引用。其成功的秘诀可能在于用简单的语言描述深刻复杂的问题本质，而不是用较多的数学公式为主要语言。实际上，文字和数学是描述一个对象的两种工具，对于复杂的问题，纯粹用语言描述经常难以表达复杂的关系，显得力不从心，读者不知所云；而纯粹用数学描述，亦复杂，不易被读者理解其本质。真实世界的终极本质可能是简单和相互联系的，时间 C、质量 M 和能量 E 分别处于三个互相垂直维度上的核心变量，竟然能够被 $E=MC^2$ 如此简单的数学方程联系起来，反映了发现者深刻的洞察力、也提示"越本质、越简单"这一真理，在某种意义上，"越复杂、越肤浅"。科学家的任务应当是将复杂留给自己，将简单奉献给人类。是否反映了问题的本质、读者是否容易理解和可重复，是作者在写每一句话、每一个公式选取最佳表达方式的唯一标准。这是本书写作过程中始终铭记在心的。

本书是在 2006 年已经出版的《空间分析》专著的基础上重写，简化、添加了空间数据分析中被证明是强有力的最新成果，删略了一些过泛的内容。每个理论和模型均配有公开免费下载的软件的操作案例，运用真实典型案例，step by step 的软件操作步骤截图。本书的各章的体例大体为：引言，说明该模型的用途；原理，用文字和关系图说明该模型的基本思路；案例；数学模型。据此，读者在初步了解模型的用途和基本思想后，就可以迅速地重复这些算例；输入自己的数据得到计算结果；如果读者有进一步兴趣了解具体数学模型的细节，可参考各章最后的数学模型部分。作者以为这种体例对读者学习和迅速使用空间数据分析理论是十分方便的。该书被遴选为国家级教材，供地学、环境和社会科学领域的本科生、研究生自学，并供授课老师和研究人员参考。2006 年版的《空间分析》侧重理论性，而本书更侧重实用性。

我们在空间数据分析领域的研究和实践得到了 OAD Scholarship、Marie Curie Fellowship、国家留学基金、中国科学院高访基金、中国科学院、国家自然科学基金、973 计划、863 计划、国家科技支撑、科技部国际重大合作项目、国家重大科技专项的支持。感谢陈述彭、丁德文、程国栋、何建邦、周成虎、闾国年、刘高焕、黎夏、史文中、隋殿志、梁怡、宋长青、冷疏影、刘纪远、陈军、刘昌明、陆大道、郑度、李小文、孙九林、毛汉英、高晓路、应龙根、赵作权、王志峰、王道辰等许多先生对我们的长期指导和支持。感谢我们的长期指导、支持与合作者：Robert Haining(空间统计学)、Manfred M. Fischer(空间计量经济学)、George Christakos(空间随机场)、Tony McMichael(空间流行病学)、Niels Becker(生物统计学)、Katie Glass(生物数学)、Ben Reis(计算流行病学)、郑晓瑛(人口学)、杨维中(流行病学)、曾光(流行病学)、李新(遥感)、庄大方(地理信息科学)、钟耳顺(地理信息科学)、葛咏(不确定性)、关元秀(生态建模)、李连发(抽样)、柏延臣(不确定性)、王智勇(技术扩散)、朱彩英(遥感反演)、武继磊(空间统计)、孙英君(随机模拟)、何绍福(生态经济)、韩卫国(地学计算)、刘旭华(土地动力学，参与撰写本书第 19 章)、孟斌(空间统计，参与撰写本书第 8 章和第 21 章)、李新虎(空间统计)、王海起(交通优化)、李三平(不确定性)、赵艳荣(流行病学)、王磊(流行病学)、孙腾达(交通模拟)、赵永(CGE 模型)、迟文学(空间统计)、林华亮(流行病学)、冯小磊(空间抽样)、高一鸽(时空数据可视化)、曹志冬(空间统计建模)、郭瑶琴(弹性网络)、申思(空间认知地图)、徐一土(软件系统)、姜成晟(空间抽样)、常超一(空间流行病)、王娇娇(城市交通预报，参与撰写本书第 15 章)、胡茂桂(超分辨率模型)、白鹤翔(粗糙集，参与撰写本书第 15 章)、姜新利(软件系统)、吴凡(登革热评估)、马爱华(空间抽样)、李小洲(参与写作本书第 25 章)、郭燕莎(空间抽样)、胡艺(健康与地质)等。

　　支持和指导我们的领导、朋友和家人没有一一列出，在此表示衷心的感谢。

王劲峰
2009 年 4 月 20 日

目　　录

第一篇　空间探索性分析

第二篇　空间统计学

第四篇 时空分析

附 录

引　论

0.1　举　例

·　出生缺陷是指婴幼儿任何功能或结构异常，在出生或其后表现出来。出生缺陷是由出生前的遗传和环境交互作用引起的，但是与遗传和环境关联的风险因子很难分离开来。空间统计以其独特的视角突破了这一难题。下面以某县出生缺陷的环境与遗传因子识别为例演示（Wu et al., 2004）。

该县地处山区（图 0.1），东西长 75km，南北宽 30km，总面积 2250km^2，326 个行政村，总人口 14 万[图 0.1（b）]，其中，农业人口 11.8 万人；地势高峻，以山地、丘陵居多，一般海拔在 1300m 以上，交通不便，历史以来与外界交往相对封闭；属温带大陆性气候，春季干燥多风，夏季温暖多雨，秋季凉爽，阴雨较多，冬季漫长而寒冷；年平均气温为 6.3℃，1 月为–10℃左右，年降水量 593mm，霜冻期为 9 月中旬至次年 5 月中旬，无霜期 124 天；全县经济以农业为基础，主要种植玉米、谷子、山药及莜荞麦等杂粮；是全国重点产煤县之一，以煤炭工业为主导，煤炭、化工、建材、冶金四大行业是其主体。

调查获得该县 i 村（$i = 1, 2, \cdots, N; N = 326$）4 年的神经管畸形累计发病率 y_i [图 0.1（a）]，使用局域 Getis G*（Getis and Ord, 1992）统计探测发病率热点，并将探测出来的热点区域分布与怀疑可能的致病因子空间格局比较，推断研究区的神经管畸形发病原因，为制定防控策略提供线索。

$$G_i^*(d) = \frac{\sum_{j=1}^{N} w_{ij}(d) y_j}{\sum_{j=1}^{N} y_j} \tag{0.1}$$

$$E(G_i^*(d)) = w_{i.}^*(d)/n \tag{0.2}$$

$$v(G_{i.}^*(d)) = w_{i.}^*(n - w_{i.}^*)s^2/n^2(n-1)\bar{y}^2 \tag{0.3}$$

$$Z_{G_i^*(d)} = \frac{G_i^*(d) - E\left(G_i^*(d)\right)}{\sqrt{v\left(G_i^*(d)\right)}} \tag{0.4}$$

$$Z_{G_i^*(d)} \sim N(0, v(G_{i.}^*(d))) \tag{0.5}$$

式中，$w_{ij}(d)$ 为 i 和 j 两村之间的连接矩阵，如果在指定距离 d 之内取值 1，否则为 0；也可灵活地定义为距离衰减函数。$w_{i.}^*(d) = \Sigma_j w_{ij}(d)$，$\bar{y}$ 和 s^2 分别为观测值 y 的均值和方差。$G_i^*(d)$ 近似于正态分布。在零假设下，即空间对象的属性取值分布不具有空间相关性，$G_i^*(d)$ 的期望和方差分别为 0 和 1。局域 Getis G*统计量的统计检验值（$Z_{G_i^*}$ 值）常用来衡量空间对象属性的空间相关性的显著性。如果 $Z_{G_i^*}$ 值为正且通过显著性检验，则表明 i 村周边村落的神经管畸形发病率与 i 村的发病率相近，存在空间聚集。

在该县范围内，0～30km，以 1km 为步长调整 d 值，发现在 $d<7$km 时，$G_i^*(d)$ 为空间聚集状(图 0.2)，随 d 增加，空间格局渐变，当 d 达到 22km 时，出现明显的条带状(图 0.3)。这种空间尺度现象提示人们寻找其解释。通过现场调查和分析数据发现典型距离尺度，含义如表 0.1 所示。

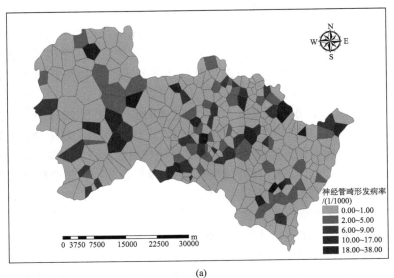

(a)

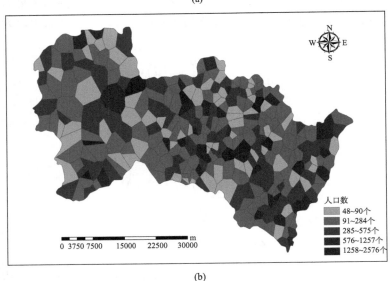

(b)

图 0.1 某县神经管畸形发病率(a)、人口数(b)

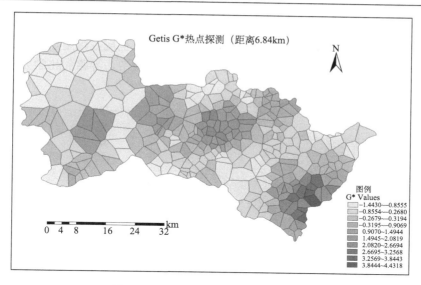

图 0.2　聚团形热点区域分布(6.84km)

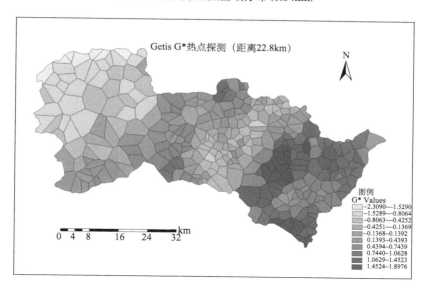

图 0.3　条带形热点区域分布(22.8km)

表 0.1　某县典型距离及其意义

统计项	距离值	实际意义
偏僻村落距最近村落距离	5.848km	日常人际交往距离
乡镇中心相距距离	6.165～9.309km	研究区人群社会经济活动半径
土壤类型距离	19.5～30km	土壤、地质状况类型变异尺度

(1)在该区的人群社会经济活动的基本范围内(6.84km 左右),生活习俗、经济状况及通婚圈范围等对出生缺陷的发生产生影响,从而使得在这种尺度下,神经管畸形发生率呈现空间聚团分布状态。

(2) 该区的地质、土壤等自然环境要素具有条带状分布的特点(图 0.4 和图 0.5),故当热点探测采取土壤变异尺度作为空间权重距离阈值时,其结果呈现条带型热点分布,这种结果表明了地质环境可能对神经管畸形发生产生影响。自然环境中,异常的化学元素可能存在于某些特定类型的岩石和土壤中。

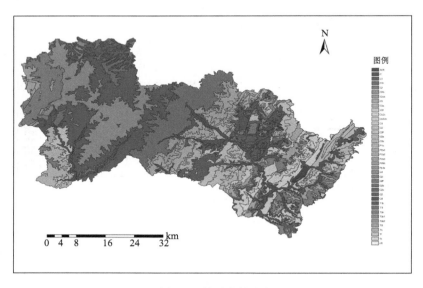

图 0.4　某县岩性分布

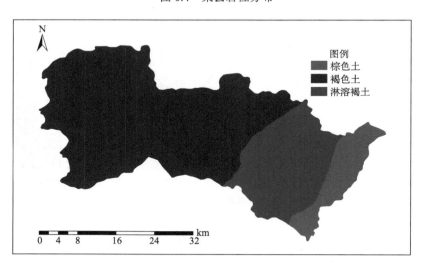

图 0.5　某县土壤分布

之后,运用地理探测器(Wang et al., 2010b, 2016a 及本书 8.3 节)量化这些定性发现,并且发现健康风险多种影响要素的交互作用的方式和程度。同时期同地区进行的生理代谢组学实验结果验证了地理探测器的发现。

0.2 空间数据分析理论体系

1. 空间数据类型

在经典统计学基础上(陈希孺,2002),基于空间自相关性的空间数据统计学已经形成许多方法(Fischer and Getis, 2010)。从分析方法的角度,空间数据分为三类:空间连续数据(spatial continuous data),也称地统计数据(geostatistical data),如地表温度分布、钻孔或土壤采样数据等,可通过空间插值生成连续数据;多边形数据(polygons),也称面数据(areal data)或区域数据(regional data),无论是规则(如遥感图像的像元)还是不规则多边形(如记录社会经济数据的行政单元);点数据(point data),其空间位置是重要的,不涉及属性值,如居民点的空间分布、禽流感暴发点的空间分布等。每类数据可以用同样的空间数据分析方法。空间过程或者空间随机场的一般形式(Cressie, 1991)为

$$\{Z(s):s \in D\}$$

式中,D 为域,或"研究区",$D \subset \mathcal{R}^d$,$\mathcal{R}$ 为实数,d 为维数。假设在每个点 s 上的观察值 $Z(s)$ 是一个随机变量。所有点 s 上的随机变量集合 $\{Z(s),s \in s\}$ 形成随机变量向量 $Z(s)$,称作空间过程;对所有点 s 上的随机变量 $\{Z(s),s \in s\}$ 的一次观察值全体 $z(s)$,称作空间总体(population);对空间总体抽样(sampling),形成一个样本(a sample)。空间统计的主要目的就是通过样本对空间总体进行推断(Wang et al., 2012a)。

连续数据,也称地统计数据, D 是 $\mathcal{R}^d$ 的一个连续固定子集,如在一个国家内的一些地点上抽取的空气臭氧样品、野外场地内抽取的雪深样本、一系列气象台站的温度值、不同点测量的空气高度值、土壤样品中的氮浓度、湖水样品中的污染浓度等。

多边形数据,也称面数据、格数据(lattice data),D 是 $\mathcal{R}^d$ 的一个可数但是固定的子集,如用节点表示的格网,如一个县里各乡镇的疾病患者数目、果园内每棵树上的果实数目、一个道路系统上每个道路段的机动车事故数目、每段河流里鱼的数量、图像各像元值等。如果 $D = \{D_h, h = 1, 2, \cdots, L\}$,并且 $s_h \in D_h$,$Z(s_h)$ 退化为一个常数或标注不同类型,那么,这个多边形数据集就是状态(如发达和欠发达地区)或类型量(如土地利用类型图)。

点数据, D 是 $\mathcal{R}^d$ 的一个随机子集。假如 $Z(s)$ 是点 $s \in D$ 上的随机向量,则它就是标注点过程,如果 $Z(s) \equiv 1$,即一个退化随机变量,那么,仅 D 是随机的,被称做空间点过程,如森林中树木位置、天空中恒星位置、一个区域内闪电攻击位置、癌症患者的居住位置、动物出生位置等。

1854 年 John Snow 对伦敦霍乱暴发病例的空间分析发现了传染源,从而控制了疫情的继续传播,成为空间数据分析和流行病学两个学科领域的共同起源。空间连续数据分析理论分别起源于采矿的钻孔数据空间插值(Matheron, 1963; Issaks and Srivastava, 1989; Christakos, 1992)和气象要素空间插值(Gandin, 1963);空间多边形数据分析方法起源于社会经济统计单元数据的空间自相关性度量和回归(Moran, 1950, Cliff and Ord, 1981; Anselin, 1988, Haining, 1990; 应龙根和宁越敏,2005)及计量地理学(Fothringham et al., 2000; 张超,1984; 秦耀辰,1994; 徐建华,2002; 朱长青,2006);点数据分析起源于生态学样方分析(Diggle, 1983)。另外,空间点或连续数据之间的空间关系是通过点间距离或半变异函数来表达的;而格数据的空间关系则通过多边形之间的连接矩阵来实现和表达。因此,两种类型数据分析的数学模型

形式不同,但思路相近。

实际上,空间数据类型可以互相转换,反映不同的问题。例如,0.1 节神经管畸形发病率在 326 个行政村的空间分布,是多边形数据;若以一段时间内各行政村发生和未发生神经管畸形事件制图,则形成点数据;若将 326 个行政村神经管畸形发病率用等值线表达,则生成连续数据;连续数据栅格化生成(规则)多边形数据,等等。Fothringham 等(2000)将连续数据分析的核心内容 Kriging 模型和多边形数据分析的核心内容 SAR/MA/CAR 回归模型统一到一个建模体系内。不确定性始终贯穿于空间数据及其转换之中(柏延臣和王劲峰,2003;葛咏和王劲峰,2003;史文中,2005)。

2. 空间统计信息流

研究区域的所有单元集合,称为总体(population)。空间数据分析一般需要经历这样一个过程:通过观测得到总体的一个子集,也就是一个样本(a sample),将样本带入一个统计量(estimator)对总体进行推断。这一过程的信息流如图 0.6 所示。因此,空间数据统计分析的误差是由(总体、样本、统计量)"三位一体"空间抽样与统计推断(spatial sampling trinity)所决定的(Wang et al., 2012a)。空间抽样与统计推断总是互相联系的,当总体存在空间分异并且样本量较小时,样本的不同放置位置和不同的统计量的统计推断结果差异较大,则需要使用具有样本纠偏能力的统计量进行统计推断(Wang et al., 2013a; Hu et al., 2013; Xu et al., 2013; Heckman, 1979; Meng, 2018)。

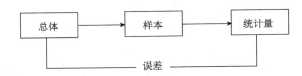

图 0.6 "三位一体"空间统计信息流(Wang et al., 2012a)

0.3　模型选择与效果评估

本书将介绍不同模型,以及其假设条件。如何选择模型?估算精度如何评估?可以根据总体-抽样-统计量"三位一体"空间统计信息流进行考察(Wang et al., 2012a)。

1. 模型选择

地理空间分布对象总体可能具有空间自相关性(用 Moran's I 或半变异函数检验,参见 3.1 节空间自相关性),也可能具有空间分异性(用地理探测器 q 统计检验,参见 3.2 节空间分层异质性),以及具有可变面元问题(不同的分层 strata 或等级具有不同的 q 值,按照专业知识进行分层或者按照 q 最大进行分层,参见 3.3 节可变面元问题)。

如果模型假设与研究对象总体性质是一致的,那么,就是恰当模型。因此,在选择模型时,首先应当判断对象总体的性质:

(1)如果是独立同分布的,采用经典统计学(复旦大学,1979)是恰当的。

(2)如果空间相关性强,而空间分异性弱,并且没有明确的解释变量或解释变量不可获取,那么,Kriging 方法(第 5 章 5.4 和 5.5 节)是恰当的。

(3)如果空间分异性强,而空间相关性弱,并且没有明确的解释变量或解释变量不可获取,那么,三明治(Sandwich)模型(第 5 章 5.6 节;免费软件 www.sssampling.cn)是恰当的。

（4）如果空间分异性强，并且空间相关性也强，并且没有明确的解释变量或解释变量不可获取，那么，又分三种情况（免费软件 www.sssampling.cn）：① 如果各层（strata）均有样本，那么，MSN、P-MSN 模型是恰当的（Wang et al., 2009; Hu and Wang, 2011）；② 如果某些层（strata）没有样本，那么样本有偏，这时 BSHADE、P-BSHADE 模型是恰当的（Wang et al., 2011; Hu et al., 2013; Xu et al., 2013; Xu et al., 2018）；③ 如果只有一个样本单元，并且有辅助变量，这时可用 SPA 模型（Wang et al., 2013a）。

（5）如果解释变量明确并且可获取，而空间分异性弱，并且空间相关性也弱，那么，贝叶斯层次模型（BHM）（第 18 章）和多元回归方法是恰当的，也可使用黑箱模型。

2. 精度评估

如有真值，则用真值检验。可以预留一定比例的真值不参与模型标定，而用于模型检验。如果样本少，可以用 leave one out validation 交叉验证方法：预留一个样本单元不参与模型标定而用于检验；然后预留另外一个样本单元重复以上过程，直至所有样本单元都被预留了一次用于检验。评估误差指标包括 MSE（mean square error）等。

如果没有真值，则选用与目标变量性质尽量接近并且全覆盖的变量进行检验模型的适用性和结果的可靠性（Wang et al., 2013a）。

做历史或未来时期插值时，历史或未来时期无真值，可用现代有真值区域进行方法验证（Wang et al., 2014; Wang et al., 2017）。

如果能够说明理论方面模型选择是对的，真值也是可信的，模型输出应当与真值接近，或者是其他模型不会更好（需要数据验证）。

0.4　本书结构

空间数据分析理论方法正在被地学、公共卫生、社会科学等广泛使用。同时，近年机器学习算法在人工智能领域的成功，也被运用到空间数据分析。随着时空数据的大量产生，例如地理大数据，对时空数据分析方法有了迫切需求（王劲峰等，2014）。因此，本书内容包括当今主流的空间探索性分析（第一篇）、空间统计学（第二篇）、机器学习（第三篇）、时空分析（第四篇）等共 20 章，以及软件与案例数据（附录）。每章大体遵循问题的提出、原理、案例（案例及其软件操作）、数学模型的体例，以达到学以致用的目的。

第一篇　空间探索性分析

　　空间数据一般用 GIS 存储与操作，第 1 章介绍 GIS 的基本原理和 ArcGIS 软件使用步骤。对于呈现在眼前的地图，首先可以"看图识字"，进行地图分析。第 2 章介绍了三种常用的地图分析方法。

第1章 GIS 简 介

生活中，人们常常会面临这样的问题：选取哪条路线到达目的地的时间最短？如何在综合考虑租金、上班距离、居住环境等因素的基础上，挑选一处合适的租住点？在过去一年里，研究地区的土地利用情况发生了怎样的变化？城市规划中如何才能合理地布置地下管线？对于某一类疾病的患病人群，在空间上呈现怎样的分布规律？兴趣点(place of interest, POI)如公园绿地都分布在哪里？在一次伴随有大风的森林火灾中，火势将如何发展？

上述问题及其他更多的类似问题，都与地理位置相关。地理信息系统领域的人都很清楚，要回答上述问题，就需要访问具有多维(x, y，甚至 z 空间坐标，t 时间坐标；属性)、大容量的地理信息(Longley et al., 1999)。

地理信息系统(geographical information system, GIS)是一种空间数据存储、展示、管理、查询、分析和决策支持系统，其特点是存储和处理的信息经过地理编码，地理位置及与该位置有关的研究对象属性信息成为信息检索的重要部分。在地理信息系统中，现实世界被表达成一系列的地理要素和地理现象，这些地理特征至少有空间位置信息和非位置信息两个组成部分(邬伦等，2001)。

20 世纪 60 年代至今，GIS 已迅速发展成为一个独特的研究领域，并应用于区域规划、土地管理、水利水资源管理、旅游管理、城市管理、交通、卫生、农业、军事等领域，形成一个全球性的重要行业。

1.1 案 例

几乎所有使用空间数据的部门都可以应用 GIS。本节简要介绍地理信息系统在一些具体领域的应用。

1.1.1 环境保护

随着经济的发展，环境污染直接影响人们的生活质量，环境质量问题也越来越受到重视。在环境保护工作中，GIS 作为信息工具平台和信息服务平台，能够把各种环境信息同地理位置和有关视图结合起来提供给环保工作者。其最大的特点在于把环境中的各种信息与反映地理位置的图形信息有机结合在一起(图 1.1)，并根据环境需要对这些信息进行分析。GIS 技术被充分利用到环境领域中，在提高环境保护工作效率的同时，也影响着环境保护工作方式的转变。

1.1.2 应急减灾

GIS 是评估潜在危险的强大工具，其可评估灾害可能在哪里发生，它们可能造成什么样的影响、伤害和损失等。GIS 能够把事发位置信息、追踪路径、传感器，视频，以及其他与GIS 数据相关的动态数据(影像、高程、街道、重点基础设施等)与交通、医院、气象结合起来，为决策者提供有力的支持。当危机出现时，GIS 会为应急行动计划的制定、毁坏情况的评估及灾害信息的共享提供相关信息和帮助(图 1.2)。GIS 支持应急管理的所有阶段,包括灾情缓解、预防和准备、快速反应及恢复重建。

图 1.1 三维仿真环境下污染扩散模拟(http://www.cjw.gov.cn/)

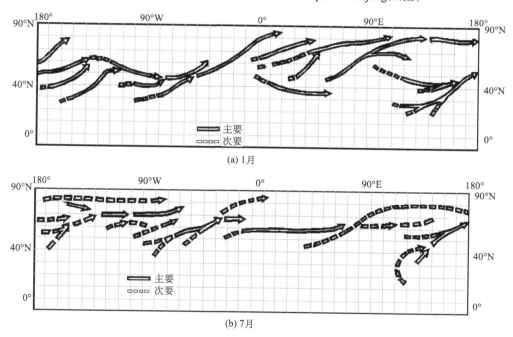

图 1.2 1980 年主要及次要风暴路径

1.1.3 交通运输

GIS 在交通方面的应用得到了广泛的重视,并形成了专门的交通地理信息系统 GIS-T(GIS-transportation),它是 GIS 在勘测设计、规划、管理等交通领域中的具体应用。GIS-T 通过地理信息系统与多种交通信息分析和处理技术的集成,可以为交通规划、交通控制、交通基础设施管理、物流管理、货物运输管理提供操作平台。例如，运输企业可以借助路径选择功能，对营运线路进行优化选择，并根据专用地图的统计分析功能，分析客货流量变化情况(图1.3)，制定行车计划。运输管理部门还可以利用它对危险品等特种货物运输进行路线选择和实时监控。

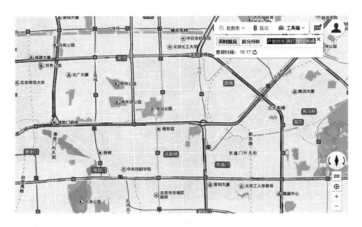

图 1.3　北京市某地区某时刻道路流量状况

1.1.4　国土资源管理

国土资源包括土地资源、矿产资源及海洋资源，这些资源都分布在一定地理空间环境中，与地理位置密切相关。在国土资源管理中，经常需要对这些资源进行空间定位、面积测算、类型调查及权属确认等。国土资源的这些特点，注定了国土资源信息天然就是一种地理信息(图1.4)。地理信息系统目前已经广泛应用于资源环境(如森林、矿产、水利、农

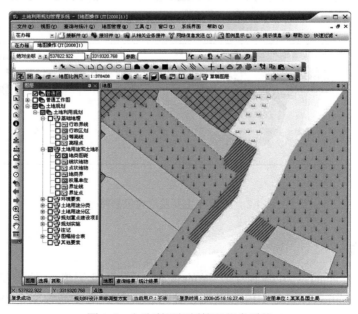

图 1.4　土地利用规划管理信息系统

业、牧业等)管理,自然资源(如林业、地质矿藏、水资源等)调查,自然灾害(如水灾、旱灾、虫灾、震灾等)监测、预报、评估,环境保护(如水土流失、荒漠化等的治理)等方面(陆守一等,2001)。

1.1.5　公共卫生

传染病的发生与流行、地方病的分布及病因、许多疾病的地方高发性特点,以及医药卫生机构的分布等都与空间信息密切相关。同时,健康和疾病受到各种生活方式和环境因素的影响,这些通过空间位置连接起来,为流行病学研究提供了有价值的线索。医学数据资料的这种空间相关特点成为 GIS 应用的前提。GIS 在公共卫生中的应用包括疾病监测及流行病学研究、环境健康研究、卫生服务利用与决策、公共卫生突发事件的应急处理等。

1.2　GIS　原　理

一个 GIS 的建立涉及地理表达、空间参考、空间数据模型三个概念,这里简要介绍这些基本概念及内容。

1.2.1　地理表达

地理要素的空间表达方法可以概括为矢量、栅格、三角形不规则网、Voronoi 等几类。以此为基础,可以构造地理空间各种不同的数据模型和数据结构(陈述彭等,2003)。在构建地理表达时,必须对表达什么、展示细节的程度及跨越哪些时间段进行选择。同时,众多的选择也为 GIS 工作者提供了许多创作机会。

1.2.2　空间参考系

介绍空间参考之前,首先简要介绍坐标系统、基准面、椭球体、投影四个概念。

1. 坐标系统

有三种比较流行的坐标系统:地心坐标系统、球坐标系统、笛卡儿坐标系统,由于笛卡儿坐标系统的广泛性,这里做重点介绍。

笛卡儿坐标系统是一种"平面"的坐标系统,这种坐标系统是二维的,这里的平面两个字加上引号是因为地球的表面不是真的平面,而是一种球。在实践中用得最多的一种就是通用横轴墨卡托投影系统(universal transverse mercator,UTM)。但是具体到地球上某个地方的时候,测量人员一般不会直接采用这种投影,而是一种称为本地平面投影坐标系统,这涉及本地基准面等概念。有了笛卡儿坐标系统,人们可以非常方便地在地图上进行各种量算:距离长度、角度和面积,这些都与下面说到的投影密切相关。

2. 基准面和椭球体

借助现在的卫星监测技术,人们已知道地球其实是一个不规则的球状体。为了应用的方便,通常的做法是采用椭球体去逼近实际的地球形状。椭球体主要通过它的长半轴和扁率来描述。

有了这个椭球体,就可以引出一系列的概念来帮助人们描述地球的形状。椭球体的中心和方位就构成了基准面,即利用特定椭球体对特定地区地球表面的逼近而形成基准面。通过在椭球体上的一系列点,可以定义地球的中心。如果在地球的表面建立一系列的控制点,但是因为大陆漂移的存在,这些一开始定义的控制点每年都会变化,所以每个基准面的定义中都会有一个年份，表示这是在什么年份建立的控制点。已经流行的基准面种类非常多，有些用来进行全球范围内的测量，有些用来进行地球上局部地区的测量。

比较常见的基准面有：World Geodetic Datum 1984（WGS84），主要用于全球范围内的测量和定位；Europen Datum1953（ED50），主要用于欧洲地区；North American Datum 1983（NAD83）主要用于北美地区。我国主要有三种：北京 54、西安 80 和 2000 国家坐标系统。在众多基准面中，最为有名的一种就是上面提到的 WGS84，GPS 系统就采用了这种基准面，它能比较好地逼近整个地球范围。自 2008 年 7 月 1 日，经国务院批准，我国开始启用 2000 国家大地坐标系。2000 国家坐标系统具有很高的测量绝对精度，并能够快速获取精确的三维地心坐标，而且可以更好地阐明地球空间物体的运动，从而满足我国各部门高精度定位的需求。

3．投影

需要投影的理由很简单，人们看到的地图或者在计算机屏幕看到的地图都是平面的或者说是二维的，但是地球却不是平的。所以必须想出一种办法让地球表面上的点跟平面上的点一一对应起来，而这种变换的结果就是把地球表面的点对应到笛卡儿坐标系统中。投影的方式主要有三种，如图 1.5 所示。每一种投影都会有不同程度的变形，要么是长度变形，要么是角度变形，要么是面积变形。

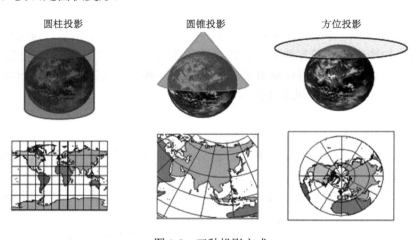

图 1.5　三种投影方式

空间参考总的来说就是上面说到的几个概念的综合，其实质就是为了从比较概括的角度来说明如何把地球上的点最终转换到平面上去。空间参考首先需要一个椭球体，由这个椭球体派生出一个基准面，然后在基准面的基础上选择不同的坐标系统，最后把球面上的点转换到平面上。

1.2.3　空间数据模型

在计算机中，现实世界是以各种符号形式来表达和记录的。因此，基于计算机的地理信息系统不能直接作用于现实世界，必须经过对现实世界的数据描述。

在地理信息系统中，有关空间目标实体的描述数据可分为三种类型：空间特征数据、时间属性数据和专题属性数据。对于绝大部分地理信息系统的应用来说，时间和专题属性数据结合在一起共同作为属性特征数据，而空间特征数据和属性特征数据统称为空间数据。空间数据通过观察或量测获得，或是通过进一步的计算获取。

空间数据可根据它们的收集方式、存储方式、说明内容、使用目标等，用不同的数据模型进行组织。地理信息系统中最常用的数据组织方式为矢量模型和栅格模型。在矢量模型中，用点、线、面表达世界，在栅格模型中用空间单元(cell)或像元(pixel)来表达。图 1.6 表达了这一从真实世界到计算机存储的"空间表达"过程。而 GIS 中所存储的属性表(表 1.1)是空间数据分析的具体操作对象。图 1.7 展示了不同数据类型在 GIS 属性表中的表达内容(Haining, 2003)。

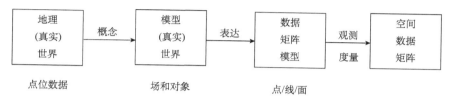

图 1.6 空间表达

表 1.1 空间数据矩阵

k 个变量的观测数据					位置	样本
$z_1(1)$	$z_2(1)$	…	…	$z_k(1)$	$s(1)$	样本 1
$z_1(2)$	$z_3(2)$	…	…	$z_k(2)$	$s(2)$	样本 2
⋮	⋮	⋮	⋮	⋮	⋮	⋮
$z_1(n)$	$z_3(n)$	…	…	$z_k(n)$	$s(n)$	样本 n

Case i	$s(i)$		Variables			
	s_1	s_2	Z_1	Z_2	…	Z_K
1	$s_1(1)$	$s_2(1)$	$z_1(1)$	$z_2(1)$	…	$z_K(1)$
2	$s_1(2)$	$s_2(2)$	$z_1(2)$	$z_2(2)$	…	$z_K(2)$
⋮	⋮	⋮	⋮	⋮		⋮
n	$s_1(n)$	$s_2(n)$	$z_1(n)$	$z_2(n)$	…	$z_K(n)$

(a) Assigning locations to point objects

Case i	$s(i)$	Variables			
		Z_1	Z_2	…	Z_K
1	1	$z_1(1)$	$z_2(1)$	…	$z_K(1)$
2	2	$z_1(2)$	$z_2(2)$	…	$z_K(2)$
⋮	⋮	⋮	⋮		⋮
n	n	$z_1(n)$	$z_2(n)$	…	$z_K(n)$

1, 2, …, n look up table

x denotes centroid

(b) Assigning locations to irregularly shaped area objects

Case i	$s(i)$		Variables			
	p	q	Z_1	Z_2	…	Z_K
1	$s_1(1)$	$s_2(1)$	$z_1(1)$	$z_2(1)$	…	$z_K(1)$
2	$s_1(2)$	$s_2(2)$	$z_1(2)$	$z_2(2)$	…	$z_K(2)$
⋮	⋮	⋮	⋮	⋮		⋮
n	$s_1(n)$	$s_2(n)$	$z_1(n)$	$z_2(n)$	…	$z_K(n)$

(c) Assigning locations to regularly shaped area objects

图 1.7 点状(a)、多边形(b)、像元(c)数据在 GIS 属性表中的存储(Haining, 2003)

1.3　ArcGIS 软件使用步骤

1.3.1　ArcGIS 简介

ArcGIS 是目前世界上使用最广泛的 GIS 系统,由美国 ESRI 公司(Environmental Systems Research Institute Inc.)研发。该公司于 1969 年成立于美国加利福尼亚州的 Redlands 市,从事 GIS 工具软件的开发和 GIS 数据生产。ArcGIS 系列是 ESRI 公司一个全面的、完善的、可伸缩的 GIS 软件平台,它的主要功能包括空间分析、制图及可视化、3D GIS、实时 GIS,遥感图像管理、处理、分析及分享,空间数据存储及管理。针对不同用途,主要产品可分为桌面(Desktop)、在线(Online)、开发(Developer)等几大类(图 1.8)。而 ArcGIS 桌面(ArcGIS Desktop)则是 ESRI 最为经典的产品。其中,ArcMap 是 ArcGIS Desktop 最为传统及基础性的软件。

图 1.8　　ArcGIS 主要产品

1.3.2　ArcMap 操作简介

ArcMap 是 ArcGIS Desktop 中一个主要的应用程序,具有基于地图的所有功能,包括制图、地图分析和编辑。本练习通过使用 ArcGIS 自带数据来简单介绍 ArcMap 的基本操作。

第一步,点击图标 ,打开 ArcMap。

第二步,进入系统后,会弹出启动对话框,对话框中提供多种启动 ArcMap 任务的方式,本练习选择打开一张现有地图(图 1.9)。数据可从网页 http://www.sssampling. cn/201sdabook/ data.html 上下载。

第三步,打开现有的地图文件"某县"(图 1.10 和图 1.11)。

第四步,浏览地图。

(1)ArcMap 中,主要的地图操作工具如图 1.12 所示。按钮含义从左到右依次为选定区域放大地图、选定区域缩小地图、平移地图、将地图放至最大范围、定点放大地图、定点缩小地图、到上一个地图、到下一个地图、选择地物、取消地物选择、选择、查询、超链接、HTML、弹出窗口、测量、搜索、查找路径定位、时间滑块、创建查看器窗口。

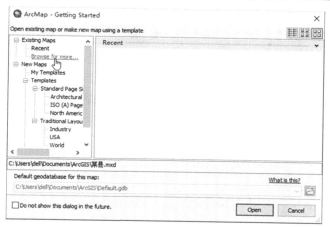

图 1.9　　打开一张现有地图

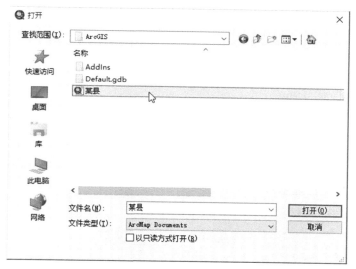

图 1.10　　打开地图文件"某县"

图 1.11　　ArcMap 主界面

图 1.12　基本操作工具

(2) 点击 🔍 按钮，然后在欲放大区域按住鼠标左键拖画矩形，即可将该区域放大。同理可进行缩小、平移等操作(图 1.13)。

图 1.13　区域放大

(3) 显示一个图层(图 1.14)。内容列表选项可控制图层的显示与否。通过勾选 Village_point、Road 和 River 来加载村庄、道路和河流三个图层(图层路径需在图层属性中做相应修改，否则图层无法显示)。

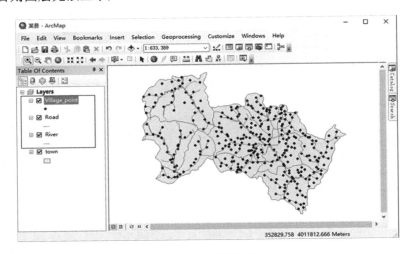

图 1.14　图层加载

(4)变换显示符号。首先点击欲修改的符号(图 1.15)，弹出符号对话框后即可修改其在地图中显示的形状和颜色(图 1.16)。

第五步，属性查询。

（1）首先点击查询属性按钮 ⬤，然后任意选择村庄点查询其属性信息（图 1.17 和图 1.18）。该村庄名为羊儿岭。

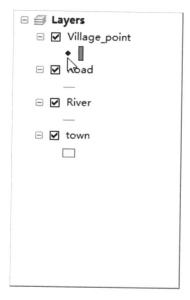

图 1.15　点击欲修改的符号

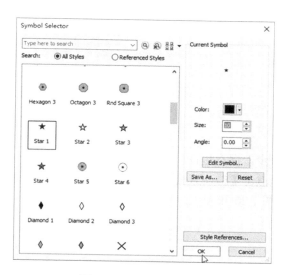

图 1.16　选择修改后的符号

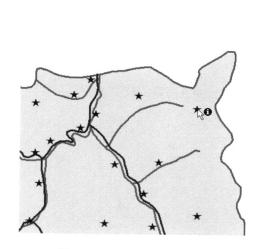

图 1.17　选择查询的村庄点

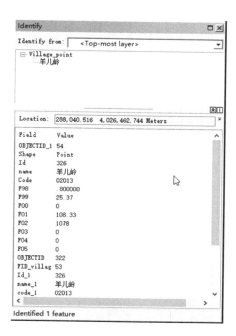

图 1.18　查询该村庄属性信息

（2）添加图形。通过点击 ⬅ 按钮回到上一视图（图 1.19）；添加绘图工具条，点击 **A** 按钮之后，在该村庄附近点击鼠标左键，并修改文字框中内容为村庄名"羊儿岭"。

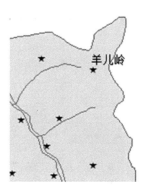

图 1.19　　添加村庄名

第六步，保存地图。

首先点击【Save As】，然后在文件名对话框中键入"某县 ex"，点击保存按钮后即可保存该地图(图 1.20 和图 1.21)。

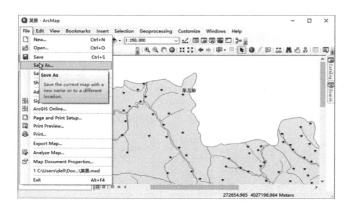

图 1.20　　点击另存为

图 1.21　　键入文件名并保存

第 2 章 地 图 分 析

空间数据或图案可以通过意念地图(mental map)、图形分析(geometric analysis)、图谱(feature map)分析得到新的信息(Waller，2014；陈述彭，2001；王劲峰，2009)。意念地图通过空间变换，将真实对象在欧几里得空间上的分布绘制成人们意念感知中的地图，犹如广义相对论中弯曲的空间。图形分析是基于空间数据的几何形状度量或几何操作进行推断的方法，常用的有缓冲区(buffer)、叠加(overlay)、邻近度(proximity)等操作；几何重心、几何形状等度量；两图案比对等算法。图谱试图通过对图案的观察、分析、归纳，将杂乱的信息去粗取精、去伪存真、高度抽象和浓缩，得到抽象和简化但反映地学过程规律的地图。

2.1 意 念 地 图

意念地图或认知地图是外界环境在人们头脑中的表征，往往与现实基于欧几里得距离绘制的地图不一致，意念地图对人们认识真实世界、制定符合人类认知的区域规划具有参考价值。图 2.1 是用 GDP、人口、土地、饮用水绘制的世界意念地图，其图例面积与属性成正比。

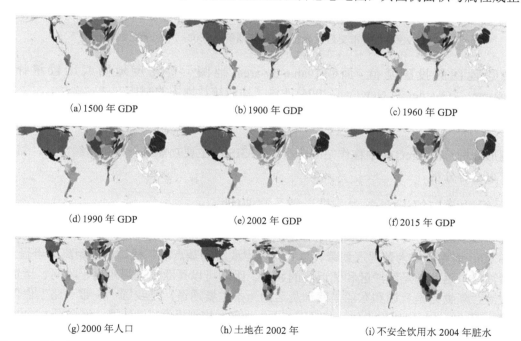

(a) 1500 年 GDP   (b) 1900 年 GDP   (c) 1960 年 GDP

(d) 1990 年 GDP   (e) 2002 年 GDP   (f) 2015 年 GDP

(g) 2000 年人口   (h) 土地在 2002 年   (i) 不安全饮用水 2004 年脏水

图 2.1　世界意念地图：GDP(a)～(f)、人口(g)、土地(h)、饮用水(i)(http://www.worldmapper.org/)

从图 2.1(a)～(f)可以清楚地看到 1500～2015 年世界各国 GDP 的对比变化；从图 2.1(g)～(i)看到某个国家的人口、土地、不卫生饮水占世界份额有较大差异，提示：就全球格局而言，该国的突出特点和问题是什么？其各方面在世界的地位如何？更多意念地图范例可见 http://www.worldmapper.org/。

　　手绘草图是挖掘意念地图的另一种主要方法。薛露露等(2008)、申思等(2008)通过问卷调查,获得北京居民手绘草图样本。采用二维回归与标准偏差椭圆方法定量测度意念地图整体和局部的变形(图 2.2),得出北京居民的认知地图平均变形在 2~3km,整体变形以二环为界,内小外大,并呈西南—东北斜向拉伸、东西收缩的趋势,局部变形北部大于南部,个体的变形系数与对地标的熟悉程度呈负相关,男性小于女性,驾车者小于不驾车者,日常活动范围越广、出行频率越高、居住时间越久、距离锚点越近的被试认知变形越小。

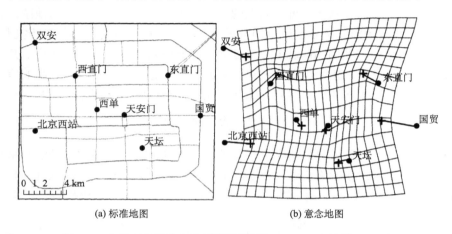

(a) 标准地图　　　　　　　　　　　(b) 意念地图

图 2.2　北京市交通意念地图(薛露露等,2008;申思等,2008)

　　意念地图的投影是值–面积(value-by-area)地图、等密度地图或比较统计地图(cartograms)。Gastner 和 Newman(2004)改进了比较统计地图的制作方法。

2.2　图　形　分　析

　　图形分析,在 ArcGIS 中称作空间分析,是 GIS 的主要功能之一,包括缓冲区、邻近度、叠加、重心等分析。

2.2.1　缓冲区与邻近度:"一带一路"的腹地

　　以事故现场为中心,以 20m 为半径画圆,其内为处理事故的警戒区;以河流为基线,向两侧各 50m 划界,作为景观规划带。总之,以点或线为基点或基线,以某距离为半径划界,形成缓冲区。这些都是缓冲区和邻近度的案例。距离可以是欧几里得距离、时间、运费等。

　　陇海兰新铁路是我国和东亚与欧洲货运的一条重要通道,是我国"一带一路"倡议的交通保障。缓冲区分析可以用于估计其吸引范围,为区域规划提供科学依据。将全国 1:400 万铁路、公路、航运输入形成交通 GIS,定义各线段距离;将全国市县社会经济统计输入 GIS。图 2.3 显示了主要口岸城市,度量交通线各点到各主要口岸的距离,将各点分别归属到距其最近的口岸,分界点连接形成各主要城市的货流吸引范围(图 2.3)。将各主要口岸吸引范围图与全国市县社会经济统计 GIS 叠加,提取各城市吸引范围内的人口和社会经济总量,然后运用经济–交通流模型,计算各主要城市的客运、货运周转量(王劲峰,1993)。随着经济、人口的变化,可以预测对应的欧亚新海大陆桥沿线各主要"港口"城市的客运、货运类型及周转量的变化。

图 2.3　　欧亚新海大陆桥吸引范围模拟(王劲峰，1993)

2.2.2　叠加：中国地震、洪水、干旱灾害空间关联性

　　地震、洪水、干旱按强度分别分为四级：严重(S)、重(H)、中(M)、轻(L)，分别制图；统一投影、比例尺和格式，叠加，获得灾害综合风险图(Wang et al.,1997)，见图 2.4。进一步，计算不同灾害之间的空间关联性。表 2.1 中的数字表示中国洪水、干旱灾害不同水平组合的面积比例，将正对角线和反对角线的数值分别相加、比较，可以判断两种灾害强度的空间关联性。主对角线越大、反对角线越小，反映两种灾害强度空间关联性越大，即严重的洪水区域也是严重的干旱区域，中等和轻微的洪水区域也是中等和轻微的干旱区域，表 2.1 反映了这个特点，洪水和干旱空间上关联(季节上分离)，这是季风区特点；反之，主对角线越小，反对角线越大，反映两种灾害强度空间分布越趋于分离，其空间关联程度可以通过二联表(表 2.1)进行度量。

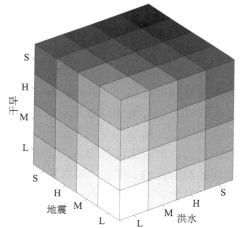

图 2.4　中国地震、洪水、干旱
灾害综合区划(Wang et al.,1997)

表 2.1　中国洪水、干旱灾害图（4×4 和 2×2 相似表）

		干旱						干旱	
		严重 S	重 H	中 M	轻 L			S + H	M + L
洪水	严重 S	0.00	0.00	0.00	0.01		S + H	0.02	0.25
	重 H	0.01	0.00	0.04	0.18		M + L	0.12	0.60
	中 M	0.03	0.00	0.06	0.15				
	轻 L	0.06	0.02	0.04	0.34				

面积比　　　　　　　　　　　　　　　　　　　　　　面积比
主对角线相加：0.40　　　　　　　　　　　　　　　主对角线相加：0.62
反对角线相加：0.11　　　　　　　　　　　　　　　反对角线相加：0.37

2.2.3　空间分布统计：人口和经济重心的空间迁徙

空间分布统计（statistics of spatial distribution）是研究空间分布的整体性或全局性特征的统计方法，包括研究对象在二维空间上的中心、范围、密集度、方位和形状（赵作权，2009）。而通常所说的空间统计（spatial statistics）的研究内容是空间分布的差异性、依赖性、空间插值和空间回归。以下以空间分布距平重心分析为例介绍空间分布统计。

给定权重 q_i 的离散点群 (x_i, y_i) $(i = 1, 2, \cdots, N)$ 的距平重心为 (x_0, y_0)，则总距平为

$$S = \sum_{i=1}^{N} q_i \sqrt{(x_i - x_0)^2 + (y_i - y_0)^2} = \sum_{i=1}^{N} q_i r_i$$

式中，(x_0, y_0) 是使 $S \rightarrow \min$ 的点位。可以通过迭代求解：

$$x_i^{(k+1)} = \frac{\sum_{i=1}^{N} \frac{q_i x_i^{(k)}}{r_i^{(k)}}}{\sum_{i=1}^{N} \frac{q_i}{r_i^{(k)}}}; \quad y_i^{(k+1)} = \frac{\sum_{i=1}^{N} \frac{q_i y_i^{(k)}}{r_i^{(k)}}}{\sum_{i=1}^{N} \frac{q_i}{r_i^{(k)}}}$$

迭代直至 $|x_i^{(k+1)} - x_i^{(k)}| + |y_i^{(k+1)} - y_i^{(k)}| <$ 指定精度 ε 为止。

美国 20 世纪 70 年代曾就 19 世纪中叶至 20 世纪 70 年代的全美人口空间分布距平重心转移做过计算（U.S. Census Bureau，2001），明显地标示出总体人口自东向西的迁移趋势及强度（km/a），这与美国地域开发自东向西展开的基本格局相符。王劲峰（1993）用重心分析方法发现如图 2.5 所示的中国社会经济重心空间迁移趋势。产业产值重心转移是产业内部产品的组织结构、产业之间的投入产出关系、资源环境约束和国家经济政策、宏观布局战略作用在空间的综合反映。例如，就农业重心的位置而言，我国主要产量带位于东部地区：三江平原、山东、河北、河南和江苏；1984 年以后，农产品价格放开、国家鼓励农副产品发展，华南农副产品水热条件好、沿海加大开放，同时以出口创汇为目的的外向型经济刺激了该地区农副产品发展，因此导致 1984~1987 年农业产值重心由华东地区向华南方向高强度移动。1984~1987 年东南沿海对外开放，吸引了大量固定资产投资，重工业得到发展，使重工业、固定资产投资重心向东南方向迁移。由于产业之间的互相关联，一个统计量的空间移动，经过一个时间延迟后必将带动另一个或几个统计量的空间移动（赵永和王劲峰，2008）。例如，固定资产投资与 GDP 空间重心移动方向应当是一致的，但存在 3~5 年的时间差。又如，如果纺织业产值重心与棉花产量重心移动的方向相背，必然导致运输距离和运输量的增加，增加纺织

业成本。人口的空间迁移起因于经济和社会利益，并对生态环境造成压力和破坏，其空间走向值得监测和预测，并对此进行调控，实现人地和谐。

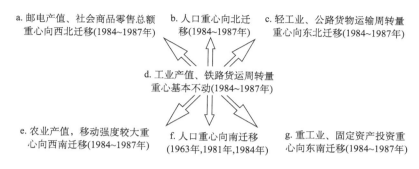

a. 邮电产值、社会商品零售总额重心向西北迁移(1984~1987年)　　b. 人口重心向北迁移(1984~1987年)　　c. 轻工业、公路货物运输周转量重心向东北迁移(1984~1987年)

d. 工业产值、铁路货运周转量重心基本不动(1984~1987年)

e. 农业产值，移动强度较大重心向西南迁移(1984~1987年)　　f. 人口重心向南迁移(1963年,1981年,1984年)　　g. 重工业、固定资产投资重心向东南迁移(1984~1987年)

图 2.5　中国社会经济重心空间迁移(1984~1987 年)

2.3　图 谱 分 析

"谱"通常指规律、表面过程所遵循的内在顺序、千差万别中的不变主线，如化学元素周期表、物质的对称性、京剧脸谱。"地学图谱"由陈述彭(2001)提出，试图用东方人擅长的图形整体思维(synthesis)将空间信息去除噪声，从复杂海量的空间信息中提取地学现象的规律和本质，实现空间信息在空间上的高度浓缩和抽象表达，形成概念的地理分布。这有别于一般的西方还原论和定量化的研究哲学，犹如中医和西医的关系，各有所长。陈述彭总结了几个地球信息图谱成功的案例：魏格纳的大陆漂移学说、柯本的气候区划、杜能的地理区位论、李四光的大地构造、竺可桢的自然区划、欧亚大陆桥旋律曲线(陈述彭，2001)等。图谱相对于地图，就像牛顿定律和结构力学，后者纷繁复杂，但归根结底都是由简单而本质的牛顿定律所控制的。

图谱的用途可归纳为揭示规律、形成概念、制作图例；图谱的物理载体是地图；表现为反映地学规律的几何图案；制作方法目前主要基于制作者丰富的地学知识、形象和抽象思维能力，以及图形概括表达能力(魏格纳 1915 年大陆与海洋的起源；柯本 1900 年气候学；杜能 1826 年孤立国同农业和国民经济的关系；李四光 1962 年地质力学概论；竺可桢 1930 年中国气候区域论；陈述彭 2001 年欧亚大陆桥旋律曲线)。典型图案图例自动制作的数字技术，以及发现地学图谱的统计学和深度学习方法值得深入研究(叶庆华等，2004；齐清文，2004；张百平，2008)。

2.3.1　大地构造图谱

李四光根据野外地学填图和室内地质力学模拟实验，总结归纳出中国大地构造的东西一字型、山字型、歹字型几种图谱(图 2.6)，同时通过对图谱研究认为是多旋回构造运动的综合效应控制了油气资源形成的空间格局。

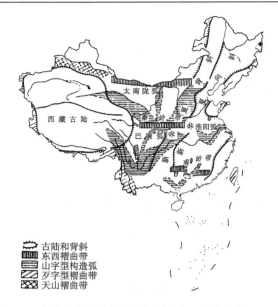

古陆和背斜
东西褶曲带
山字型构造弧
歹字型褶曲带
天山褶曲带

图 2.6　中国大地构造图谱(据李四光,见陈述彭,2001)

2.3.2　"一带一路"旋律图谱

　　东西方交往始于汉唐中世纪的丝绸之路。由于战乱,丝路几次中断,于是东西方探险家改弦更张,曾绕道北冰洋、东南亚航线迂回数千里,继而修西伯利亚铁路,近年修通第二欧亚大陆桥,取道我国新疆和中亚各国,东达连云港和上海,西至阿姆斯特丹,路线越来越直,里程越来越短。就像一条波动的历史琴弦,经过长期的震荡,左右摆动之后,终于稳定下来(图 2.7)。

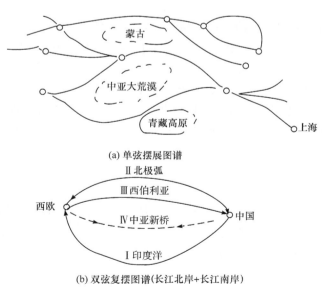

(a) 单弦摆展图谱

(b) 双弦复摆图谱(长江北岸+长江南岸)

图 2.7　欧亚大陆桥旋律图谱(陈述彭,2001)

2.3.3　城市体系图谱

　　叶大年和赫伟（2001）以矿物晶体学的知识背景将中国城市分布空间格局归纳为几种典型图谱，反映了自然环境约束与社会竞争机制造就城镇体系对称分布机理。图 2.8 展示了湖南、江西两省城镇体系以沿省界从北部的武汉向南经幕阜山至罗霄山为对称轴，城镇分布、等级、交通线、社会经济规模的空间分布等呈现高度对称性。两省地质地貌上的对称性固然提供了先天的物质基础，在此基础上发展起来的社会经济空间分布的对称性则是后天人类攀比和竞争本能所造就的。按照此对称性，观察对称一方的发展，可以预见对称另一方的发展。

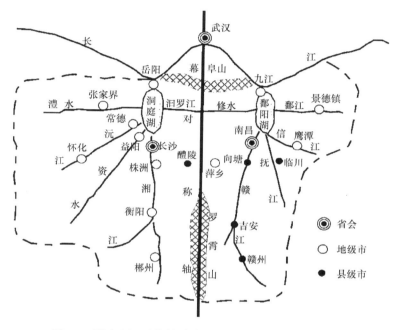

图 2.8　湖南和江西的轴对称图谱（叶大年和赫伟，2001）

2.3.4　海岸带生态演化图谱

　　淤积海岸带生态系统受地下水位和盐度强烈控制。随着离海距离增加，地下水位和土壤盐度均下降，导致地表的生态系统呈现出与海岸线平行的有规律的条带状分布（图 2.9）。例如，黄河三角洲（叶庆华等，2004）和江苏海岸带（王劲峰，2009）：其上的天然植物、养殖业、种植业的空间格局随着淤积和围海造田向海洋延伸，呈现有规律的演替。自海岸线向陆地方向，呈带状依次分布。

　　根据以上土地类型在地理空间上的演替规律，可以进行时间预报和反演。已知土地类型分布现状（图 2.9 时刻 t），就可以预测未来的土地类型（$t+1$），以及反演过去的土地类型（$t-1$）。例如，图 2.9 垂直线给定位置现状（s,t）为池塘，根据图谱可以推断，这里过去（$s,t-1$）曾是芦苇地，未来（$s,t+1$）将是稻田。假设 Y 是土地利用类型，有

$$Y(s,t-1) \xleftarrow{\text{图谱}} Y(s,t) \xrightarrow{\text{图谱}} Y(s,t+1)$$

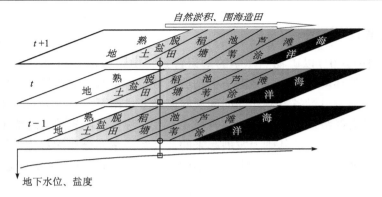

图 2.9　淤积海岸带与三角洲生态演替图谱

例如：芦苇(过去)→池塘(现在)→稻田(未来)

第二篇　空间统计学

　　空间统计学是运用统计学理论对空间数据进行分析的一系列方法。与经典统计学研究对象独立同分布(independent identical distribution, i.i.d.)数据不同,空间数据具有空间自相关性、空间分层异质性和可变面元问题等三大特性,构成空间统计学独特的数据(物质)基础,这三大特性将在第3章介绍。在数学理想状态下,样本是可以随机反复抽取的,这样抽样得到的样本均值的数学期望等于总体均值,称作估计无偏。然而,地学抽样通常只有一次,随机也难以保证,此时统计结果的误差对于抽样敏感。实际上,空间总体特性(第3章)、空间抽样(第4章)与空间插值(第5章)"三位一体"决定了空间抽样设计的效率(第4章)和空间插值的可靠性(第5章)。统计推断主要包括空间插值和区域总量估计两方面内容,其中一方的统计量少许变换就是对方,因此本书对两者的统计模型不区分,除非有必要时。相对于独立同分布数据,空间格局是"超额信息",是空间给予人类的"红利",第6章介绍各种空间格局识别的方法。归因是科学研究的主要目的。空间分布变量的归因一般通过统计关联性为启发,主要有两种办法,分别在第7章空间回归和第8章地理探测器中介绍,前者是线性关系,后者不做线性假设,因此可以挖掘更多信息。地理探测器检验两个空间分布变量的空间分布一致性,与只在属性域0D或者时间序列1D维度上的一致性检验比较,还增加了在空间二维2D上的一致性,是小概率事件,因此更加强烈地提示可能的因果关系。

　　"分层(stratification)或层(strata)"是空间统计学特别是在涉及空间分异性时经常用到的统计学概念,其含义是指对研究对象(总体)进行一个划分,其层内方差(within strata variance)小于层间方差(between strata variance)。大体对应地理学中的分类或分区。统计学中的分层(strata)含义与GIS用词"分层或层"(layer or coverage)是完全无关的两个概念,虽然翻译为汉语用了同一个词。本书用到"分层"或"层"这个词时一般是指统计学的含义,并会加注英文以示其与GIS中"层"概念的区别。

第 3 章　空间总体特性

从统计学角度看，地学对象也称作地学总体(population)，由覆盖全部研究区域并且互相不重叠的单元组成。空间数据来源于地学总体。相对于一般的数据，空间总体或空间数据具有三大独特性质：空间自相关性(spatial autocorrelation)、空间异质性(spatial heterogeneity)和可变面元问题(modified areal unit problem)。在附近的属性值往往比相距遥远的属性值更加相似，如空气温度。这种现象往往标示为"托布勒地理学第一定律"(Tobler，1970)，即空间自相关性。万物世界空间分布的不均匀，如疾病暴发区域相对于其他区域，不同的国家、气候带、资源禀赋之间的差异等，即空间异质性(Wang et al.，2016a)。只见树木不见森林说明地理空间的不同分辨率导致观测结果的差异，不同的空间划分将导致相关系数和回归系数的差异，即可变面元问题(Openshaw，1983)。空间相关性意味着样本数据是非独立的；空间异质性意味着样本数据是非均质的；可变面元问题表示属性值随空间的不同划分而变化。空间数据的这三个特性有别于经典统计学通常的"独立同分布"(i.i.d.)假设，导致了空间统计学的产生。

图 3.1 展示了空间自相关 Moran's I 统计(Moran，1950)(将在 3.1 节介绍)和空间分层异质性(简称分异性)q 统计(Wang et al.，2016a)(将在 3.2 节介绍)。白灰两色各 16 格，白值为 0，灰值为 1，空间组合形成不同的空间分布，即图 3.1(a)～(e)。图中粗线是人为的划分。经典统计学可以计算出图 3.1(a)～(e)各均值和方差分别为 0.5 和 0.25，这五张图的直方图也是一样的，无法分辨各图案的差异；用 Moran's I 和地理探测器 q-统计可以识别各图案的空间自相关和空间分异性，p 表示 q 值的统计显著性，*、**和***分别表示<0.05、<0.01 和<0.001显著度。图 3.1(a)～(c)，q 度量了 Z_1 和 Z_2 之间的空间分异度；图 3.1(d)，q_1，q_2 和 q_3 分别度量了 Z_1+Z_2 与 Z_3 之间、Z_1 和 Z_2+Z_3 之间，以及 Z_1, Z_2, Z_3 之间的空间分异程度；图 3.1(e)，q_1 和 q_2 分别度量了 Z_1+Z_2 与 Z_3+Z_4 之间，以及 Z_1+Z_3 与 Z_2+Z_4 之间的空间分异度。

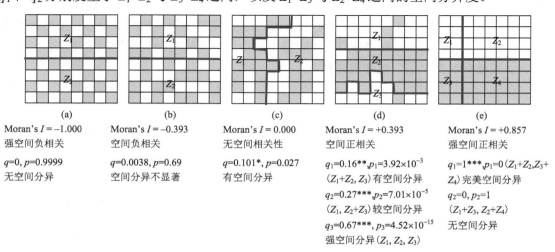

(a)	(b)	(c)	(d)	(e)
Moran's $I=-1.000$	Moran's $I=-0.393$	Moran's $I=0.000$	Moran's $I=+0.393$	Moran's $I=+0.857$
强空间负相关	空间负相关	无空间相关性	空间正相关	强空间正相关
$q=0$, $p=0.9999$	$q=0.0038$, $p=0.69$	$q=0.101*$, $p=0.027$	$q_1=0.16**$, $p_1=3.92\times10^{-3}$	$q_1=1***$, $p_1=0$ (Z_1+Z_2,Z_3+
无空间分异	空间分异不显著	有空间分异	(Z_1+Z_2, Z_3) 有空间分异	Z_4) 完美空间分异
			$q_2=0.27***$, $p_2=7.01\times10^{-5}$	$q_2=0$, $p_2=1$
			(Z_1, Z_2+Z_3) 较空间分异	(Z_1+Z_3, Z_2+Z_4)
			$q_3=0.67***$, $p_3=4.52\times10^{-15}$	无空间分异
			强空间分异(Z_1, Z_2, Z_3)	

图 3.1　空间自相关和空间分异(Wang et al.，2016a)

3.1　空间自相关性

3.1.1　现象

长江三角洲、珠江三角洲等地区经济高度发达，企业产业链在地理邻近区域之间紧密联系，表现出高度的空间聚集性和空间正相关性；京津冀地区由于产业结构特点导致经济社会的"虹吸效应"，GDP 表现出空间负相关性；大气的流动性导致邻近区域年均温相似；疾病具有发生、扩散、流行过程。对 2003 年 SARS 在北京传播的所有 11108 位密切接触者的空间分布进行聚集性探测，发现在小的空间尺度上呈现空间随机分布（图 3.2 中的众多小椭圆），在大的空间尺度（格局）上呈现聚集状并与北京市的主要环线和干道有较高的视觉空间相关性（图 3.2 大椭圆）（Wang et al.，2006）。

（1）如果附近或周边地区更相似，这是正的空间自相关：相似的值趋向于彼此毗邻。

（2）不相似的值趋于互相毗邻，这是负的空间自相关。

（3）自由格局呈现出无空间相关。

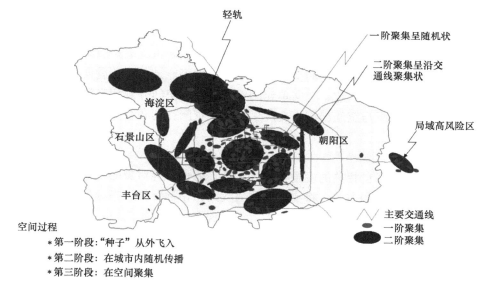

图 3.2　2003 年北京 SARS 密切接触者的空间聚集和自相关（Wang et al., 2006）

3.1.2　负面后果和对策

非独立的空间数据将导致许多基于独立同分布假设的经典统计学方法的不适用性。例如，空间自相关将导致 Pearson 相关系数和普通线性回归估计有偏（bias）和精确被高估（overestimation）。它们是有偏的，因为该点的值受邻近值影响，但没有被考虑；精度被过高估计，因为实际独立样本单元数较直接获得的样本单元数少。

处理空间自相关的对策主要包括：①数据变换，如样本抽稀，减少样点之间的空间依赖性，从而可以使用经典的数据统计方法。其代价是离散方差增加，从而加宽置信区间。②特征滤波（Griffith，2003），将空间连接矩阵表达为特征值作为空间自相关算子，与经典线性回归结合，将普通最小二乘法求解运用于空间数据的经典线性回归模型。③空间回归模型（Cliff and Ord，1981；Anselin，1988；Haining，2003），将空间自相关作为一个变量加入回归模型，使残差趋向白噪声，从而使模型及参数的各统计指标回归正常。这将在第 7 章空间回归中进一步介绍。

3.1.3　正面价值

空间自相关为空间插值提供了一种可能性，成就了 Kriging 家族，具体内容见第 5 章空间插值中的 5.2～5.5 节。空间回归模型将空间依赖看做一种信息来源，当做一个新的解释变量，而不是加以纠正。在有空间自相关的情况下，发展出一系列模型，如空间流模型、空间分布模型、空间结构模型、空间过程模型都直接或间接地包含了空间依赖性这一变量。

3.1.4　成因

空间自相关至少有五种可能的成因或解释。第一种可能是存在一个简单的空间相关性。例如，邻近区域往往具有类似的社会经济环境（X～X），吸引并导致相似的犯罪率（Y～Y）。第二种可能是空间因果关系。例如，空气污染为自变量的空间相关性引起肺癌发病率为因变量的空间自相关（X→Y）；流域上游为保护环境而放弃生产，下游生产收益部分补偿上游，形成上下游生态补偿机制。第三种可能是空间相互作用。人员、货物或信息的流动创造了位置之间明显的关联。第四种可能是空间异质性导致空间扩散现象。离扩散源较近的地方受到的影响比较大，如大气和水体污染物的空间扩散。第五种可能是各种测量误差，包括空间过程与观测单元（政区边界）的不一致、空间单元的整合，以及空间外延和空间溢出的存在等。此外，研究对象的空间组织与空间结构也会产生一系列空间互动和空间依赖的复杂分布。

3.1.5　度量

首先，构造一个空间自相关的度量指标。然后，假设研究对象随机分布，通过数学推导得到该指标的数学期望值和方差；将实际观测值代入该指标计算该指标的实际值。该指标的实际值和随机分布假设条件下的值之差越大，说明观测样本越不随机，即空间自相关性越强（Cliff and Ord，1973）。常用的空间自相关的度量指标有 Moran's I（Moran, 1950）（-1, 1）、Geary's C（Geary, 1954）（0, 2）、Ripley's K（Ripley, 1977）、Join Count Analysis（Krishna-Iyer，1950；Haggett，1976）、G-Statistics（Getis and Ord，1992）、Local G-Statistics（Ord and Getis，1995）、Semi-variogram（Matheron，1963）、LISA（Anselin，1995）和空间聚集性扫描量 SatScan（Kulldorff，1997）等。这些指标结构有些差别，反映的空间自相关和空间聚集性的解释也有些区别。

以上各种指标都需要用到空间邻近的度量。它可以是一般空间权重矩阵、空间滞后算符或两点之间距离。如表 3.1 所示地块之间的邻近关系。

两个样本量为 n 的变量对 $(x\ y)$ 是否在一条直线上，可用 Pearson 相关系数（coefficient of correlation）进行度量，用 r 表示：

$$\text{Pearson } r = \frac{\sum_i (x_i - \bar{x})(y_i - \bar{y})}{\sqrt{\sum_i (x_i - \bar{x})^2 \sum_i (y_i - \bar{y})^2}} \tag{3.1}$$

表 3.1　GIS 属性表

式中，$\bar{x}$ 和 $\bar{y}$ 分别为数据变量 x 和 y 的均值，r 的值介于 $-1 \sim 1$。若 $r > 0$，表示两个变量统计正相关，即"此高彼也高，此低彼也低"；若 $r < 0$，表示两个变量统计负相关，即"此高彼却低，此低彼却高"；若 $r = 0$，则表示两个变量之间没有线性统计相关性。当两个数据变量不是正态分布时，还可以用等级相关系数（Spearman 相关系数）或 Kendall 相关系数等非参数方法来衡量二者之间的相关性。相关系数的统计意义检验可以用 t 检验法：

$$t_r = r \sqrt{\frac{n-2}{1-r^2}} \tag{3.2}$$

如果 $t_r > t_{0.05}(n-2)$，则表明 $p < 0.05$，说明相关系数有统计意义；如果 $t_r < t_{0.05}(n-2)$，则表明 $P > 0.05$，说明相关系数无线性统计意义。

空间自相关用 Moran's I 检验。将 Pearson 相关系数式（3.1）所表达的 X 和 Y 的关系中的 y 用邻近的 x 值替代，再做简单的数学技巧修正，得到下式：

$$\text{Moran's } I = \frac{N}{\sum_{ij} w_{ij}} \frac{\sum_i \sum_j w_{ij} (x_i - \bar{x})(x_j - \bar{x})}{\sum_i (x_i - \bar{x})^2} \tag{3.3}$$

式中，I 大体在 $[-1, 1]$，-1 表示高度负相关，1 表示高度正相关，0 表示没有相关。i, j 为多边形编号，w_{ij} 为空间连接矩阵，如果多边形 i 和 j 相邻取值 1，如果不相邻取值 0。x_i 和 $\bar{x}$ 为属性分别在第 i 点的值和整个研究区的均值。可以证明在没有空间自相关的条件下

$$E(I) = -\frac{1}{n-1} \tag{3.4}$$

I 值的显著性经下式由标准正态分布检验：

$$z = \frac{I - E(I)}{\sqrt{v(I)}} \sim N(0, 1) \tag{3.5}$$

式中，E、v 和 N 分别表示数学期望、方差和正态分布。读者可以比较式（3.1）和式（3.3）的异同。

空间自相关还可以用变异函数（semi-variogram）来度量：

$$\gamma(h) = \frac{1}{2n(h)} \sum_{s=1}^{n(h)} \left[x(s) - x(s+h) \right]^2 \tag{3.6}$$

式中，$n(h)$ 为距离为 h 的点对数；$x(s)$ 与 $x(s+h)$ 分别为点 s 和点 $s+h$ 的属性值。变异函数一般用变异曲线来表示，它是具有一定滞后距 h 的变异函数值 $\gamma(h)$ 与 h 的对应图（图 3.3）。图中的 C_0 称为块金效应（nugget），它表示距离 h 很小时两点间属性变量值的变化；a 称为变程

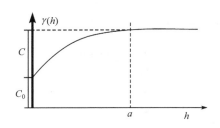

图 3.3　变异函数曲线示意图

（range），当 $h \leqslant a$ 时，任意两点间的属性变量值有相关性，这个相关性随 h 的变大而减小；当 $h > a$ 时，就不再有相关性，a 反映了变量 x 的影响范围。C 称为基台值，$C + C_0$ 称为总基台值，它反映了某区域化属性变量在空间内的变异强度，它是最大滞后距的可迁性变异函数的极限值。与 Moran's I 不同，半变异函数没有显著性检验。

Moran's I 和半变异函数反映了全局空间自相关程度。前者多用于多边形数据，如中国 34 个省级行政单元的 GDP；后者多用于空间连续数据，如土壤重金属抽样点数据。

局域自相关性即热点，由 G_i（Getis and Ord，1992）、LISA（local indicator of spatial association）（Anselin，1995）和 SatScan（Kulldorff，1997）三个统计量识别：

$$G_i(d) = \frac{\sum_{j \neq i}^{n} w_{ij}(d) x_j}{\sum_{j \neq i}^{n} x_j} \tag{3.7}$$

$$\text{LISA } I_i = z_i \sum_j w_{ij} z_j, z_i = \frac{x_i - \bar{x}}{\sqrt{\frac{1}{n}\sum(x_i - \bar{x})^2}} \tag{3.8}$$

$$\text{SatScan LR} = (c/\mu)^c [(C-c)/(C-\mu)]^{C-c} \tag{3.9}$$

式中，i 和 j 表示多边形；n 为研究区多边形的数量；w_{ij} 为空间连接矩阵，当两个多边形邻近时为 1，否则为 0；d 为指定半径；x 为属性值；$\bar{x}$ 为属性值均值；c 和 C 分别为给定的搜索圆内和整个研究区内的病例数目；$\mu = \dfrac{C}{M} m$，为搜索圆内期望病例数，这里 m 和 M 分别表示给定的搜索圆内和整个研究区内的人口数目。以上热点探测三种方法的结果大同小异。

3.1.6　案例

以某县神经管畸形发病率［图 0.1（a）］为案例说明全局空间自相关指标在 GeoDa 和 ArcGIS 两个软件中的使用。局域空间自相关指标案例将在第 6 章空间格局中介绍。

使用 GeoDa 软件求某县神经管畸形发病率的 Moran's I。

（1）所用图形数据为某县 1998～2005 年 8 年间出生人数大于 5 的 270 个村的位置分布图 village_point270.shp。该文件属性表包含如下字段数据：Code——各乡镇编码，ID——各乡镇序号，net_income——居民年均纯收入。所用数据可以从网站 http://www.sssampling.cn/201sdabook/data.html 上下载。

（2）空间自相关统计的前提条件是创建空间权重矩阵。在 GeoDa（http://geodacenter.github.io/ download_windows.html）里创建权重矩阵的步骤如下。

第一步，启动 GeoDa 界面，创建权重矩阵之前，首先通过 Input file 导入文件（图 3.4 和图 3.5）。

图 3.4　GeoDa 启动界面

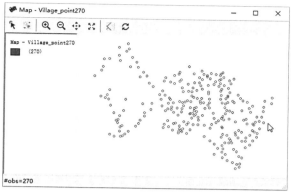

图 3.5　打开的图层文件 village_point270.shp

　　第二步,点击工具栏的 ^w Weights Manger,在 Weights Manger 界面点击【Create】。在 Weights File Creation 界面 Weights File ID Variable 中选择权重文件的关键字段,该字段默认状态为观测样本的序号,通常不建议为默认状态,因为不同格式文件的样本序号是不同的,所以建议选择代表样本属性的关键字段,并且该字段的值是不能重复的。这里选择代表行政村的 Id(图 3.6)。

　　第三步,当输入面文件时 Contiguity Weight 是可选的,这里输入的是点文件 Distance Weight 为可选,其默认状态为点文件的 X 和 Y 坐标,select distance 一项显示为投影文件点之间的 Euclidean Distance 或者是未投影文件点之间的弧段距离(图 3.6)。

　　第四步,Threshold distance 一项,可通过下方的 cut-off 滑块进行设置,从左至右是逐渐增大的。k-Nearest Neighbors 一项也可以进行手动设置,默认状态为 4。基于 Threshold distance 创建的权重矩阵往往导致各点之间不均衡的连接结构,通常考虑使用 k-Nearest Neighbors 进行权重矩阵的创建(图 3.6)。

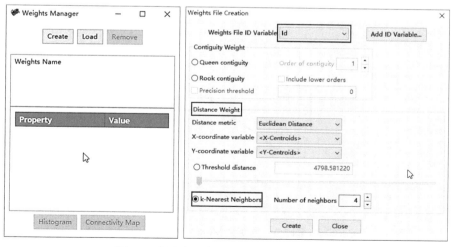

图 3.6　创建空间权重矩阵参数选择示意图

　　第五步,点击【Create】之后选择创建文件保存路径,便可以创建权重矩阵文件了,如图 3.7 所示,点击【OK】完成创建。

图 3.7　权重矩阵文件创建成功

（3）在 GeoDa 中，通过 Moran's *I* 空间自相关统计量及其可视化的散点图进行全局空间自相关分析。

第一步，通过【Space】→【Univariate Moran's I】打开 Variables Settings 对话框（图 3.8），选择变量 net_income，点击【OK】会出现权重文件选择的对话框，因为之前已经打开了，点击【OK】即可（图 3.8），得到 Moran 散点图（图 3.9）。

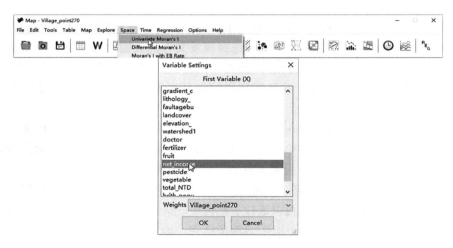

图 3.8　单变量设置对话框（Global）

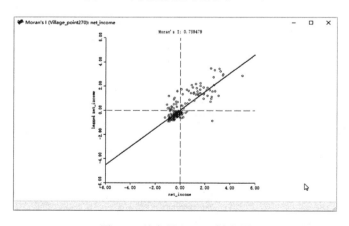

图 3.9　单变量 Moran 散点图

第二步，在单变量 Moran 图上单击右键（图 3.10），通过 Randomization→99 Permutations（或 Other——自定义设置），计算结果通过 *Z* 值检验（*p* 值为 0.01，小于 0.05）（图 3.11）。这说明居民年均纯收入在空间上具有空间正相关性，即在该县，经济发达乡镇和发达乡镇相邻，较穷的乡镇和较穷的乡镇相邻。

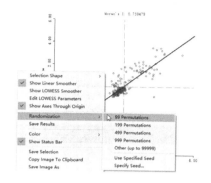

图 3.10　计算 Moran' I 的 Z 值

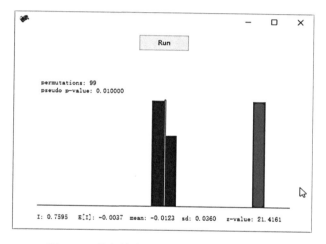

图 3.11　单变量全局 Moran 分布参考示意图

使用 ArcGIS 求某县神经管畸形发病率的半变异函数。

第一步，启动 ArcMap 加载 village_point270.shp。

第二步，添加 Geostatistical Analyst 工具条，单击【Geostatistical Analyst】→【Explore Data】→【Semivariogram/Covariance Cloud】（图 3.12）。

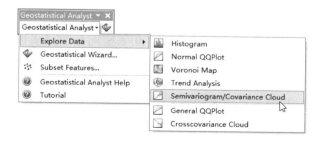

图 3.12　启动半变异函数工具流程图

第三步，单击属性箭头，然后选择 NTD_rate，得到某县神经管畸形发病率的半变异函数图（图 3.13）。可见，该县 NTD 发病率（纵坐标）随距离（横坐标）变化不明显，说明空间自相关不明显。此时就不应当使用 Kriging 插值及基于空间相关性的各种统计。

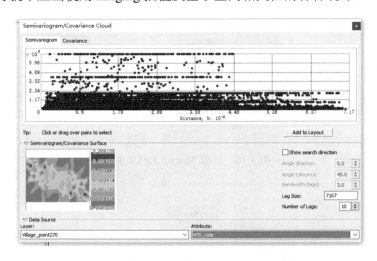

图 3.13　某县神经管畸形发病率的半变异函数散点图

3.2　空间分层异质性

3.2.1　现象

经济社会、土地利用、生物多样性、地形构造、气候特征空间分布不均匀，地球表面呈现出难以置信的多样性，几乎无处可描述为空间均匀分布（Smith et al., 2007）。空间分层异质性（spatial stratified heterogeneity）及更加一般的空间异质性（spatial heterogeneity）概念影响地理数据几乎所有类型的空间分析。许多技术，如局域 Getis G 统计（Ord and Getis, 1995）、局域 Moran's I 统计（Anselin, 1995）、地理加权回归（Fothringham et al., 2000）、三明治空间插值模型（Wang et al., 2013b）、空间抽样与统计推断最优决策三一理论（Wang et al., 2012a）均是针对异质性空间分析的方法。

异质性是指差异（Everitt, 2002）；空间异质性是指属性值或现象在不同空间位置之间超出随机变异的差异（Anselin, 2010; Dutilleul, 2011；Haining, 2003；Wang et al., 2010a）。空间异质性包括：空间局域异质性（local heterogeneity），指某点上的属性值与周围不同，即热点，3.1 节的局域空间自相关式（3.7）～式（3.9）；空间分层异质性，指层内方差（within strata variance）小于层间方差（between strata variance）的现象（Wang et al., 2016a），表现为分类（classification）或分区（zonation）。例如，图 3.14 所示的梯田、土地利用分类（黎夏和叶嘉安，2004；郑新奇 2004；周成虎和骆剑承，2009）、全球生态区，以及全国主体功能区划等（樊杰，2015）。各种类型的生境如不同的地貌、土壤类型和气候为大量物种提供了避所。没有空间分层异质性，就没有地理学。空间分层异质性是空间异质性表现出来的分层（strata）规律性。

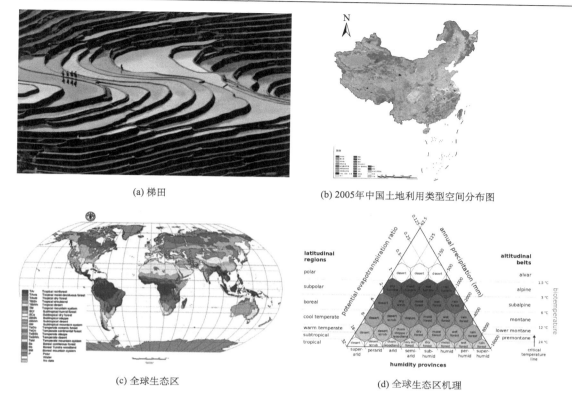

图 3.14　空间分层异质性

3.2.2　负面后果和对策

　　几乎每一个地点都会表现出相对于其他位置某种程度的独特性，这影响了空间依赖关系及空间过程的统一描述。空间分层异质性意味着为全区域所估计的总体参数并不能恰当地描述局域。换句话说，参数或关系的区域差异将导致全局参数或分局关系不显著。

　　处理空间分层异质性负面后果的对策主要有两种：①分类或分区后使模型参数区域化，反映区域特点。但分区将减少样本量，影响统计推断的可靠性。②局域模型构建，如 GWR（geographical weighting regression）（Fothringham et al., 2002），以及多水平模型 MLM（multi level modelling）（Goldstein, 2011）。

3.2.3　正面价值

　　（1）统计结果不显著是地学统计中经常遇到的问题，可能的原因是数据存在空间分层异质性，导致数据混杂，关系互相抵消。因此在分析数据之前可以用本节介绍的地理探测器 q 统计对数据进行分层（strata），然后在每层（strata）分别分析建模。

　　（2）空间分层异质性为空间插值提供了一种可能性，成就了面插值和 Sandwich 空间插值方法，具体内容见第 5 章空间插值。

　　（3）空间分异性还提示了空间格局背后的控制因子，可以用地理探测器来检测（Wang et al., 2010b；Wang et al., 2016a），具体内容见第 8 章地理探测器。

(4) 空间分层异质性可以增加样本代表性，通过分层抽样提高空间抽样调查和统计推断效率，即用较少的样本获得精度较高的总体估计 (Wang et al., 2010a)。

3.2.4　成因

宇宙从一个质量无穷大、体积无穷小的质点，发生大爆炸，逐步演化为开放的复杂巨系统，从同质状态不断分异。自然界不断演化，呈现出愈加复杂纷繁的自然景观；人类社会发展变异，从人类个体到社会经济，分异和分工越加精细，在空间上表现出空间异质性。自变量的分异性导致因变量的分异性，如中国地形三大阶梯导致其所对应的社会经济水平存在明显差异。

空间分层异质性的发生过程有悖于热力学第二定律所宣称的封闭系统总是向着熵最大（更加均匀）的方向发展。原因在于地球和社会经济通常是一个开放系统，与外部存在物质和能量交换，形成自组织过程。

3.2.5　度量

空间分层异质性，表现为分类或分区，统计学称作分层 (stratification)。其原理是对总体进行划分，使层内方差最小 (minimizing within strata variance)，层间方差最大 (maximizing between strata variance)（图 3.15）。假设在研究区 Ω，疾病发病率 y 以格点记录（图 3.15）。研究区被分层 (stratification) $h = 1, 2, \cdots, L$。空间分层异质性 q-统计 (spatial stratified heterogeneity q-statistic)：

$$q = 1 - \frac{1}{N\sigma^2} \sum_{h=1}^{L} N_h \sigma_h^2 \tag{3.10}$$

$$q \in [0, 1]$$

$$F = \frac{N-L}{L-1} \frac{q}{1-q} \sim F(L-1, N-L; \lambda) \tag{3.11}$$

$$\lambda = \frac{1}{\sigma^2} \left[\sum_{h=1}^{L} \mu_h^2 - \frac{1}{N} \left(\sum_{h=1}^{L} \sqrt{N_h} \mu_h \right)^2 \right] \tag{3.12}$$

式中，N 和 N_h 分别为总体和层 h 的单元数，图 3.15 中，$N=48$，$N_1=13$，$N_2=19$，$N_3=16$；μ_h 为层 h 的均值；σ^2 和 σ_h^2 分别为总体和层 h 的方差。当层内方差为 0 时，$q=1$，即完全分异；当层内方差与类层间方差没有区别时，$q=0$，即没有分异；q 值在 [0, 1] 之间，服从非中心 F 分布。

如果分层 (strata) 是由变量 y 产生的，则 $100\,q\%$ 反映 y 的分异程度；如果分层是由自变量 x 生成的（图 3.15），$100\,q\%$ 反映 x 对于 y 的解释程度。空间分层异质性 q-统计为基于空间分层异质性的统计学 (statistics for spatial stratified heterogeneity) 奠定了理论基础，包括 Sandwich、MSN、Bshade、SPA 等空间抽样（第 4 章）与空间插值（第 5 章），以及地理探测器（第 8 章）。

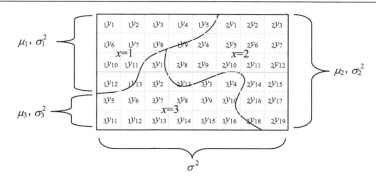

图 3.15　空间分异及其参数

3.2.6　案例

本案例的目的是度量图 3.16 的 (Z_1, Z_2, Z_3) 划分图案的空间分层异质性程度。使用的软件是地理探测器(免费下载地址 www.geodetector.cn)。这是一个用 Excel 编制的地理探测器软件,用于度量和分析空间分层异质性。

(1) 从 www. geodetecor.org 下载压缩文件 GeoDetector_2015_Example(Toy Dataset),解压缩,得到图 3.17。

(2) 双击文件 GeoDetector_2015_Example(Toy Dataset) D3.xls,点击【启用内容】,出现软件界面与案

图 3.16　空间分异性 $(Z_1, Z_2, Z_3$ 之间)

例数据(图 3.18)。其中,行分别表示图 3.16 的 64 个格子的每一个;列 y 表示图 3.16 中格子的属性值,1 或 0;列 x 表示其所属的层(strata),类型量——1、2、3 分别表示格子属于 Z_1、Z_2 和 Z_3 区。

图 3.17　Geodetector 软件

(3) 点击【Read Data】,Excel 表中的数据被读入 variables 栏。将 y 和 x 分别引入(软件中"→")Y 和 X 栏(图 3.18)。点击【Run】,得到图 3.19,查看"Factor_detector",可见图 3.16 的 (Z_1, Z_2, Z_3) 划分 $q = 0.674107$,其 $p< 0.001$,结论:图 3.16 (Z_1, Z_2, Z_3) 划分的空间分层异质性显著。

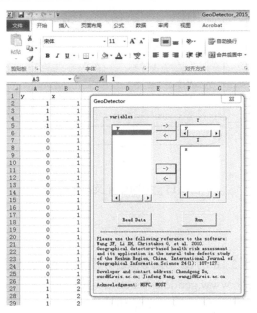

图 3.18　Geodetector 软件界面及案例数据

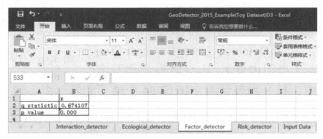

图 3.19　Geodetector 软件案例输出

3.3　可变面元问题

　　图 3.20（a）、（b）、（c）的圆、方格空间分布完全一样。现将其划分为三个统计层（strata），假设（a）、（b）、（c）三种不同的划分方案，见黑粗线。假设圆、方格分别表示两个物种，各层（stratum）（粗黑线划分）以多者为胜，赢得 2/3 以上层的物种为最终胜者。

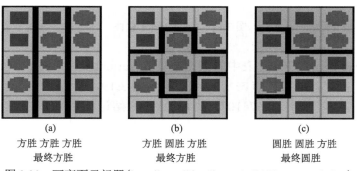

(a)	(b)	(c)
方胜 方胜 方胜	方胜 圆胜 方胜	圆胜 圆胜 方胜
最终方胜	最终方胜	最终圆胜

图 3.20　可变面元问题（http://en.wikipedia.org/wiki/Gerrymandering）

可见，通过调整分层(strata)方案得到不同的结果。同样道理，给定空间总体分布，不同的统计粒度(划分方案不同或者划分数目不同)，将导致空间相关性、空间分异性和回归系数不同，称作可变面元问题(modified area unit problem, MAUP)(Openshaw, 1983)。图 3.21 展示出美国黑人与文盲率相关系数及土族人与文盲率相关系数随着样本单元(个体、州、人口统计区)变化而变化，甚至从正相关变为负相关。

Table 3. Individual and ecological correlations (after Robinson, 1950)

level of aggregation	number of units	correlations between: negro and illiteracy	nativity and illiteracy
individual	98 million	.203	.118
state	48	.773	-.526
census division	9	.946	-.619

图 3.21　可变面元问题(Openshaw, 1983)

Fothringham 等(2000)总结了 MAUP 问题的四个对策：①使用非聚类数据；②报告空间聚集水平最低的结果及敏感性；③构建最优分区系统；④增加聚类过程变量，将个体和聚类数据联系起来。实际上，不同聚类水平上的均值和方差不同，但可以通过支撑改变(change of support)技术互相换算(Journel and Huijbergts, 1978)。

3.4　小　　结

表 3.2 比较了经典统计学与空间统计学适用条件，独立与自相关的对比，平稳与空间分异性对比。如果总体是独立和平稳的，则使用经典统计学是恰当的；如果总体存在空间自相关和/或空间分异性，则需要使用空间统计学。空间二阶平稳假设是指每一点上的属性表示为一个随机变量(Besag et al., 1991; Cressie, 1991)：①各点其数学期望相等；②两点上的两个随机变量的相关性只与两点之间距离有关，与绝对位置无关。据此得到以 Kriging 空间插值为代表的基于空间自相关的空间统计学系列方法。空间分异性不满足二阶平稳假设，形成了以地理探测器和 Sandwich 空间插值为代表的基于空间分异性的空间统计学系列方法。可变面元问题在统计学上可归结为不同的空间划分导致统计结果的差异，因此，可以借助地理探测器 q-统计对可变面元问题进行统计探测和统计归因研究。

表 3.2　经典统计学与空间统计学比较

比较	经典统计学	空间统计学
总体	独立(i.i.d.)；平稳	空间自相关；空间分异性
样本	重复实验	一次实现
变量	随机变量	区域化变量(空间二阶平稳)
推断	参数(均值，方差，回归)	参数、空间分布及空间关系
软件	Excel；Spss；Matlab；SAS	GIS 管理空间数据＋空间统计软件
联系	空间统计学是经典统计学的延伸	

因此，在分析空间数据时，首先应该使用 Moran's I 或半变异函数对其空间相关性，以及使用地理探测器 q-统计对空间分层异质性进行判断，从而引导使用恰当的统计学方法：①如

果 Moran's *I* 和空间分层异质性 *q*-统计均不显著, 则使用经典统计学是安全的; ②如果 Moran's *I* 显著, 而空间分层异质性 *q*-统计不显著, 则需要使用 IDW 或 Kriging 插值(5.3 节和 5.4 节)和空间回归(第 7 章)模型; ③如果空间分层异质性 *q*-统计显著, Moran's *I* 不显著, 则需要使用三明治插值(5.6 节)和分层回归; ④如果空间分层异质性 *q*-统计和空间相关性 Moran's *I* 均显著, 则应当使用 MSN、BSHADE 和 SPA 总量估算和插值模型(参见图 4.13)。

空间尺度, 空间相关性和空间异质性定义上有一些交叉(图 3.22), 全局尺度的空间自相关主要由 Moran's *I* 和半变异函数度量; 局域空间自相关实际上也反映空间局域异质性, 由 LISA、Gi、Satscan 等度量。空间异质性可以是均值在空间上的异质、方差在空间上的异质、关系的异质、空间自相关导致的空间异质, 以及空间分层异质性, 简称空间分异性。

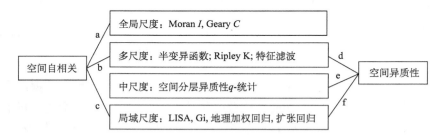

图 3.22　空间自相关和空间异质性度量

a 引自 Anselin, 2006; Dormann et al., 2007。b 引自 Dormann et al., 2007, Ripley, 1981。c 引自 Anselin, 1995, 2006; Getis and Ord, 1992, Fothringham et al., 2000。d 引自 Griffith, 2003。e 引自 Wang et al., 2016a。f 引自 Anselin, 1995, 2006; Goodchild and Haining, 2004, Haining, 2003

第4章 空间抽样

收集数据是数据分析的起点，既可以穷尽枚举，也可以抽样调查获得样本(sample)，用样本推断总体(population)属性。抽样调查相对于穷尽枚举的优点在于：①减少费用，如果数据的代表性被全部数据集中的一小部分所保证，收集样本费用比完全调查要少。②提高速度，对小样本的收集和整理较收集完全样本为快。③提高精度，基于高质量的小样本量估计有可能比大数据估计精度更高。例如，用千万条新浪微博数据推断中国人的衣食住行，其精度不会比1000个按人群分层样本的推断精度更高。一个好的或效率高的抽样调查方案是指用较少的样本量获取精度较高的统计估计值。

在空间统计中特别需要强调空间抽样的原因是空间数据很少是随机重复抽样得到的。而经典统计学一般假设样本是随机重复抽样得到的，据此保证了统计推断结果是无偏的。因此，在分析空间数据时，应当了解数据获取的方式，并且根据总体的性质选择恰当的统计推断模型(参见4.5节"三位一体"空间抽样理论)。

经典抽样方法(Cochran, 1977)已经广泛运用于工程、社会经济调查、土壤调查、生态研究、土地利用和流行病学调查，用样本推断总体的理论前提是样本单元之间是互相独立同分布的(i.i.d.)。但是，具有空间分布的研究对象通常具有空间相关性和空间分异性(第3章)，经典抽样设计通常不考虑空间分布对象的相关性和分异性，这会导致将经典统计学直接运用于空间数据时产生如下问题：①样本方差畸变。②用样本(如2017年区域各气象台站年均温观测值)简单平均值估计区域均值(如2017年区域年均温)(areal mean)，非独立样本均值方差小于将这些样本单元当做独立同分布时的样本均值方差，因为某一点的观测值除了自身信息之外，还给出了周围值的信息(Griffith et al., 1994；Ripley, 1981；Haining, 2003)。③超总体是指产生总体(如2017年区域年均温)的地学过程的平均状态(如多年区域年均温)。用样本(如2017年区域各气象台站年均温观测值)简单平均值估计超总体均值(如多年区域年均温)(mean of superpopulation)时，非独立样本均值方差大于将这些样本单元当做独立同分布时的样本均值方差，因为在平稳假设条件下，空间自相关导致有效样本量小于表面上的样本量(Cressie, 1991；Griffith et al., 1994；Haining, 1988；Haining, 2003；Wang et al., 2012a)。④当空间分异对象的某些层(strata)没有样本时，样本直方图不等于总体直方图，样本简单平均值的数学期望偏于总体均值(Wang et al., 2011；Hu et al., 2013；Xu et al., 2013；Wang et al., 2013c)。因此，在抽样调查具有空间分布的对象，以及用空间样本数据对总体进行统计推断时，应当采用考虑空间数据特性的空间抽样理论和统计方法(Atkinson, 1991；Foody, 2002；Griffith et al., 1994；Haining, 2003；Rodriguez-Iturbe and Mejia, 1974；Stehman et al., 2003；王劲峰等, 2009；Wang et al., 2012a)。

地学实践中，抽样的目的是对总体或超总体进行估算(如区域人口数、人口密度、气候变化、污染量、疾病流行率等)，方法是从总体中以某种方式抽取(如简单随机抽样)一定数量的样本单元(sample units)，然后将获取的样本值输入某个统计量(estimator)(如简单算术平均)，计算结果就是对总体的估算。因此，空间抽样与统计推断是一体的。统计推断 $\hat{y}$ 的精度用均方误差(mean square error, MSE)度量,MSE($\hat{y}$)受(总体$\Re$、样本$\Im$、统计量Ψ)三位一体控制(参看图0.6):

$$(\hat{y}, \text{MSE}(\hat{y})) \sim (\Re, \Im, \Psi)$$

空间抽样及统计推断按五步骤完成:第一步,确定抽样目的。通常是估计总体的均值(mean)或总量(total);或未抽样点值(values at unsampled sites),即空间插值(spatial interpolation);或划分区域边界,如土壤严重污染和次重污染区域的边界划分等。不同目的,结合对象性质($\Re$)(第3章)和布样方式($\Im$)(本章),决定了最佳样本估值公式及其误差度量公式(Ψ)(本章)。第二步,选择布样方式。可以是简单随机布样(random sampling)、(空间等间隔)系统布样(systematic sampling)、分层(即地学中的分类型)布样(stratified sampling)、聚集抽样(cluster sampling)、两阶段抽样(two stages sampling)、捕获-再捕获(catch and re-catch sampling),也可能是目的性抽样(purposive sampling)、方便抽样(conventional sampling)、滚雪球抽样(snowball sampling)等。后面这三种是非概率抽样,统计推断时在三位一体抽样框架内(4.5节)慎重进行。简单随机布样较易实施,但样本容易聚集,如果研究对象呈现出空间聚集性,将导致样本估值易受某些局域控制,不能反映总体;系统布样较易实施,但如果研究对象呈现有规律的空间分布时,等间距的系统布样容易造成估值偏倚(bias);分层布样(stratified sampling)要求在布样之前,根据先验知识将研究区划分为相对均匀的若干子区域(Wang et al., 2010a),然后在各子区域内实施简单随机或系统布样,效率较高。第三步,结合抽样目的、对象性质和布样方式确定统计量。根据统计量和区域参数(如方差)计算样本量和估值精度的关系曲线;或者根据给定的样本量计算估值精度;或根据估值精度要求计算所需要的样本量。其中,区域参数由先验知识或预抽样获得,也可以给出一个保守的估计。前三步均在室内进行,第二、第三步会互相影响,需要交互考虑。第四步,根据第三步室内设计的抽样方案,实施野外抽样、取值。第五步,根据第四步获取的样本值,计算总体估计值、估值方差、置信区间等,也可以根据样本后分层(posterior stratification,见Cochran, 1977)再统计以提高估值精度,抽样及统计推断完成。

假设从调查区域A中抽取n个样本单元,用于估计区域属性均值或总量,或空间插值制图等不同目的。

1. 估计面均值(area mean),也称为总体均值(population mean)

用样本均值$(1/n)\sum_i^n y_i$估计面均值$(1/A)\int_A y(s)\mathrm{d}s$时产生的误差可用均方误 MSE 来度量。

$$\text{MSE} = E[\frac{1}{n}\sum_i^n y_i - \frac{1}{A}\int_A y(s)\mathrm{d}s]^2 \tag{4.1}$$

式中,E为数学期望;n为样本单元数目;y_i为第i个样本单元的属性值,$i \in A$,为空间离散可数的点位;$(1/A)\int_A y(s)\mathrm{d}s$为区域$A$可观测的面均值,$s \in A$,为空间连续无穷点位。这一内容演绎出抽样理论(Cochran, 1977; Haining, 2003; 王劲峰等, 2009)。当实施简单随机布样时,式(4.1)成为$V = (1-r)\sigma^2/n$,这里,σ^2为离散方差;r为空间自相关系数。理论上,面均值$(1/A)\int_A y(s)\mathrm{d}s$通过穷尽所有点位$s$的值$y(s)$,是可观测到的(observable);样本均值$(1/n)\sum_{i=1}^n y_i$对面均值进行估计的均方误 MSE 来源于样本点($n$)没有穷尽总体($A$),以及样本空间分布的随机性(random)。当区域各点的值被认为是固定不变时(fixed),这样的抽样被称作基于设计的抽样(design based sampling)(Brus and de Gruijter, 1997; Haining, 2003;Wang et al., 2013c),此时,样本估值的不确定性来源于对样本单元空间分布的设计。例如,某县由 328 个行政村庄组成,拟调查该县 2015 年出生缺陷发病人数(总体),如果将该县所有村庄 2015 年的出生缺陷率都普查到,则用这个全覆盖样本统计计算 2015 年该县总出生缺陷发病率就没有抽样误差;如果只抽取了部分村庄,如 40/328 个村庄,则用 40 个村庄估算全县出生缺陷发病率,该估计值就有抽样误差。

2. 超总体均值(mean of superpopulation)

可观察到的总体只是空间过程或称超总体(superpopulation)的一次实现(one realization),如要估计空间过程的均值 $\mu = E[(1/A)\int_A y(s)ds]$,则估值的均方误 MSE 不仅来源于样本点($n$)没有穷尽全体($A$),还来源于给定样本点后其值的随机性。即使样本覆盖全区域,其样本均值 $\lim_{n\to\infty}(1/n)\sum_i^n y_i$ 虽然等于面均值 $(1/A)\int_A y(s)ds$,但不等于总体均值 $E[(1/A)\int_A y(s)ds]$:

$$\text{MSE} = E[\frac{1}{n}\sum_i^n y_i - E\frac{1}{A}\int_A y(s)ds]^2 \tag{4.2}$$

当实施简单随机布样时,样本均值是无偏的,此时 MSE 等于方差 V:样本均值对总体均值的估计方差为 $\text{MSE} = V = (1+r)\sigma^2/n$,这里,$\sigma^2$ 为离散方差;r 为空间相关系数,此时,样本点位可以是固定不变的(fixed),而一个点位上的属性值被认为是一个随机变量。样本估值的不确定性来源于对随机变量的假设,称作基于模型的抽样(model based sampling)(Brus and de Gruijter, 1997; Haining, 2003)。例如,调查某县出生缺陷长期的发病风险(超总体),则该县 2015 年的出生缺陷发病人数(总体)只是超总体的一次实现,即使将该县所有村庄 2015 年情况都调查到,该县的出生缺陷的风险仍有不确定性,这一不确定性来源于该县出生缺陷发病的年际变化。

在资源抽样调查中,如果当前和当地的总体值是调查的目的,如 2010 年全国耕地面积,则较多采用基于设计的抽样理论,用于估计可观测的总体;当抽样调查的目的是研究空间过程或其机理时,如肺癌的环境风险,即超总体或者其参数,此时一次横断面的全覆盖调查是不够的,需要对其(时间)变化做出假设。此时,较多使用基于模型的空间抽样与统计推断理论。

3. 空间插值和制图(interpolation and mapping)

如果总体($\Re$)具有空间自相关(第 3 章),未抽样点的属性值 y_j 用抽样点的加权和 $\sum_{i\neq j}^n w_i y_i$ 来估计(估计量计作Ψ),其误差可用以下公式度量:

$$\text{MSE}(y_j) = \sum_{i\neq j}^n (w_i y_i - y_j)^2 \tag{4.3}$$

使 MSE 最小化的 $\{w_i\}$ 为权重。这一内容形成 Kriging 理论(Matheron, 1963; Issaks and Srivatava, 1989; Christakos, 2000)。其逆过程就是 Kriging 抽样:给定样本量 n 及样本的一个空间分布 $\Im$,计算使 $\text{MSE}(\Im)\to\min$ 的 w_i 值;进一步,模拟不同的样点布局($\Im$s)所对应的 w_i 和 MSE,其中使得 MSE 最小的一个样本的空间分布$\Im^*$,即最优抽样布局:

$$\Im^* = \{\Im: \min \text{MSE}(\Psi \mid \Re, \forall\Im)\} \tag{4.4}$$

$\forall\Im$寻优速度可以被优化,如模拟退火法、粒子群算法、基因算法、蚂蚁算法等搜索算法(Hu et al., 2011; Hu et al., 2013)。

4. 估计区域特征值（features of population）

除以上均值、总量、插值以外，离散方差、空间相关性、半变异函数、区域极值、直方图等也可以通过空间抽样来估计，但对其抽样误差的理论研究较少（Christakos, 2000; Stein, 1999）。

以估计面均值（areal mean）为目标，结合案例和软件，介绍几种基于设计的抽样主要方法。案例来自 www.sssampling.cn 提供的软件"空间抽样与统计推断软件包（SSSI）"。基于模型的空间抽样方法读者可以参考该软件及其案例自学。

4.1　空间简单随机抽样

4.1.1　原理

空间简单随机抽样是指在地理空间上等概率地抽取若干个样本单元（图 4.1）。一个样本单元既可能是一个点，也可能是一个行政单元，也可能是一个样方。其简单算术平均及其方差分别为（Ripley, 1981）

$$\overline{y} = \frac{1}{n}\sum_{i=1}^{n}y_i \tag{4.5}$$

$$V = E[\frac{1}{n}\sum_{i=1}^{n}y_i - \frac{1}{A}\int_A y(s)\mathrm{d}s]^2 = \frac{1}{n}\{\sigma^2 - E[C(i,j)]\} = \frac{\sigma^2}{n} - \frac{E[C(i,j)]}{n} \tag{4.6}$$

式中，σ^2 为离散方差；i,j 为区域 A 中两个样本单元的空间位置；$C(i,j)$ 为变量在两点之间的

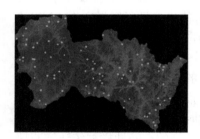

协方差。从式（4.6）可知，考虑空间相关性的空间抽样均值方差比传统的抽样均值方差（σ^2/n）小，减少的量是（$1/n$）$E[C(i,j)]$。据此，给定用户期望抽样方差 V，样本量 n 计算公式为

$$n = (1/V)(\sigma^2 - E[C(i,j)]$$
$$= n_{\text{Classic}}(1-r) \tag{4.7}$$

式中，V 为用户期望本次抽样调查估计方差；$n_{\text{Classic}} = \dfrac{\sigma^2}{V}$ 为

图 4.1　随机抽样分布图

传统简单随机抽样根据用户期望抽样调查估计方差 V 计算的样本量；r 为空间相关系数。在简单随机抽样模型中计算样本量的方法，可以用到空间简单随机模型，但是需要根据式（4.7）将样本量 n_{Classic} 调整为考虑空间自相关性条件下的新样本量 n。

4.1.2　案例

为了解 2000 年某县林地面积，从 $N = 2697460$ 个影像单元中抽取一定数量进行抽样调查（最小调查单元为 TM 影像像元），要求显著性水平为 0.05 时绝对误差不超过 80km^2，根据以前的调查结果，全县林地面积的离散标准差约 $\sigma = 1.5 \times 10^{-4}$km^2，空间相关系数为 $r = 0.15$。数据可以从网站 http://www.sssampling.cn/201sdabook/data.html 上下载。

先判读每个像元的平均林地面积，将此平均数乘以总的像元数量，即为该县总的林地面积。

第一步，根据确定的总的精度要求，平均每个像元林地面积的允许绝对误差为

$$d = 80/2697460 = 2.97 \times 10^{-5}$$

第二步，计算样本量：

$$n = (1-r) \cdot \frac{Z_{1-a/2}^2 \cdot \sigma^2}{d^2} = (1-0.15) \times \frac{1.96^2 \times (1.5 \times 10^{-4})^2}{(2.96575 \times 10^{-5})^2} = 83.53022$$

也就是说实际总的样本量为 84，扩大 10% 后抽取出的样本量 $n = 93$。

第三步，根据野外调查或者从遥感图像抽取的 93 个像元，其样本均值 $\bar{y}$ 和林地总面积 $\hat{Y}$ 为

$$\bar{y} = \frac{1}{n}\sum_{i=1}^{n} y_i = \frac{1}{91}\sum_{i=1}^{91} y_i = 401.21 \text{m}^2$$

$$\sigma^2 = 2.03 \times 10^{-3} \text{m}^2$$

$$V(\bar{y}) = \frac{1}{n}\sigma^2 = 2.18 \times 10^{-5} \text{m}^2$$

$$\hat{Y} = N\bar{y} = 2697460 \times 401.21 = 10822247926.6 \text{m}^2 \approx 1082.25 \text{ km}^2$$

第四步，计算估值的绝对误差：

$$\sqrt{V(Y)} = \sqrt{N^2 V(\bar{y})} = 12.59 \text{km}^2$$

4.2　空间系统抽样

4.2.1　原理

在系统抽样中，首先确定抽样间隔，然后在第一个间隔内随机选择一个样本单元，后续的样本单元就在第一个选择的样本单元基础上加上抽样间隔得到。例如，在总体为 N 个单元的条件下每个样本单元按照 1，2，…，N 编号，系统抽样的间隔是 20，第一个随机样本是 16，那么，第二个样本是 36，第三个样本是 56，直到每个系统间隔内都有一个样本。这种抽样方法是在一维空间中抽样。

空间系统抽样是将样本点平均分布到二维区域 A 中。在空间系统抽样中，根据抽样样本量和区域的单元总数，计算抽样间隔，间隔大小要尽量满足样本量能够均匀分布在二维空间中。空间布样时，首先在空间中随机选择一个样本单元，然后根据样本间隔，在 X 轴和 Y 轴两个方向上，按照抽样间隔选择样本单元。

空间系统抽样结果统计推断时，样本均值仍然是总体均值的无偏估计。其计算公式如下：

$$\bar{y} = \frac{1}{n}\sum_{i=1}^{n} y_i \tag{4.8}$$

式中，$\bar{y}$ 为研究区域 A 中的样本均值；n 为抽样的样本量；y_i 为抽样单元的值。空间系统抽样均值的均方误为

$$\text{MSE} = E[\bar{y} - \bar{Y}(A)]^2 = \frac{1}{n^2}\sum_{i,j} C(i,j) - \frac{2}{n|A|}\sum_i \int_A C(i,s)\mathrm{d}s + \frac{1}{|A|^2}\int_A\int_A C(t,s)\mathrm{d}t\mathrm{d}s \tag{4.9}$$

式中，$C(i,j)$ 为 i，j 两点的协方差；s，t 为 A 上的连续点位；$|A|$ 为区域 A 的面积。空间系统抽样的样本均值的理论 MSE [式(4.9)] 计算复杂。实际上，空间系统抽样样本均值方差 [式(4.9)] 与空间随机抽样的样本均值方差 [式(4.7)] 相差很小（Brus and de Gruijter，1997），但后者计算

要简单得多。因此，空间系统抽样的样本量计算公式[式(4.9)]和空间简单随机抽样计算公式[式(4.5)和式(4.6)]近似：首先根据经典简单随机抽样模型的样本量 $n_{Classic}$，与$(1-r)$相乘，得到新的样本量 n。通过样本量 n 和抽样区域 A 的面积及形状计算样本布设采用的抽样间隔。按照抽样间隔，以抽样区域 A 中随机选择的样点为中心，在 X 轴和 Y 轴两个方向上按照抽样间隔放置样本，直到所有样本布设完毕。

当空间研究对象具有较强的空间相关性时，系统抽样能够比空间随机抽样更好地测量到研究对象的空间变异，利用 Kriging 插值对研究区域表面插值时，空间系统抽样能够比空间随机抽样具有更高的精度。因为系统布样比随机布样空间分布更加均匀(Brus and de Gruijter, 1997)。

4.2.2　案例

为了解 2000 年某县林地面积，从 $N=2697460$ 个影像单元中抽取一定数量进行抽样调查（最小调查单元为 TM 影像像元）。在正式抽样之前先预抽样出 20 个样本单元，计算得到全县林地面积离散方差约为 $1.5×10^{-3}$km²，期望均值方差 $V≤1.6×10^{-5}$。

先估算每个像元的平均林地面积，将此平均数乘以总的像元数量，即为该县总的林地面积。

第一步，给定要求的均值估计误差 MSE（在随机或系统抽样的条件下等于方差估值 V），计算样本量：

$$n = \frac{S^2}{V} = \frac{1.5×10^{-3}}{1.6×10^{-5}} ≈ 100$$

即总的样本量为 100，扩大 10%后抽取出的样本量为 110。式中，S^2 为预抽样方差；n 为抽样样本量。

第二步，从 TM 影像均匀分布抽取 110 个像元，计算样本均值 $\bar{y}$ 及估算总林地覆被面积 $\hat{Y}$ 为

$$\bar{y} = \frac{1}{n}\sum_{i=1}^{n}y_i = \frac{1}{110}\sum_{i=1}^{110}y_i = 367.24m^2$$

$$\hat{Y} = N\bar{y} = 2697460 × 367.24 = 990615210.4m^2 ≈ 990.62 km^2$$

第三步，计算估值绝对误差：

$$\sqrt{V(Y)} = \sqrt{N^2\frac{\sigma^2}{n}(1-\frac{n}{N})} = 101.07km^2$$

式中，σ^2 为离散方差。当使用空间系统抽样时，需要考虑空间相关性，样本量、均值、均值方差都将发生变化。

4.3　空间分层抽样

4.3.1　原理

针对空间分异的调查对象(3.2 节)，可以先进行空间分类(classification)，再用空间分层抽样方法(stratified sampling)进行空间布样和统计推断。

划分层（stratification）的原则是：层内（within strata）方差小，层间（between strata）方差大，属性值相对近似的点被划分到同一层（stratum）（Wang et al., 2010a; Wang et al., 2016a），如图 4.2 所示，假设共划分出 $L = 7$ 层（strata）。

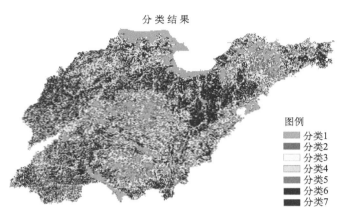

分类结果

图例
■ 分类1
■ 分类2
□ 分类3
▨ 分类4
▨ 分类5
■ 分类6
■ 分类7

图 4.2 分层

给定抽样总费用 C、基本费用 c_0 和层 h 中每个样本单元的调查费用 c_h，则

$$C = c_0 + \sum_{h=1}^{L} c_h n_h \tag{4.10}$$

给定总样本量 n，将样本量按分配原则 w_h 分配到每个层内：$n_h = n w_h$。分配原则包括：①各层（stratum）平均分配 $w_h = \dfrac{1}{L}$。②按各层（stratum）单元数 N_h 占研究区域全部单元数 N 之比例分配 $w_h = \dfrac{N_h}{N}$，称作按比例抽样。③按某层（stratum）标准离散方差 S_h 与该层单元数 N_h 乘积比例分配 $w_h = \dfrac{N_h S_h}{\sum_{h=1}^{L} N_h S_h}$，称作最优抽样，可以使样本估计总体误差最小；当各层（strata）样本单元成本 c_h 不同时，最优抽样 $w_h = \dfrac{N_h S_h / \sqrt{c_h}}{\sum_{h=1}^{L} \left(\dfrac{N_h S_h}{\sqrt{c_h}} \right)}$（Cochran, 1997）。抽样效率按①②③顺序提高（Cochran, 1977），模型输入的参数也增多。选择哪种分配原则可依据抽样效率和参数可获取性选择。最后，在每个层（stratum）内部进行简单随机布样。

各层（stratum）的样本均值和方差。均值的计算公式同简单随机均值计算公式一样：

$$\bar{y}_h = \frac{1}{n_h} \sum_{i=1}^{n_h} y_{hi} \tag{4.11}$$

式中，$\bar{y}_h$ 为第 h 层样本均值；n_h 为第 h 类层抽样的样本单元数；y_{hi} 为第 h 类层中第 i 个样本单元的值。在每个层内部，均值方差的计算公式采用空间随机抽样中计算均值方差的公式（Cochran, 1977）：

$$V(\bar{y}_h) = E(\bar{y}_h - \bar{Y}_h)^2 = (1 - \frac{n_h}{N_h}) \frac{1}{n_h} [\sigma_h^2 - E(C_h(i, j)] \tag{4.12}$$

式中，$\bar{Y}_h$ 为第 h 层（stratum，地理中为分类）总体均值；σ_h^2 为第 h 层的离散方差；$C_h(i, j)$ 为

第 h 层内第 i, j 两样本单元间的协方差。当分层在地理空间上比较破碎时，如图 4.2 所示，省略空间协方差，此时式 (4.12) 退化为简单随机抽样的计算公式 $V(\bar{y}_h) = \frac{1}{n}\sigma_h^2$。

得到各个层的均值和方差后，计算整个研究区域均值及其方差：

$$\bar{y} = \frac{1}{N}\sum\nolimits_{h=1}^{L} N_h \bar{y}_h \tag{4.13}$$

$$V(\bar{y}) = \sum\nolimits_{h=1}^{L} W_h^2 V(\bar{y}_h) \tag{4.14}$$

$$= \sum\nolimits_{h=1}^{L} W_h^2 \left(1 - \frac{n_h}{N_h}\right)\frac{S_h^2}{n_h}$$

$$= \frac{1}{n}\sum\nolimits_{h=1}^{L} \frac{W_h^2 S_h^2}{w_h} - \frac{1}{N}\sum\nolimits_{h=1}^{L} W_h S_h^2$$

式中，$W_h = N_h/N$ 为层 (stratum) h 的权重；w_h 为样本分配原则。由此得到样本量：

$$n = \sum\nolimits_{h=1}^{L} \frac{W_h^2 S_h^2}{w_h} \Big/ \Big[V(\bar{y}) + \frac{1}{N}\sum\nolimits_{h=1}^{L} W_h S_h^2\Big] \tag{4.15}$$

如果固定费用 C，则最优抽样 $W_h = \dfrac{N_h S_h / \sqrt{c_h}}{\sum_{h=1}^{L}\left(\dfrac{N_h S_h}{\sqrt{c_h}}\right)}$，代入式 (4.10) (Cochran, 1977)：

$$n = (C - c_0)\left(\sum\nolimits_{h=1}^{L} N_h S_h / \sqrt{c_h}\right)\Big/ \sum\nolimits_{h=1}^{L} N_h S_h \sqrt{c_h} \tag{4.16}$$

如果固定误差 V，则最优抽样 $W_h = \dfrac{N_h S_h / \sqrt{c_h}}{\sum_{h=1}^{L}\left(\dfrac{N_h S_h}{\sqrt{c_h}}\right)}$，代入式 (4.15) (Cochran, 1977)：

$$n = \left(\sum\nolimits_{h=1}^{L} W_h S_h \sqrt{c_h}\right)\left(\sum\nolimits_{h=1}^{L} W_h S_h / \sqrt{c_h}\right)\Big/ \Big[V(\bar{y}) + \frac{1}{N}\sum\nolimits_{h=1}^{L} W_h S_h^2\Big] \tag{4.17}$$

实际抽样中，分类结果可能散布在整个研究区域中 (图 4.2)。如果按照传统的分层抽样方法，同一层的对象，可能相距很远，甚至在空间上被其他的层所分开。有时，为了减少出野外费用，除了要求层 (strata) 内方差小，层间方差大以外，还要求兼顾同一个层能够在空间上尽量连片。对图 4.2 调整后，结果如图 4.3 所示。其好处是同一类空间连片，便于访问，减

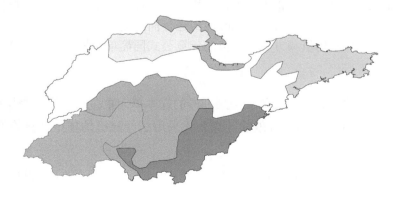

图 4.3　调整分层图

少了出差费用，此时式(4.12)中空间相关性参数 $E(C_h(i,j))$ 可求，提高抽样效率；代价是新的分区(zonation)的层内方差大于分类(classification)的层内方差，即式(4.12)中的 σ_h^2 增加，降低抽样效率。因此，是直接对分层图 4.2 按层(strata)进行抽样，还是对分层图 4.2 进一步聚合生成分区图 4.3，按区划(zones)进行抽样，需要根据式(4.15)进行判断，(n, V) 值越小，抽样效率越高。

4.3.2　案例

为了解 2000 年某县林地面积，从 $N = 2697460$ 个影像单元中抽取一定数量进行抽样调查（最小调查单元为 TM 影像像元），要求总的调查的期望标准差 $V = 0.065$km 左右，根据经验将调查区分为 5 层(strata)，并得知各层单元的标准差和调查费用(表 4.1)。

表 4.1　各层(stratum)标准差和费用

层号	01	02	03	04	05
标准差 S_h	54	78	76	80	64
费用 C_h	1500	1200	1400	1300	1000

第一步，根据误差要求，计算总的最优样本量，按照式(4.17)及表 4.1，$n = 72$，即实际总的最优样本量为 72，扩大 10% 后抽取出的样本量为 81。

第二步，计算各层(stratum)最优样本量(表 4.2)：

$$n_h = \frac{W_h \sigma_h^2 / \sqrt{c_h}}{\sum_{h=1}^{L}\left(\dfrac{W_h \sigma_h^2}{\sqrt{c_h}}\right)} \times n \tag{4.18}$$

表 4.2　各层(stratum)最优样本量

层号	01	02	03	04	05
样本量 n_h	17	16	13	15	11

第三步，根据抽取的 81 个样本点估计总的林地覆被面积：

$$\overline{y}_{st} = \sum_{z=1}^{L}\overline{y}_z \times W_z = 326.42 \text{m}^2$$

$$\hat{Y} = N\overline{y}_{st} = 2697460 \times 326.42 = 880504893.2\text{m}^2 \approx 880.5 \text{ km}^2$$

第四步，估值绝对误差：

$$V(Y) = \sqrt{V(Y)} = \sqrt{N^2 V(\overline{y})} = 19.44\text{km}^2$$

4.4　空间三明治抽样

现有的抽样方法，都是针对一个报告单元。如果需要报告中国近 3000 个县各县的 GDP，按照过去的方法，需要在每个县抽取至少 2 个样本单元，则需要至少 2×3000 = 6000 个样本单元。可见，当有多个报告单元时，即使使用抽样方法，也会产生样本量大、费用高的问题。

三明治统计量及抽样公式(Wang et al., 2002, 2013b)解决了这一问题。

4.4.1 原理

　　Wang 等(2002, 2013b)提出空间抽样三明治模型, 解决了在总体分异条件下小样本多报告单元抽样问题, 可以用较少的样本量实现多报告单元报告。空间抽样三明治模型原理如下(图4.4): 第一步, 对研究对象(target population coverage)按照层内(within strata)方差最小并且层间(between strata)方差最大, 即 q-值最大(3.2 节)进行分层, 形成知识层(knowledge strata)。注意, 这里的层(strata)不限于地理分类或分区, 也可以按属性划分, 如将中国近 3000 个县按人均 GDP 从高到低划分为 5 类。第二步, 样本按知识层进行配分, 计算出各层的样本均值和样本均值方差[式(4.11)和式(4.12)]。第三步, 将报告单元图层(reporting coverage)与知识层叠加相切, 将知识层的均值及均值方差推算到各报告单元中, 得到各报告单元的均值、均值方差(4.3 节)[图4.4(b)]。可见, 空间三明治抽样与统计推断实际上是两次空间分层抽样统计(4.3 节): 第一次从对象图层(target population coverage)到知识层(knowledge strata), 第二次从知识层到报告图层(reporting coverage)。

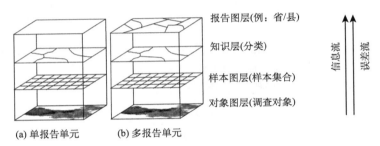

图 4.4　空间抽样: (a)分层抽样(Cochran, 1977), (b)三明治抽样(Wang et al., 2002)

　　具体计算步骤。首先, 按照空间分层抽样(spatial stratified sampling)(4.3 节)将样本放置到知识层(strata)中, 用式(4.11)和式(4.12)分别计算各层(strata)的均值 $\bar{y}_h$ 及其方差 $V(\bar{y}_h)$。然后, 计算各报告单元的均值和均值方差:

$$\bar{y}_r = \sum_{h=1}^{L_r} W_{rh}\bar{y}_h \tag{4.19}$$

$$V(\bar{y}_r) = \sum_{h=1}^{N_{rh}} W_{rh}^2 V(\bar{y}_h) \tag{4.20}$$

$$W_{rh} = N_{rh}/N_r \tag{4.21}$$

式中, L_r 为报告单元 r 中的层数(strata); W_{rh} 为报告单元 r 与层 h 相切的区域在 r 中的权重; N_{rh} 为报告单元 r 与层 h 相切的区域中的单元数; N_r 为报告单元 r 中的单元数。例如, 虽然乳腺癌发病率受很多因素影响, 但是其在城乡之间分异最为明显。因此, 可以按城、乡两个层(two strata)分别抽样并计算乳腺癌在这两层中的流行率及其方差($\bar{y}_h$, $V(\bar{y}_h)$, $h = 1, 2$), $\bar{y}_h$ 也可以按照解释变量建立回归模型来估算。然后, 收集县 r 的城、乡人口 N_{rh} 和总人口 N_r, 从而得到 W_{rh}。最后, 按照式(4.19)和式(4.20)得到 $\bar{y}_r$ 和 $V(\bar{y}_r)$。

　　三明治抽样的总误差和总样本量计算方法同分层抽样, 见式(4.14)~式(4.17)。

4.4.2 案例

目的是抽样得到某县林地面积总量及各报告单元的估计值；总的调查费用不得超过 $C = 20$ 万元。

第一阶段：抽样设计。

首先，基于知识经验和辅助数据对研究区域或抽样底图进行分层(strata)，构成知识层(图 4.5)。此外，还需生成报告单元层(layer)(该县的 10 个镇，如图 4.6 所示，也可以是自然单元、格网或其他用户感兴趣的报告单元)。

根据以往经验，基本费用 $c_0=8000$ 元，平均每个像元(样本单元)的调查费用为 120 元，各知识层(knowledge stratum)的离散标准差 s_h 和费用 c_h 如表 4.3 所示。

图 4.5 知识层

图 4.6 报告单元图层(coverage)

其次，计算总样本量。根据式(4.17)和表 4.3 参数，按最优分配方案计算总的最优样本量 n_0。随后，将总的最优样本量 n_0 分配到各个分类层中[式(4.18)]，从而获得各知识层的样本量 n_h。总的最优样本量 n_0 为 142(表 4.4)。扩大 10%后抽取出的样本量为 156。

表 4.3 分层(strata)参数(先验获得)

层号	相关系数	离散标准差 s_h	费用 c_h/元
1	0.55	80	1200
2	0.48	94	1400
3	0.62	65	1600
4	0.75	73	1300
5	0.60	59	1500

表 4.4 计算各知识层样本量

层号	样本量
1	50
2	33
3	18
4	25
5	16
总和	142

最后，抽取样本点。利用计算机伪随机数方法在每层(stratum)内进行简单随机抽样，并布局在抽样底图中，如图 4.7 所示。

第二阶段：数据采集和获取。

基于样本点的布局图，通过野外调查或更高空间分辨率遥感影像获取每个位置的有林地面积数据(包括时间、地点、坐标、数据类型和值)。

第三阶段：统计推断和结果报告。

图 4.7 抽样点分布

根据所抽取的 156 个像元，估算各知识类层(strata, $h = 1, \cdots, L$)及全区域的样本均值 $\bar{y}_h$ 和 $\bar{y}_{st}$。具体统计推断过程参见 5.6 节三明治插值中的案例部分。

样本均值 $\bar{y}_{st}$ 乘以 2697460，即为林地覆被总面积估计值 $\hat{Y}$：

$$\bar{y}_{st} = \frac{1}{N}\sum_{h=1}^{L} N_h \bar{y}_h = \sum_{h=1}^{L} W_h \bar{y}_h = 456.6 \text{m}^2$$

$$\hat{Y} = N\bar{y}_{st} = 2697460 \times 456.6 = 12316660236.7\text{m}^2 \approx 1231.7\text{km}^2$$

样本均值估计方差：

$$v(\bar{y}_{st}) = \frac{1}{N^2}\sum_{h=1}^{L} N_h(N_h - n_h)\frac{s_h^2}{n_h} = 35.4$$

总面积的估计方差：

$$v(\hat{Y}) = N^2 v(\bar{y}_{st}) = 2697460^2 \times 35.4 \approx 2.58 \times 10^{14}$$

总面积估计值的置信区间：

$$\hat{Y} \pm t \times \sqrt{v(\hat{Y})} \approx 12316660236 \pm 1.96 \times \sqrt{2.58 \times 10^{14}}\text{m}^2 \approx (1200, 1263.2)\ \text{km}^2$$

根据计算结果生成报告（表 4.5）。

表 4.5　结果报告

主要参数	结果
总体的基本特征	层内空间相关性较强，层间空间分异性较强
空间相关性系数	0.20
空间分异性系数	$q=0.70$
样点布设说明	空间分层+计算机伪随机数方法
统计推断模型	Sandwich 空间模型
有林地覆被总面积	1231.6km^2
有林地覆被总面积估计方差	2.58×10^{14}
置信水平	0.95
有林地覆被总面积置信区间	(1200,1263.2) km^2
各报告单元估计均值和方差	(1) (529.0m^2,922.4)；(2) (325.9m^2,1430.9)；(3) (458.3m^2,894.1)；(4) (557.4m^2,1283.4)；(5) (304.1m^2,796.2)；(6) (562.6m^2,1148.7)；(7) (337.9m^2,979.7)；(8) (384.8m^2,755.2)；(9) (437.5m^2,963.3)；(10) (416.2m^2,1084.7)

4.5　"三位一体"空间抽样理论

以上列举了几个常用的基于设计的空间抽样模型（样本估计总体的不确定性来自样本被抽中的不确定性）。实际上，它们是众多空间抽样方法的一部分。"三位一体"空间抽样理论提供了一个和谐的空间抽样理论框架（Wang et al., 2012a），读者可以据此选择恰当的空间抽样和统计推断方法。

4.5.1　空间抽样信息流

空间抽样的目的是通过样本（sample）对总体（population）进行推断（inference），包括对区域总量或均值进行估计,对区域未抽样点估值(空间插值),用样本回归关系(sample regression function,SRF)估计总体回归关系(population regression function,PRF),以及区域最优服务问题,如医院布局和手机基站布局等(图 4.8)。空间抽样的核心任务是确定样本量、抽样位置、样本估值及其相对于总体的误差。一个抽样过程涉及地学对象的统计属性 $\Re$(第 3 章)、抽样方案(样本量、抽样位置)$\Im$ 和统计量 Ψ(图 4.8)。

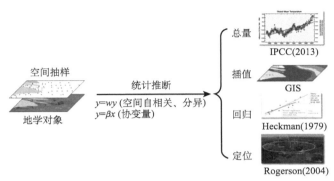

图 4.8 空间抽样信息流

抽样方式影响统计结果。针对同一个地学对象 $\Re$,使用相同的统计推断方法 Ψ,由于抽样位置的不同 $\Im_s$,统计推断结果将不同。图 4.9 中的阴影表示土壤被污染区域,取值 $y = 1$;其他区域未被污染,取值 $y = 0$;实心点表示抽样点,共 25 个。$\bar{y}$ 表示样本均值,v 表示方差。图 4.9 表示针对同一个土地被污染分布($\Re$)和相同的样本统计量(Ψ)(简单算术平均),三种不同的样点随机分布($\Im_s$)所导致的样本简单算术的平均值(被污染土地的百分比)不同。可见,不同抽样 $\Im$ 将导致不同的统计结果,即使对象 $\Re$ 和统计量 Ψ 不变:

$$(\Im \mid \Re, \Psi)$$

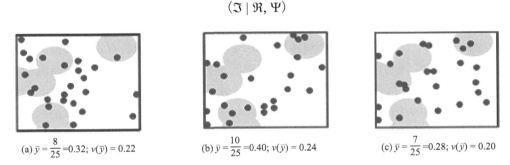

(a) $\bar{y} = \dfrac{8}{25} = 0.32$; $v(\bar{y}) = 0.22$ (b) $\bar{y} = \dfrac{10}{25} = 0.40$; $v(\bar{y}) = 0.24$ (c) $\bar{y} = \dfrac{7}{25} = 0.28$; $v(\bar{y}) = 0.20$

图 4.9 不同抽样(点位分布不同)导致不同结果

统计量影响统计结果。针对同一个地学对象,使用相同样本点,由于统计量不同,统计推断结果将不同。图 4.10 中的阴影表示土壤被污染区域,取值 $y = 1$;其他区域未被污染,取值 $y = 0$;实心点表示抽样点,共 25 个。图 4.10 表示针对同一个土地被污染分布($\Re$)和样点分布($\Im$),分别使用三种不同的空间插值统计量($\Im_s$),最邻近距离、反距离加权(IDW)和 Kriging,导致空间插值结果(基于样本推断被污染土地的分布)不同。可见,不同统计量 Ψ 将导致不同的统计结果,即使对象 $\Re$ 和样本 $\Im$ 不变:

$$(\Psi \mid \Re, \Im)$$

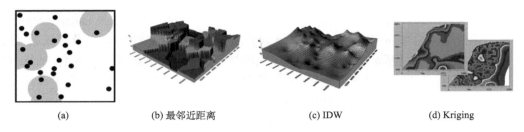

(a)　　　　(b) 最邻近距离　　　　(c) IDW　　　　(d) Kriging

图 4.10　不同统计量导致不同结果

总体分布影响统计结果。使用相同样本点和相同的统计量，由于研究对象不同，统计推断结果将不同。图 4.11 中的阴影表示土壤被污染区域，取值 $y=1$；其他区域未被污染，取值 $y=0$；实心点表示抽样点，共 25 个。图 4.11 表示使用相同的样本($\mathfrak{I}$)和相同的统计量(简单算术平均)(Ψ)，监测三种不同的土壤空间分布($\mathfrak{R}_s$)所导致样本均值(基于样本推断的被污染土地的分布)不同。因此，不同地学对象性质$\mathfrak{R}$将导致不同的统计结果，即使样本$\mathfrak{I}$和统计量Ψ不变：

$$(\mathfrak{R} \mid \mathfrak{I}, \Psi)$$

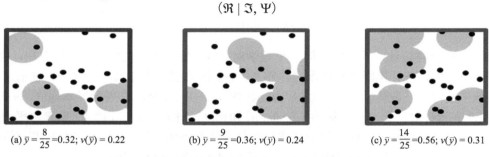

(a) $\bar{y}=\frac{8}{25}=0.32$; $v(\bar{y})=0.22$　　(b) $\bar{y}=\frac{9}{25}=0.36$; $v(\bar{y})=0.24$　　(c) $\bar{y}=\frac{14}{25}=0.56$; $v(\bar{y})=0.31$

图 4.11　不同地学对象(阴影分布不同)导致不同结果

由图 4.9～图 4.11 可见，空间抽样统计结果受到地学对象$\mathfrak{R}$、抽样方式$\mathfrak{I}$和统计量Ψ三位一体所控制。实际上，地学对象$\mathfrak{R}$的统计性质可以是独立同分布的、存在空间自相关性、存在空间分异性，或者同时存在空间自相关性和空间分异性；空间抽样$\mathfrak{I}$可以是随机的、系统的、分类层的等；统计推断方法可以是简单平均、分层统计、反距离加权(IDW)、Kriging、MSN 等。因此，空间抽样统计推断有众多的"三位一体"组合(图 4.12)，对应不同的抽样效率和统计精度。如何选择？

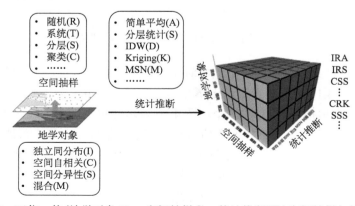

图 4.12　三位一体(地学对象$\mathfrak{R}$，空间抽样$\mathfrak{I}$，统计推断Ψ)空间抽样与统计推断

4.5.2 空间抽样与统计推断模型选择

一个好的空间抽样是指用较小的样本得到精度较高的统计结果。这个目标只有当抽样方式和统计量的假设条件与地学对象性质相符合时才能达到(图 4.13)。地学对象性质及其检验可参考第 3 章空间总体特性。

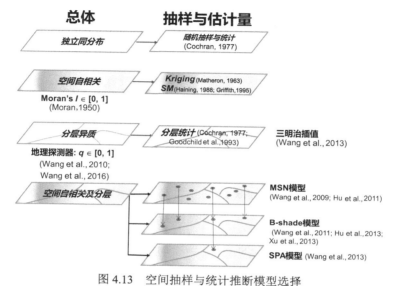

图 4.13　空间抽样与统计推断模型选择

阴影表示空间自相关性;曲线表示空间分异性;点表示采样点

情形 1:当地学对象是独立同分布时,采用经典抽样技术和经典统计学是恰当的,如本章介绍的简单随机抽样和系统抽样,更多关于经典抽样方法可参考 Cochran(1977)的专著。

情形 2:当地学对象的空间自相关性较强时(用 3.1 节介绍的 Moran's I 或半变异函数检验),可采用 Kriging(5.4 节)方法:模拟抽样点的不同分布($\Im_s$),计算所对应的 Kriging 的估值误差,选取估值误差最小的样本空间分布即为最优的空间抽样($\Im^*$)。

情形 3:当地学对象的空间分异性较强时(用 3.2 节介绍的空间分异性地理探测器 q-统计检验),分层抽样(4.3 节)和三明治抽样(4.4 节)是恰当的。

情形 4:如果地学对象同时存在空间自相关和空间分异性,此时根据样本量又分三种情形(免费软件 www.sssampling.cn):①如果样本足够多到每层(stratum)均有至少两个样本单元,则可用 MSN 统计量及其抽样(Wang et al., 2009; Hu and Wang, 2011)。②如果有些层没有样本,此时样本有偏,即样本直方图不等于总体直方图,需要用具有纠偏能力的 Bshade 统计量,结合有辅助变量进行统计推断或抽样(Wang et al., 2011; Hu et al., 2013; Xu et al., 2013)。③如果只有一个样本点,需要使用 SPA 统计量,结合辅助信息进行统计推断(Wang et al., 2013a)。

情形 1 和情形 3 是基于设计的抽样与统计推断方法,其估计量及其误差与样本量有明确的数学关系,如式(4.6)和式(4.7)。据此,可以根据样本量 n 推断估计误差 V,或者根据给定误差要求 V 计算所需样本量 n。

情形 2 和情形 4 是基于模型的抽样与统计推断方法。在 Kriging 的二阶平稳假设条件下(Matheron,1963),样本绝对位置信息是无用的,也就是样本的不同空间分布对总误差没有影响。但是，实验表明，不同的抽样位置将导致不同的 Kriging 插值误差。这说明 kriging 的二阶平稳假设并没有完全反映真实世界，忽略了抽样误差。因此，如果要用 Kriging 进行空间抽样与统计推断，可以通过计算机模拟尝试样本的不同空间分布，得到使 Kriging 误差最小的样本空间分布即为最优空间抽样位置。当调查对象同时存在空间自相关(3.1 节)和空间异质性(3.2 节)时，最佳的空间统计量是 MSN(Wang et al.，2009)和 Bshade(Wang et al.，2011)(图 4.13)，计算机模拟样本不同的布设所对应的 MSN 或 Bshade 值，得到使其误差最小的样本空间分布即为最优空间抽样位置(Hu and Wang, 2011; Hu et al., 2013)。根据总体性质$\mathfrak{R}$，选定基于模型的估计量Ψ，尝试样本不同的分布，得到使误差最小的样本空间分布就是最佳的采样点$\mathfrak{I}^*$，参见式(4.6)。

表 4.6 是对上述描述的一个总结(Wang and Hu, 2012；Wang, 2017)。

表 4.6　空间抽样与统计推断模型选择

	$\mathfrak{I}$：抽样	Ψ：统计量	(#, n；MSE)	
			解析式	模拟
$\mathfrak{R}_1$：独立同分布	简单随机抽样；系统抽样	简单算术平均	x	
$\mathfrak{R}_2$：分异	分层抽样	Sandwich	x	
$\mathfrak{R}_3$：空间自相关	Kriging	Kriging		x
$\mathfrak{R}_4$：分异+自相关	MSN; Bshade; SPA	MSN; Bshade; SPA		x
$\mathfrak{R}_5$：未知	去$\mathfrak{R}_1$、$\mathfrak{I}$收集数据，然后检验$\mathfrak{R}$的性质?			

注：$\mathfrak{R}$、$\mathfrak{I}$、Ψ分别表示总体性质、抽样方式、统计量；(#, n；MSE)分别表示(样本分布方式，样本量；均方误)；x 表示(#, n；MSE)的计算方法。

第5章 空间插值

空间插值的目的是运用采样点数据通过连接函数来预测未采样点的数值。其依据是已知观测点数据,将采样点和未采样点连接起来的函数,即显式或隐含的空间相关性、分异性、解释变量,或者机理模型。空间数据插值一般包括以下步骤:①空间样本数据的获取;②通过先验知识和分析已获取到的数据,检验识别空间总体特性(第3章)和样本条件,选择与总体特性和样本条件相适宜的插值方法(统计量);③插值并对插值结果精度评价。常用的插值方法包括统计学方法、随机模拟方法、物理模型等。这些方法有各自不同的假设和适用条件,运行所需要的参数不同、统计性质不同,没有无条件的最优,插值结果需要检验。

如果总体为空间自相关性主导(可通过 Moran's I 和半变异函数进行判断,见 3.1 节),应选择基于空间自相关的空间插值模型,包括:核密度函数(5.1 节),局域函数拟合,简单易行,样点少时误差较大,需要样本点多;趋势面插值模型(5.2 节),全局多项式拟合,简单易行,误差较大;反距离加权插值模型(5.3 节),只需输入抽样点数据,误差较大;Kriging 插值家族(5.4 节和 5.5 节),总体在二阶平稳条件下插值结果无偏最优,需要输入半变异函数;贝叶斯最大熵 BME 模型(第 17 章),对总体无假设,可融合各种先验知识,较复杂。如果空间总体为空间分异性主导(可用空间分异性 q-统计进行判断(3.2 节),应选择三明治空间插值模型(5.6 节)。如果解释变量显著(可用 Pearson 相关系数进行检验),则应选择回归模型,如线性回归,简单易行,假设线性关系;3G 模型(5.7 节),拟合准确,黑箱;贝叶斯层次模型(第 18 章),可融合一些先验信息。如果空间相关性和分异性均显著,应使用 MSN(Wang et al., 2009; Hu et al., 2011)、Bshade(Wang et al., 2011; Hu et al., 2013; Xu et al., 2013; Wang et al., 2017)、SPA(Wang et al., 2013a),以及 P-Bshade(Xu et al., 2018)等模型进行总量估算或插值。最后这种情形插值模型比较复杂,不包含在本书范围之内,有需求的读者可参考上面列出的参考文献及软件(网站 www.sssampling.cn)进行实践。

5.1 核密度估计

5.1.1 原理

核密度估计(kernel density estimation, KDE)根据单变量的样本点群,计算其空间平滑估计值(图 5.1)。

如果用 s 代表空间里的任意点,s_1, …, s_n 分别代表 n 个点,那么,s 上的强度 $\lambda_\tau(s)$ 定义为

$$\hat{\lambda}_\tau(s) = \sum_{i=1}^{n} \frac{1}{\tau^2} k\left[\frac{(s - s_i)}{\tau}\right] \tag{5.1}$$

式中,$k[\ ]$ 为一个事先给定的倒 U 型函数,称为核,事先给定参数 $\tau > 0$,称为带宽,它用来定义平滑量的大小,实际上就是以 s 为中心的一个圆的一个半径,每个点 $s_i(1 < i < n)$ 都对 $\lambda_\tau(s)$ 有贡献。距离 s 越远的点 s_i 对 s 的贡献越小。例如,令

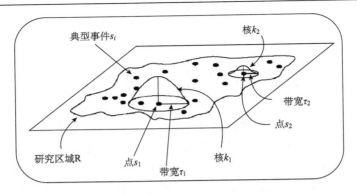

图 5.1 核密度插值

$$\hat{\lambda}_\tau(s) = \sum_{h_i \leq \tau} \frac{3}{\pi\tau^2} \left[1 - \frac{h_i^2}{\tau^2}\right]^2 \tag{5.2}$$

式中，h_i 为 s 点和被观测的点 $s_i(1 < i < n)$ 之间的距离，对 $\lambda_\tau(s)$ 估计值有贡献的观测点的范围就是以 s 点为中心，以 τ 为半径的圆。不管选什么样的核心函数，增加带宽会"拉平" s 周围的区域，对于较大的带宽，$\lambda_\tau(s)$ 估计值会呈现平坦的趋势，本地的特征会模糊。

5.1.2 案例

(1) 单击【ArcToolbox】→【Data Management Tools】→【Feature Class】→【Create Fishnet】，打开 Create Fishnet 对话框（图 5.2）。选择输出要素位置，模板范围选择 Same as layer village_areal，设置核高度和宽度分别均为 1000。确定生成格网。案例所用数据与本章其他方法案例一致。

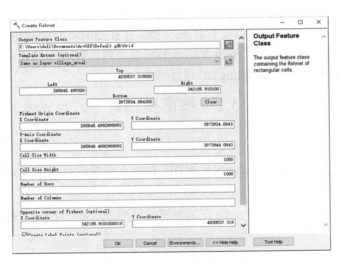

图 5.2 Create Fishnet 对话框

(2) 单击【ArcToolbox】→【Analysis Tools】→【Overlay】→【Intersect】，打开 Intersect 对话框（图 5.3）。

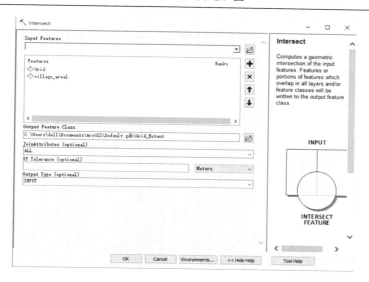

图 5.3   Intersect 对话框

(3) 点击【ArcToolbox】→【Data Management Tools】→【Features】→【Feature To Polygon】，把某县分成 2010 个 1km×1km 的网格(图 5.4)。

图 5.4   某县 1km 格网图

(4) 把 270 个村的点位数据作为输入数据，点击【ArcToolbox】→【Spatial Analyst Tools】→【Density】→【Kernel Density】，设置输入、输出参数(图 5.5)。

(5) 点击【ArcToolbox】→【Spatial Analyst Tools】→【Zonel】→【Zonel Statistics】，得到每个网格村庄密度(图 5.6)。

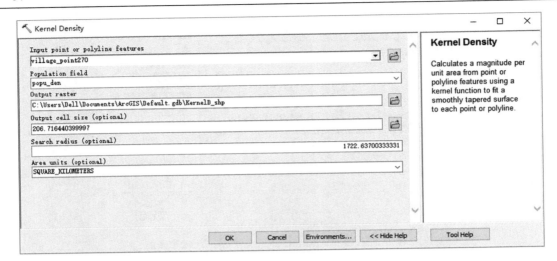

图 5.5　Kernel Density 对话框

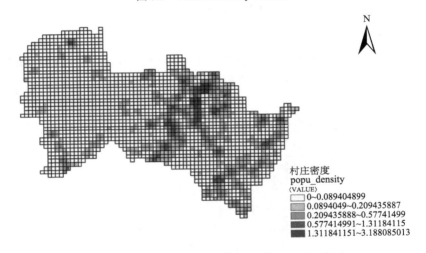

图 5.6　某县 1km 格网上的村庄密度分布(核密度法)

5.2　趋　势　面

5.2.1　原理

趋势面方法是先给定一个曲面函数，然后根据已知样本点所在的空间坐标及其上的属性值，运用最小二乘法拟合出曲面函数的参数，再将待插值点的空间坐标代入此函数来预测待插值点上的属性值。当对二维空间进行拟合时，如果已知样本点的空间坐标 (x, y) 为自变量，而属性值 z 为因变量，则其二元回归函数为

一次多项式回归：$z = a_0 + a_1 x + a_2 y + \varepsilon$　　　　　　　　　　　　　　　　(5.3)

二次多项式回归：$z = a_0 + a_1 x + a_2 y + a_3 x^2 + a_4 xy + a_5 y^2 + \varepsilon$　　　　　　(5.4)

式中，$a_0, a_1, a_2, a_3, a_4, a_5$ 为多项式系数；ε 为误差项。

趋势面方法极易理解，计算简便，它适用于表达空间趋势和残差的空间分布。当趋势和残差分别能与区域和局部尺度的空间过程相联系时，趋势面方法是最有用的（Agterberg，1984）。但趋势面方法所用的是一个平滑函数，一般很难正好通过原始数据点。虽然采用次数高的多项式函数能够很好地逼近数据点，但会使计算复杂，预测能力下降。一般多项式函数的次数为 2 或 3 就可以了。

5.2.2　案例

（1）图层 village_point270.shp 为某县 270 个乡镇的位置分布图（点文件），270 个乡镇为该县总的 326 个乡镇中出生人数多于 5 的乡镇；town.shp 为该县县界的面文件。数据可从网站 http://www.sssampling.cn/201sdabook/data.html 下载。

（2）启动 ArcMap，从 Customize 下拉菜单中选择 Extensions,勾选 Spatial Analyst 扩展模块。打开一个新视图，把 village_point270.shp 和 town.shp 加载视图中。

（3）打开 ArcMap 中的【Geoprocessing】→【ArcToolbox】，选择【Spatial Analyst Tools】→【Interpolation】→【Trend】，打开趋势面插值对话框（图 5.7）。

（4）单击 Input point features 下拉箭头，选择样本点数据集 Village_point270.shp。

（5）单击 Z value field 下拉箭头，选择参加计算的字段名称 net_income。

（6）在 Output raster 文本框输入结果文件名称 Vill_Trend。

（7）Output cell size 设置要创建输出栅格的像元大小。

（8）Polynomial order 选择 3。

（9）Type of regression 中 LINEAR——执行多项式回归,对输入点进行最小二乘曲面拟合。这种类型适用于连续型数据。LOGISTIC——执行逻辑趋势面分析，为二元数据生成连续的概率曲面。

（10）Output RMS file 选择输出 RMS 文件的保存路径。单击【Environments...】→【Processing Extent】，选择 same as layer town。

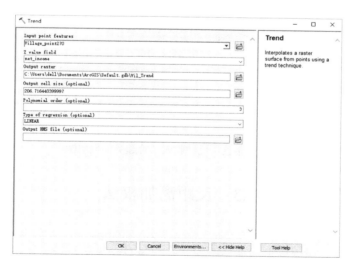

图 5.7　趋势面插值对话框

（11）点击【OK】计算完成。得到趋势面生成结果，如图 5.8 所示。

（12）趋势面 Vil_Trend 表面栅格包括超出该县的地区。为了让插值结果限制在和顺县范围内，需要使用一个掩膜提取工具，单击【Spatial Analyst Tools】→【Extraction】→【Extract by Mask】，打开掩膜提取工具（图 5.9）。Input raster 输入 Vil_Trend，Input raster or feature mask data 选择 town.shp，Output raster 选择掩膜提取结果的存储路径。点击【OK】得出某县居民纯收入三阶趋势面插值图（图 5.10）。

图 5.8　趋势面生成结果示意图

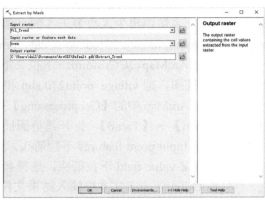

图 5.9　掩膜提取对话框

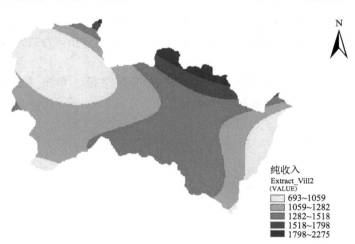

图 5.10　某县居民纯收入三阶趋势面插值图

5.3　反距离加权法

5.3.1　原理

待插值点的值是其周围样点值的加权和，其权重与两点间距离函数成反比。它输入和计算量少，但这种方法无法对误差进行理论估计。

设待插值点 $p(x_p, y_p, \hat{z}_p)$ 周围局部邻域内有若干已知样本点 $i(x_i, y_i, z_i)$（$i=1, \cdots, n$），其

中，(x, y) 为二维空间坐标，z 为该点的属性值。那么，点 p 的属性值可以通过这些邻近点的属性值加权来求得。周围点与 p 点因距离远近，对 p 点的影响不同，与 p 距离近的点对 p 点的影响最大，这种影响用权函数 w_i 来确定。p 点的属性值估计公式为

$$\hat{z}_p = \sum_i^n z_i w_i \Big/ \sum_i^n w_i \tag{5.5}$$

式中，w_i 为 i 点对于 p 点的权值，一般取 $w_i = 1/d_i^{\alpha}$，d_i 为 p 点和 i 点之间的距离；α 为控制参数，α 越大，权重随距离增大衰减得越快；反之，α 越小，权重随距离增大衰减得越慢。一般 α 取 $1\sim3$，常常取 $\alpha = 2$。式 (5.5) 是一个无偏的估计量，即 $E\,\hat{z}_p = z_p$ 真值。

反距离加权法是以插值点与样本点之间的距离为权重的插值方法，简单易行，但 α 的取值缺少根据，插值点容易产生丛集现象，会出现相近的样本点对待插值点的贡献几乎相同，待插值点明显高于周围样本点的分布现象。

5.3.2　案例

（1）案例里插值所用图层 village_point270.shp 为某县 270 个乡镇的位置分布图（点文件），该 270 个乡镇为该县总的 326 个乡镇中出生人数大于 5 的乡镇。该文件内相关属性表的字段说明如下：net_income——纯收入。

（2）打开 ArcMap 中的【Geoprocessing】→【ArcToolbox】，选择【Spatial Analyst Tools】→【Interpolation】→【IDW】，打开 IDW 对话框（图 5.11）。

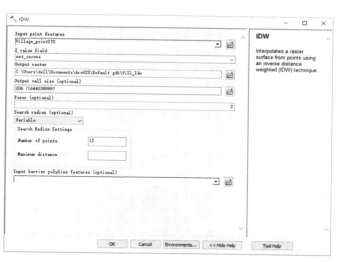

图 5.11　IDW 对话框

（3）单击 Input point features 下拉箭头，选择样本点数据集 Village_point270.shp。

（4）单击 Z value field 下拉箭头，选择参加计算的字段名称 net_income。

（5）在 Output raster 文本框输入结果文件名称 Vill_Idw。

（6）在 Output cell size 文本框中输入输出结果的栅格大小。

（7）在 Power 文本框中输入 IDW 的幂值。幂值是一个正实数，其缺省值为 2。

（8）在 Search radius 中，选择搜索半径类型 Variable。这里有两种类型：Variable 为可变

搜索半径，内插计算时样本点个数(number of points)是固定的(缺省值为 12)，搜索距离(distance)是可变的，取决于插值单元周围样本点的密度，密度越大，半径越小；Fixed 为固定搜索半径，需要规定插值时样本点的最小个数(minimum number of points)和搜索距离(distance)；搜索距离是一个常数，对每一个插值单元来说，用于寻找样本点的圆形区域的半径都是一样的。如果搜索半径距离内的点个数小于插值点个数的最小整数值，则搜索半径自动增大。

(9)Input barrier polyline feature 项用于指定中断线文件。中断线是指用来限制搜索输入样本点的多线段数据集。一条线段是一个打断表面的线特征，悬崖、峭壁、堤岸或某些障碍都是典型的中断线。中断线不必具有 Z 值。中断线限制了插值计算，它使得计算只能在线的两侧各自进行，而落在中断线上的点同时参与线两侧的计算。

(10)单击【Environments】→【Processing Extent】选择 same as layer town，单击【OK】按钮，完成操作，结果如图 5.12 所示。

(11)掩膜提取后的结果如图 5.13 所示。

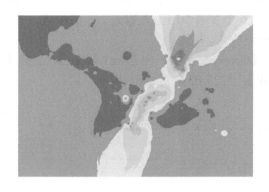

图 5.12　　IDW 插值结果

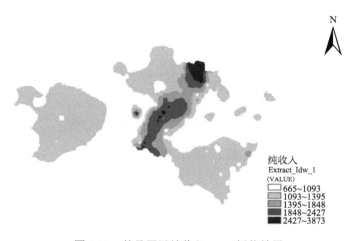

图 5.13　　某县居民纯收入 IDW 插值结果

5.4 Kriging 方 法

5.4.1 原理

在 Kriging 方法(Matheron，1963)中，一个待插值点 s_0 属性值 z_0 的估计值 $\hat{z}_0$ 用其周围影响范围内的几个已知样本点变量值 z_i 的线性组合来估计(图 5.14)：

$$\hat{z}_0 = \sum_i^n \lambda_i z_i \tag{5.6}$$

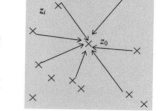

在 Kriging 方法里假设对于所有点：①一阶矩 $E(z_i) = m$ 为未知常数；②假设 (i, j) 两点之间协方差只与这两点之间的距离 d 有关，而与绝对位置无关，即二阶矩 $C(z_i, z_j) = C(d)$。假设①和②一起被称作二阶平稳假设。

图 5.14 Kriging 插值原理

Kriging 插值模型的目的就是求出诸权重系数 $\lambda_i (i = 1, \cdots, n)$，使估计值 $\hat{z}_0$ 为真实值 z_0 的无偏估计，且其估计的均方误(MSE)最小。当估值无偏，MSE 就等于方差 σ^2。在二阶平稳条件下，即空间相关性只与两点距离有关，与点位无关。为使预测值无偏差，即 $E\hat{z}_0 = \lambda_i Ez_i = z_0$，必有

$$\sum_i^n \lambda_i = 1 \tag{5.7}$$

Kriging 方法估计方差的计算公式为

$$\sigma^2 = E\left[\hat{z}_0 - z_0\right]^2 = C(z_0, z_0) - 2\sum_i^n \lambda_i C(z_0, z_i) + \sum_i^n \sum_j^n \lambda_i \lambda_j C(z_i, z_j) \tag{5.8}$$

式中，$C(z_0, z_i)$ 为两点 $(0, i)$ 之间协方差平均值；类似地，$C(z_i, z_j)$ 和 $C(z_0, z_0)$ 依次类推。

在无偏条件式(5.7)约束下，使估计方差 σ^2 达到极小的诸权重系数 λ_i 是一个求条件极值的问题，得到以下代数方程组：

$$\begin{cases} \sum_j^n \lambda_j C(z_i, z_j) + \mu = C(z_i, z_0) \\ \sum_j^n \lambda_j = 1 \end{cases} \quad i = 1, \cdots, n \tag{5.9}$$

或

$$\begin{cases} \sum_j^n \lambda_j \gamma(z_i, z_j) + \mu = \gamma(z_i, z_0) \\ \sum_j^n \lambda_j = 1 \end{cases} \quad i = 1, \cdots, n \tag{5.10}$$

式中，γ 为变异函数，由理论假设或样本数据求出(见下段)；λ_i 和 μ 为待求系数，由以上代数方程组解出。将 λ_i 代入式(5.6)和式(5.8)，即可得到普通 Kriging 在各点插值及其方差。式中的协方差矩阵和半变异函数度量总体的空间自相关的强度，可参考 3.1 节。

Kriging 的优点是其具有坚实的统计理论基础，能够对误差做出逐点的理论估计；缺点是其二阶平移假设与实际问题可能有差异。Kriging 派生出许多变种，如 CoKriging、Universal Kriging 等。

5.4.2 案例

(1)本案例所用数据与上节反距离加权方法案例一致。

(2)打开 ArcMap 中的【Geoprocessing】 → 【ArcToolbox】，选择【Spatial Analyst Tools】 →

【Interpolation】→【Kriging】，打开 Kriging 对话框（图 5.15）。

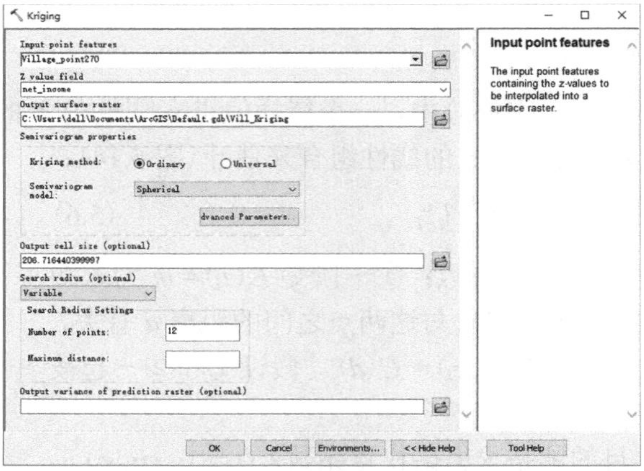

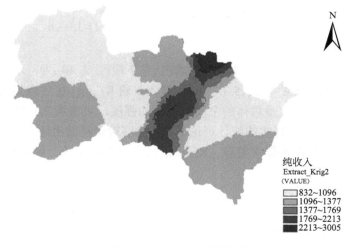

图 5.15　　Kriging 对话框

（3）单击 Input point features 下拉箭头，选择参加内插计算的点数据集 Village_point270.shp。

（4）单击 Z value field 下拉箭头，选择参加内插计算的字段名称 net_income。

（5）选择所需要的克里格方法，这里选择 Ordinary。

（6）单击 Semivariogram model 下拉箭头，选择合适的变异函数模型（Spherical）。

（7）单击 Search radius 下拉箭头，选择搜索半径类型 Variable。

（8）在 Output cell size 文本框中输入输出结果的栅格大小。

（9）Create variance of prediction 可设置是否需要生成预测的标准误差。

（10）在 Output surface raster 文本框输入结果文件名称 Vill_Kriging。

（11）设置 Processing Extent 选择 same as layer town，单击【OK】按钮，完成操作。

（12）以 town.shp 作为掩膜，提取之后的 Kriging 插值结果（图 5.16）。

图 5.16　　Kriging 插值结果

5.5 CoKriging 方 法

5.5.1 原理

Kriging 用单变量 z 在抽样点的值来估计未抽样点的值。当待估计值 z 与某些其他变量 x 相关时，则这些协变量(co-variables)包含主变量 z 的信息，有助于对 z 的估计，这就是 CoKriging 方法：

$$\hat{z}_0 = \sum_{i=1}^{n} \lambda_i z_i + \sum_{j=1}^{m} b_j x_j \tag{5.11}$$

式中，z_i 为主变量在空间点 i 的值；x_j 为协变量在空间点 j 的值；λ_i 和 b_j 为待估权重。此式方差为

$$\sigma^2 = \mathrm{var}(\hat{z}_0 - z_0)$$

$$= \sum_i^n \sum_j^n \lambda_i \lambda_j C(z_i, z_j) + \sum_i^m \sum_j^m b_i b_j C(x_i, x_j) + C(z_0, z_0)$$

$$+ 2\sum_i^n \sum_j^m \lambda_i b_j C(z_i, x_j) - 2\sum_i^n \lambda_i C(z_i, z_0) - 2\sum_j^m b_j C(x_j, z_0) \tag{5.12}$$

与普通 Kriging 一样，在二阶平稳条件下，为使估计值无偏，假设 $E\hat{z}_0 = z$：

$$\sum_{i=1}^{n} \lambda_i = 1 \quad \text{和} \quad \sum_{j=1}^{m} b_j = 0 \tag{5.13}$$

用有约束条件的极值问题的拉格朗日乘数法求系数 $\{\lambda_i\}$ 和 $\{b_j\}$ 使 σ^2 最小，得到

$$\begin{cases} \sum_i^n \lambda_i C(z_i, z_j) + \sum_i^m b_i C(x_i, z_j) + \mu_1 = C(z_0, z_j) & j = 1, \cdots, n \\ \sum_i^n \lambda_i C(z_i, x_j) + \sum_i^m b_i C(x_i, x_j) + \mu_2 = C(z_0, x_j) & j = 1, \cdots, m \\ \sum_i^n \lambda_i = 1 \\ \sum_i^m b_i = 0 \end{cases} \tag{5.14}$$

求解以上线性方程组即得 $\{\lambda_i\}$ 和 $\{b_j\}$，将它们代入式(5.11)和式(5.12)，即可得到 CoKriging 在各点插值及其方差。

5.5.2 案例

案例所用数据与反距离加权方法案例一致，目的是用行政村样本的净收入 (z_i) 和距公路远近 (x_i) 估计非样本行政村净收入 (z_0)。

(1)在 ArcMap 中右击工具栏，启动地理统计模块 Geostatistical Analyst。

(2)单击【Geostatistical Analyst】→【Subset Features】，将数据集分割为测试数据集和训练数据集(图 5.17)。

(3)单击【Geostatistical Analyst】模块的下拉箭头，点击 Geostatistical wizard 命令。

(4)在弹出的对话框中，Dataset 选择训练数据 Village_pt270_training 及其属性 net_income(图 5.18)，单击 Dataset2,选择训练数据 Village_pt270_training 及其属性 roadbuffer，选择 Kriging/CoKriging 内插方法，最后点击【Next】按钮(图 5.18)。

(5)提取变异函数前需去掉样本中的趋势。在 CoKriging Type 里选 Oridinary,在 DataSet#1 和 DataSet#2 的 Transformation type 里选择 Box-Cox 变换方式,参数设置为–1,将 Order of trend removal 设置为 Second，点击【Next】按钮。在 CoKriging step 2 of 5 对话框中，单击【Next】

按钮(图 5.19),获得剔除趋势的示意图(图 5.20)。

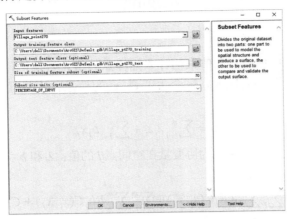

图 5.17　生成数据子集对话框

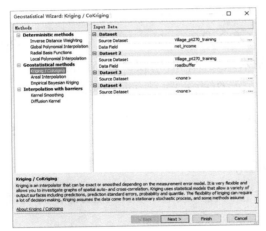

图 5.18　数据输入和方法选择的对话框

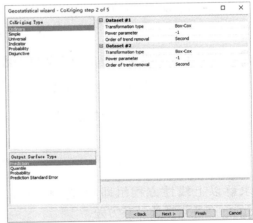

图 5.19　CoKriging step 2 of 5 对话框

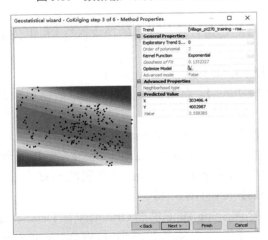

图 5.20　剔除趋势的示意图

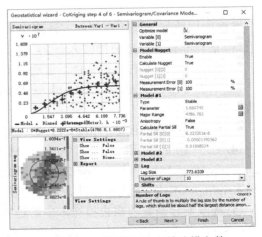

图 5.21　半变异/协方差建模参数
设置对话框(Semivariogram)

（6）在弹出的 Semivariogram/Covariance Modeling 对话框中（图 5.21），先按照默认参数进行操作，得到对模型精度评定的结果后，发现结果误差太大，返回更改该对话框中的参数（图 5.22）。经比较发现，将分组数设为 10 得到的结果较好。需要注意的是，在设置分组数时，尽量保证每组中的样点对数大于 10，然后点击【Next】按钮。

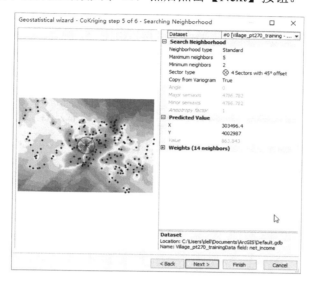

图 5.22　搜索邻域对话框（Searching Neighborhood）

（7）弹出的 Cross Validation 对话框（图 5.23），显示了对模型的精度评价。在对不同参数得到模型的比较中，可参考 Prediction Error 中的几个指标。符合以下标准的模型是最优的：标准平均值（Mean Standardized）最接近于 0，均方根预测误差（Root-Mean-Square）最小，平均标准误差（Average Standard Error）最接近于均方根预测误差（Root-Mean-Square），标准均方根预测误差（Root-Mean-Square Standardized）最接近于 1。最后单击【Finish】按钮（图 5.23），得到图 5.24。

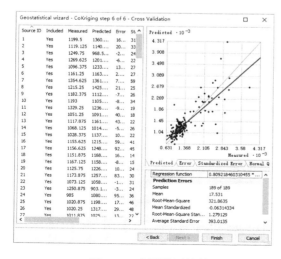

图 5.23　交叉验证结果

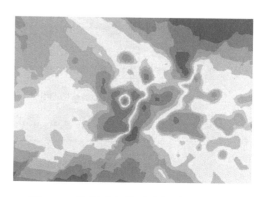

图 5.24　协同克里格法内插模型预测图

(8)计算误差。单击 ArcMap 中的【Geoprocessing】→【ArcToolbox】→【Geostatistical Analyst Tools 】→【Working with Geostatistical Layers】→【GA Layer To Points】，打开 GA 图层至点对话框。观测点位置中输入测试子集 Village_p270_test。要验证的字段选择 net_income（图 5.25）。

(9)单击【确定】完成验证，生成 GAlayerToPoints1.shp,打开属性表，右键单击 Standardized Error 列标题，然后单击【Statistics】。平均值应接近 0（图 5.26）。

(10)将协同克里金预测图导出栅格数据，掩膜提取。获得协同克里格法内插结果，如图 5.27 所示。

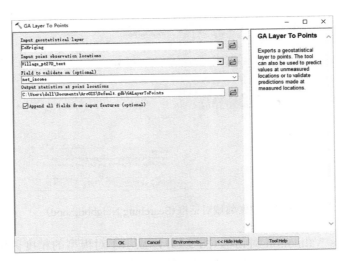

图 5.25　GA 图层至点对话框

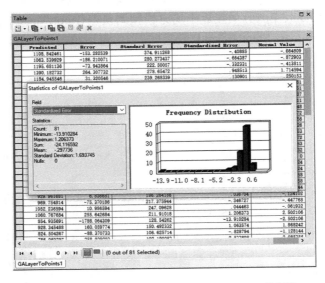

图 5.26　Statistics of GAlayerToPoints1.shp 对话框

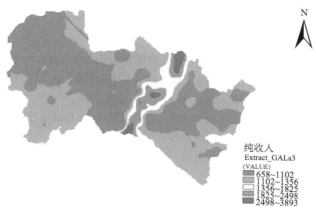

图 5.27 协同克里格法内插结果与区域背景叠加显示示意图

5.6 三明治插值

5.6.1 原理

当空间相关性较弱时，以上基于空间相关性的插值方法就不适用了。当存在空间分异性时 (3.2 节)，可用三明治插值方法 (Wang et al., 2002, 2013b)。三明治插值原理和计算步骤如下 (参见图 4.4)。

第一步，对目标总体按照层内方差 (within strata variance) 最小层间方差 (between strata variance) 最大，即 q-值最大 (3.2 节) 进行分层 (stratification)，形成知识层 (knowledge strata) (Li et al., 2008)。注意，这里知识层既可以通过地理空间分层 (stratification)，也可以按照属性分类 (classification) 得到。要注意 "图层" (coverage) 和 "层" (strata) 的区别：前者通常指 GIS 图层；后者是统计学概念，与分类、划分概念接近。

第二步，估计知识层中各层均值 $\bar{y}$ 及其方差 V。既可以基于先验知识或辅助数据，也可以通过抽样 (4.4 节) 得到

$$\bar{y}_h = \frac{1}{n_h} \sum_{i=1}^{n_h} y_i \tag{5.15}$$

$$V(\bar{y}_h) = (1 - \frac{n_h}{N_h}) \frac{1}{n_h} \sum_{i=1}^{n_h} y_i \tag{5.16}$$

式中，$h = 1, 2, \cdots, L$，标识层 (stratum)；n 和 N 分别为样本量和总体单元数；$i = 1, 2, \cdots, n_h$，标识样本单元。

第三步，将报告单元图层 (reporting coverage) 与知识层叠加相切，将知识层中各层的均值式 (5.15) 及其方差式 (5.16) 推算到各报告单元中，得到各报告单元 $\{r\}$ 的均值、均值方差：

$$\bar{y}_r = \sum_{h=1}^{L_r} W_{rh} \bar{y}_h \tag{5.17}$$

$$V(\bar{y}_r) = \sum_{h=1}^{N_{rh}} W_{rh}^2 V(\bar{y}_h) \tag{5.18}$$

$$W_{rh} = N_{rh}/N_r \tag{5.19}$$

式中，L_r 为报告单元 r 中的层数 (strata)；W_{rh} 为报告单元 r 与层 h 相切的子总体中的单元数

在 r 中的单元数比例；N_{rh} 为报告单元 r 与层 h 相切的子总体中的单元数；N_r 为报告单元 r 中的单元数。

可见，三明治插值实际上是两次空间分层抽样统计（stratified sampling and statistics）（4.4节）：第一次从对象图层（target population coverage）到知识层，由以上第一步和第二步组成；第二次从知识层到报告图层，即以上第三步。

三明治插值的总误差和总样本量计算方法同分层抽样，见 4.4 节。

5.6.2　案例

目的是估计某县 10 个镇[图 5.28(a)]的林地面积(km²)。案例所用数据与本章其他方法一致。

第一步，基于知识经验、历史数据和辅助数据对研究区域或抽样底图，按照层内方差（within strata variance）最小并且层间方差（between strata variance）最大（q 值最大，参见 3.2 节）的目标对研究区进行分层（stratification）。注意，划分层（stratification）既可以在地理空间也可以在属性空间，即分类，同一层（stratum）不要求空间连片。本案例结果分为 5 个层，如图 5.28(b) 所示。通过先验知识或采样获得各层（strata）的每平方千米内有林地面积 $\bar{y}_h$[式(5.15)]及其方差 $V(\bar{y}_h)$[式(5.16)]：

第 1 层，有林地面积/1km² 及其方差：$\bar{y}_{h=1} = 639\mathrm{m}^2$，$V(\bar{y}_{h=1}) = 802\mathrm{m}^4$。

第 2 层，有林地面积/1km² 及其方差：$\bar{y}_{h=2} = 270\mathrm{m}^2$，$V(\bar{y}_{h=2}) = 432\mathrm{m}^4$。

第 3 层，有林地面积/1km² 及其方差：$\bar{y}_{h=3} = 173\mathrm{m}^2$，$V(\bar{y}_{h=3}) = 306\mathrm{m}^4$。

第 4 层，有林地面积/1km² 及其方差：$\bar{y}_{h=4} = 191\mathrm{m}^2$，$V(\bar{y}_{h=4}) = 356\mathrm{m}^4$。

第 5 层，有林地面积/1km² 及其方差：$\bar{y}_{h=5} = 82\mathrm{m}^2$，$V(\bar{y}_{h=5}) = 221\mathrm{m}^4$。

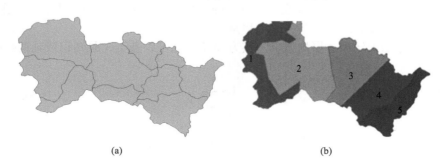

(a)　　　　　　　　　　　　　　　　(b)

图 5.28　报告单元(a)和知识层(b)

第二步，将报告单元图层[图 5.28(a)]与知识层"叠加"，得到报告单元 r 内各类层$\{h = 1, \cdots, 5\}$在 r 内的比例 W_{rh}[式(5.19)]。由式(5.17)和式(5.18)得到各报告单元的每平方千米内的林地面积及其方差：

报告单元 1，有林地面积/1km² 及其方差：$\bar{y}_{r=1} = 529\mathrm{m}^2$，$V(\bar{y}_1) = 922\mathrm{m}^4$。

报告单元 2，有林地面积/1km² 及其方差：$\bar{y}_{r=2} = 325\mathrm{m}^2$，$V(\bar{y}_2) = 1430\mathrm{m}^4$。

报告单元 3，有林地面积/1km² 及其方差：$\bar{y}_{r=3} = 458\mathrm{m}^2$，$V(\bar{y}_3) = 894\mathrm{m}^4$。

报告单元 4，有林地面积/1km² 及其方差：$\bar{y}_{r=4} = 557\mathrm{m}^2$，$V(\bar{y}_4) = 1283\mathrm{m}^4$。

报告单元 5，有林地面积/1km² 及其方差：$\bar{y}_{r=5}$ = 304m²，$V(\bar{y}_5)$ = 796m⁴。

报告单元 6，有林地面积/1km² 及其方差：$\bar{y}_{r=6}$ = 562m²，$V(\bar{y}_1)$ = 1148m⁴。

报告单元 7，有林地面积/1km² 及其方差：$\bar{y}_{r=7}$ = 337m²，$V(\bar{y}_1)$ = 979m⁴。

报告单元 8，有林地面积/1km² 及其方差：$\bar{y}_{r=8}$ = 348m²，$V(\bar{y}_1)$ = 755m⁴。

报告单元 9，有林地面积/1km² 及其方差：$\bar{y}_{r=9}$ = 437m²，$V(\bar{y}_1)$ = 963m⁴。

报告单元 10，有林地面积/1km² 及其方差：$\bar{y}_{r=10}$ = 416m²，$V(\bar{y}_{r=10})$ = 1084m⁴。

5.7　"3G" 方　法

5.7.1　原理

"3G"即"GIS&GP(遗传规划算法)&GA(遗传算法)"方法(廖一兰等，2007；Liao et al.，2009)，是一种利用智能算法建立插值模型来进行空间数据插值的方法，最初提出来是为了解决人口数据空间插值问题。首先利用 GIS 获取人口分布模型所需的基本数据，然后利用 GP 来获取人口分布和输入因子变量之间的关系式。GP 是一种不依赖于具体问题领域特定知识的机器自动学习的软方法，其建立人口分布关系式的基本思想是随机产生一个适合于给定问题环境的初始群体，群体里的每个个体是一个备选关系式，依据自然选择原则，用遗传、交叉、变异等遗传算子对初始群体进行相关处理，得到适应度最高的个体组成下一代群体，多次迭代后使问题逐渐逼近最优解(卢少华，2006)。与其他建模方法相比，GP 进化模型是根据环境自动确定的，不需事先确定或限制最终答案的结构或大小。而且在计算过程中输入、中间结果和输出都是问题的自然描述，无需或少需对输入数据的预处理和对输出结果的后处理。最后产生结果也具有层次性，便于理解。因为 GP 搜索空间过大，不能对计算机程序中某单个结点进行优化，所以模型结构确定后，模型参数优化成为提高人口分布模型精度的关键。应用传统的优化搜索方法，如最小二乘、EM 算法等，进行人口分布模型参数优化计算，很容易陷入局部最优解。而 GA 作为一种仿生算法，通过全面模拟自然选择和遗传规律，形成一种"生成+检验"特征的搜索寻优机制，具有全局最优解、智能式搜索、渐进式优化、简单通用性强和优化精度高的特点，恰恰是解决此问题的有效途径(王家耀和邓红艳，2005)。通过对人口数据插值问题的具体分析，结合遗传算法的基本原理，确定了遗传算法对模型的优化进程：①通过分析模型最后需要达到的各项要求，建立适应度评价函数，以便于进行结果的评价选择；②采用实数编码方式，选择合适的群体大小，随机生成初始群体；③计算群体中每个个体所对应的评价函数值，根据其值大小，通过优胜劣汰，淘汰适应度差的个体，对幸存的个体根据其适应度的好坏，按概率选择，进行复制、交叉和突变的操作，产生子代；④对子代群体重复步骤③的操作，进行新一轮遗传进化过程，直到找到最优解。通过 GA 优化后的关系式才是要获取的最终人口插值模型，通过这个模型可以得到每个格网里的人口分布情况，建立人口分布曲面。

5.7.2　案例

(1)案例目标是将某县某年村人口密度数据分配到各个格网中去。案例采用一个由 75×30 个(2250 个数据点)1 km² 大小格网组成的格网层，同时又选取了以下几个影响因子图层：DEM 图、河流分布图、道路分布图、土地利用类型、行政村点图。

（2）GIS 提供人口分布模型所需的基本数据。案例挑选的人口分布影响因子主要涉及自然和社会经济等方面：①高程，以高程大小为权重；②河流，权重取值考虑格网到最近河流的距离；③交通设施，权重是格网分别到最近铁路和主要道路距离；④土地覆被，直接将不同土地覆被类型上的人口密度作为权重。相应的影响因子图层被集中输入 ArcGIS 和 GeoDa 中，然后利用 ArcGIS 中的 Near 工具、GeoDa 中空间权重计算工具及编写部分 VBA 代码来获取各个因子的原始属性值，对这些值进行处理之后将其作为变量样本值输入到 GP 中。

（3）GP 用 R 语言包"rgp"（本文通过 R3.03 版本 install. package（"rgp"）获取 rgp 包）的 symbolic Regression 函数实现。所有 GP 参数如表 5.1 所示。其中，"个体大小限制"和"最大交叉深度"分别限定了初始个体和交叉后生成个体的规模大小，这样能避免 GP 生成结构复杂庞大的个体，便于最终得到的进化模型解释。

表 5.1　遗传规划计算参数

项目	参数
populationSize	100
evolution step	168050
individualSizeLimit	20
searchHeuristic	17
archiveSize	50
crossoverRate	0.95
mutatefuncprob	0.1
stopCondition	TimeStop=30×60

GP 适应度函数定义为

$$F = \sqrt{\frac{\sum_{j=1}^{N}\left(P'(j)-P(j)\right)^2}{N}}$$

式中，N 为村庄个数；$P'(j)$ 和 $P(j)$ 分别为村庄 j 的估算和实际人口密度值。

GP 具体运行代码为：

```
#加载 rgp 包
install.packages("rgp")
library("rgp")
#输入并整理数据
mydata<- read.csv('317cun_point.csv')
myf<- function(x) x*1
p <- myf(mydata$code)
x1 <- myf(mydata$river)
x2 <- myf(mydata$road)
x3 <- myf(mydata$town)
x4 <- myf(mydata$height)
x5 <- myf(mydata$land)
```

```
popu<- myf(mydata$popu)
mydata2 <- data.frame(p,x1,x2,x3,x4,x5,popu)
#设定初始函数
functionSet1 <- functionSet("+", "*", "-","/","sqrt","ln","exp","sin","cos","tan")
constantFactorySet1 <- constantFactorySet(function()rnorm(1,1,1))
errorMeasure1 <- function(x, y)
{
ssTot<- sum((x - mean(x))^2)
ssRes<- sum((x - y)^2)
ssRes/ssTot - 1
}
searchHeuristic<- makeArchiveBasedParetoTournamentSearchHeuristic()
#GP 计算
modelSet<- symbolicRegression(popu ～ x1 + x2 + x3 + x4 + x5, data =
            mydata2,stopCondition=makeTimeStopCondition(30*60),
            population = NULL, populationSize = 100
            eliteSize=ceiling(0.1*populationSize),elite=list(),
            extinctionPrevention = FALSE,archive = FALSE,
            individualSizeLimit = 20,
penalizeGenotypeConstantIndividuals = TRUE,
            subSamplingShare = 1,
functionSet = functionSet1, constantSet = constantFactorySet1,
searchHeuristic = searchHeuristic,errorMeasure = errorMeasure1)
#选出最优模型(个体)
Best<- modelSet$population[[which.min(modelSet$fitnessValues)]]
#输出最优模型(个体)
Best
```

为了获取最能反映真实情况的模型结构，独立运行 GP 程序 100 次。最后这些模型中适应度最高的被选择作为某县某年人口密度插值模型结构：

$$popu(i) = \ln(river(i)) + river(i) + height(i) + 64.845$$

式中，$river(i)$ 为村庄 i 距河流的距离；$height(i)$ 为高程值。

　　(4)将 GP 得到模型公式输入 GA 算法中，寻找公式常数项最优值，使模型更精确。GA 程序是利用 R 语言包"GA"中 ga 函数实现的(https://cran.r-project.org/web/packages/GA/index.html)。在 GA 中个体适应度决定了其存活和繁殖下一代的几率，因而确定合适的适应度函数在整个进化过程中显得尤为重要。GA 的适应度函数为

$$F = \sqrt{\frac{\sum_{j=1}^{N}\left(P'(j) - P(j)\right)^2}{N}}$$

式中，N 为村庄个数；$P'(j)$ 和 $P(j)$ 分别为村庄 j 的估算和实际人口密度值，GA 便可以根

据适应度来选择优良个体进行复制和形成配对池。

GA 具体代码为：

```
#加载 GA 包
install.packages ("GA")
library ("GA")
library ("rgp")
#输入并整理数据
mydata<- read.csv ('317cun_point.csv')
myf<- function (x) x*1
p <- myf (mydata$code)
a <- myf (mydata$river)
b <- myf (mydata$road)
c <- myf (mydata$town)
d <- myf (mydata$height)
e <- myf (mydata$land)
popu<- myf (mydata$popu)
mydata2 <- data.frame (p,a,b,c,d,e,popu)
#设置初始值，适应度函数
x1 <- seq (-10, 10, by = 0.1)
f <- function (x) {
rmse (ln (a) +a+d+x,popu)
}
#GA 寻优
GA <- ga (type = "real-valued",
            fitness = function (x) -f (x),
            min = -100, max = 100,
popSize = 50, maxiter = 10000, run = 10000)
#输出结果
summary (GA)
```

在 GA 中，种群规模对于提高算法效率尤为关键。如果种群规模太大，运算速度便会放慢。研究中 GA 群体规模为 50，迭代 10000 次。经过 GA 优化，案例所用最终的某县 2001 年人口插值模型为

$$popu(i) = \ln(river(i)) + river(i) + height(i) + 65.96$$

（5）根据 GP&GA 得出公式，估计格网人口密度值。

具体代码如下：

```
#输入格点数据
grid_data<- read.csv ('格点数据.csv')
p <- grid_data$code
```

```
x1 <- grid_data$river
x2 <- grid_data$height
#定义 GP&GA 所得估值函数
myf<-function(x1,x2)
    {
    ln(x1)+x1+x2+65.96
}
#计算并输出结果
popu_den<- myf(x1,x2)
data_poup<- data.frame(p,popu_den)
write.csv(data_poup,file ="popu_den.csv")
```

(6)将最终的人口密度插值模型插值结果连接格网矢量文件,在 ArcGIS 中得到某年某县人口密度分布曲面(图 5.29)。

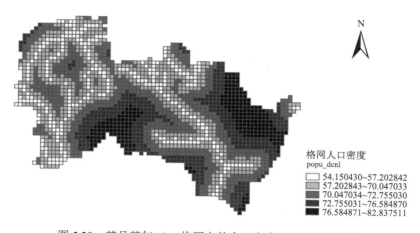

图 5.29　某县某年 1km 格网上的人口密度分布("3G"法)

第 6 章　空　间　格　局

一个区域的许多居民点位置组成空间点集、多个传染病暴发点组成空间点集、犯罪发生点组成空间点集、交通事故发生点组成空间点集。其分布是空间随机的、聚集的、均匀的、还是分散的？中国 NDVI 是否存在空间分异？回答以上这些问题可以帮助人们认识这些事件的空间分布特征、提示事件发生的背后原因、评价这些空间分布的影响，设计因地制宜的调控政策。

空间格局是指超出完全随机的空间差异，包括：①空间点格局(6.1 节)，由一系列分布于研究区域内的点位组成，如中国艾滋病例的常驻地或户籍地的空间分布是随机的还是聚集的？②热点(6.2 节)，指某地的属性值与周围比较是否异常？例如，SARS 发病率是否存在空间聚集？③空间分异(6.3 节)，指分类或分区。例如，土地利用类型的空间分布、全球生态分区、中国东中西部人均 GDP 是否存在显著差异？

6.1　空间点格局

点格局识别主要包括四种方法：样方分析、最邻近指数、层次聚集和 Ripley's K 函数。各方法的输入和输出不同，读者据此选择统计方法。

6.1.1　样方分析

样方分析(quadrant analysis, QA)用一组正方格罩在研究区域上，通过统计每个正方格内的点数来计算各个正方格样点数均值及其方差。图 6.1 显示了 3 个具有不同空间点格局的研究区域，为了定量度量其空间格局，每个区域用 8 个样方覆盖，统计每个样方内的点数，然后统计检验其空间格局是随机的、分散的，还是聚集的。

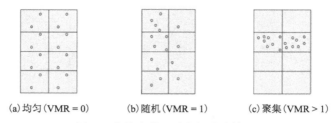

(a) 均匀(VMR = 0)　　　(b) 随机(VMR = 1)　　　(c) 聚集(VMR > 1)

图 6.1　点状事件三种空间分布格局

识别点格局的具体指标是样方点数的方差 V 与均值 M 之比 VMR：

$$\text{VMR} = \frac{S}{\bar{X}} \tag{6.1}$$

$$\text{VMR} \sim \chi^2(n-1) \tag{6.2}$$

式中，样方之间样点数标准离散方差 $S = \sqrt{V} = \sqrt{\dfrac{1}{n-1}\sum_{i=1}^{n}(X_i - \bar{X})^2}$；样方样点数均值 $\bar{X} = $

$\frac{1}{n}\sum_{i=1}^{n}X_i$，$X_i$ 为第 i 个样方内点数，n 为样方数目。如果样点在空间上是随机分布的，即其发生机制是泊松过程，则离散标准方差 S 应当等于均值 $\overline{X}$。如果样方内点数相同，如图 6.1(a) 所示，均匀分布，VMR = 0；若 VMR ≠ 0，则表示样点分布不是均匀分布的。当 VMR = 1 时，点格局呈现 (Poisson) 随机分布，如图 6.1(b) 所示；当 VMR > 1 时，样方间点数差异大，点格局较随机分布更加聚集，如图 6.1(c) 所示。

样方分析的具体操作。首先生成覆盖整个研究区域的样方图层，然后统计每个样方内的点数，最后计算样方点数变差-均值比 VMR。以下是样方分析案例。

6.1.2 最邻近指数

最邻近指数法 (nearest neighbor indicator, NNI) 通过点对最邻近距离来评价和判断分布模式。其思路是比较实际观测的最邻近的点对的平均距离与随机分布模式下最邻近的点对的平均距离，用两者比值 (NNI) 判断实际观测与随机分布的偏离 (Clark and Evans, 1954)。实际观测到的最邻近指数的计算公式如下：

$$r = \frac{1}{n}\sum_{i=1}^{n}\min(d_{ij}\mid\forall j) \tag{6.3}$$

式中，r 为实际观测到的最邻近点的平均距离；n 为样本点数目；d_{ij} 为第 i 点到第 j 点的距离；$\forall j$ 表示穷尽所有点；$\min(d_{ij}\mid\forall j)$ 为第 i 点到最邻近点的距离。

在随机分布条件下，点间的理论平均距离 $Er = 0.5\sqrt{A/n}$，A 为研究区域面积。证明思路是：点对距离与点集密度是可以互相换算的。具体证明如下：Poisson 过程的概率密度函数为 $f(k)=\frac{\lambda^k e^{-\lambda}}{k!}=\frac{(\rho\pi r^2)^k e^{-\rho\pi r^2}}{k!}$。式中，$\lambda$ 为 $\rho\pi r^2$ 圆内点的平均数目；$\rho = n/A$ 为研究区内点密度。则 $f(k=0)=e^{-\rho\pi r^2}$ 为圆内没有点的概率；$1-e^{-\rho\pi r^2}$ 为最邻近距离 ≤ r 的概率分布函数，对应的概率密度是

$$f(r)=\mathrm{d}(1-e^{-\rho\pi r^2})/\mathrm{d}r = 2\rho\pi r e^{-\rho\pi r^2} \tag{6.4}$$

$$E(r)=\int_0^\infty rf(r)\mathrm{d}r = 2\int_0^\infty \rho\pi r^2 e^{-\rho\pi r^2}\mathrm{d}r = -\int_0^\infty r\mathrm{d}\left(e^{-\rho\pi r^2}\right)$$

$$= -re^{-\rho\pi r^2}\mid_0^\infty + \int_0^\infty e^{-\rho\pi r^2}\mathrm{d}r = \frac{1}{\sqrt{\rho\pi}}\int_0^\infty e^{-(\sqrt{\rho\pi}r)^2}\mathrm{d}\left(\sqrt{\rho\pi}r\right)$$

$$= \frac{1}{\sqrt{\rho\pi}}\int_0^\infty e^{-x^2}\mathrm{d}x \quad \text{这里定义 } x=\sqrt{\rho\pi}r$$

$$= \frac{\sqrt{\pi}}{2\sqrt{\rho\pi}} \text{（自乘并用极坐标，参考 Hildebrand, 1962）}$$

$$= \frac{1}{2\sqrt{\rho}} = \frac{1}{2}\sqrt{A/n} \tag{6.5}$$

$$Er^2 = \int_0^\infty r^2 f(r)\mathrm{d}r = 2\int_0^\infty \rho\pi r^3 e^{-\rho\pi r^2}\mathrm{d}r = \int_0^\infty r^2\mathrm{d}\left(e^{-\rho\pi r^2}\right)$$

$$= \frac{-1}{\rho\pi}\int_0^{-\infty} x\mathrm{d}e^x = \frac{-1}{\rho\pi}\left(xe^x\mid_0^{-\infty} - \int_0^{-\infty}\mathrm{d}e^x\right) = \frac{1}{\rho\pi}e^x\mid_0^{-\infty}$$

$$= \frac{1}{\rho\pi}$$

$$s^2(r) = E(r-Er)^2 = Er^2 - (Er)^2 = \frac{1}{\rho\pi} - \left(\frac{1}{2\sqrt{\rho}}\right)^2 = (4-\pi)/(4\pi\rho) = 0.0683/\rho$$

$$= 0.0683A/n \tag{6.6}$$

$$\text{显著性检验} \quad z = \frac{r - E(r)}{\sigma(r)} \sim N(0,\ 1) \tag{6.7}$$

定义最邻近指数：

$$\text{NNI} = \frac{r}{Er} \tag{6.8}$$

当样点随机分布时，NNI$=1$；样点聚集时，最邻近点对间平均距离会小于平均随机距离，NNI<1；样点格局较随机分布更加发散时，最邻近点对间平均距离大于平均随机距离，NNI>1。

以下是最邻近指数案例。

(1) 案例使用的是 CrimeStat(http://www.icpsr.umich.edu/CrimeStat/)自带的样本数据 General Sample Data 中的 BALTPOP.DBF，意在说明如何用 CrimeStat 进行最邻近距离统计分析。

(2) 输入数据文件 BALTPOP.DBF(图 6.2)。将文件中 LON 字段数据作为 X 变量，LAT 字段数据作为 Y 变量，DENSITY 字段数据作为 Z 变量(图 6.3)。

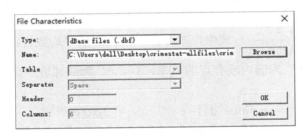

图 6.2　　CrimeStat 文件输入对话框

(3) 选择【Spatial description】→【Distance Analysis I】界面上的 Nearest neighbor analysis 功能(图 6.4)。当最邻近距离统计分析中计算的是多个最邻近的点对的平均距离与随机分布模式中相应多个最邻近的点对的平均距离比值时，需要设定参数"最邻近点的个数"，即"Number of nearest neighbors to be"值。一般软件默认为最邻近点对只有 1 个。"Border"选项用于边界纠正，其作用是避免漏掉靠近研究区域边界的点。选择后两项"Rectangle"和"Circle"，表示分别会在假设研究区域是一个矩形或圆形的前提下调整边界。矩形或圆形边界纠正能调整靠近边界的众多点的最邻近距离，即当一个点到区域边界的距离比当前计算所得到最邻近点对之间的距离还要短时，就会用调整后最邻近点之间的距离替代这个点到边界的距离。

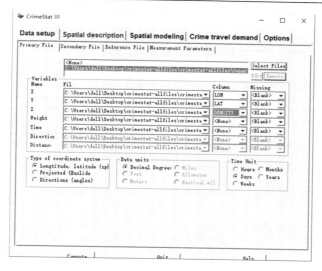

图 6.3　变量设置

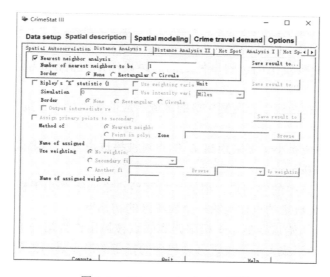

图 6.4　Distance Analysis I 界面

　　(4) 点击 Distance Analysis I 界面下端的 Compute 按键，开始运行最邻近距离统计程序。从下面的运行结果展示界面(图 6.5)可以看出，NNI = 0.82495 < 1，说明各点 DENSITY 属性在研究区域内呈聚集分布。

6.1.3　层次聚集

　　层次聚集统计根据以上最邻近指数，进一步获取"金字塔"型多层次空间聚集区域(Clark and Evan, 1954)。首先定义一个"聚集单元"的"极限距离或阈值"。当某一点与其他点(至少一个)的距离小于该极限距离时，该点被计入聚集单元。也可以指定聚集单元的点数目来强化聚集规则。依此类推计算各点的聚集。将所形成的聚集作为"聚集单元"，重复以上步骤，得到第二层次的聚集。

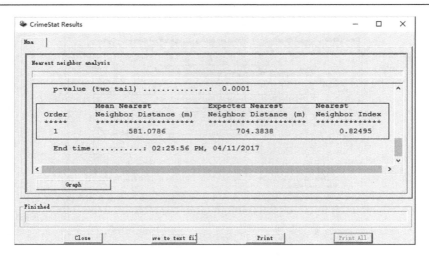

图 6.5　分析结果展示

层次聚集实施步骤如下。

(1)计算所有空间点对之间的距离，构造出一个对称的距离矩阵 {r}。

(2)计算极限距离 D。假设研究区面积为 A，共有 n 个事件发生，则事件的空间密度是 n/A。如果事件是随机发生的，则事件之间的距离的期望值 μ 和方差 s^2 分别为式(6.5)和式(6.6)。

根据正态分布，分布曲线中心两侧95%的区域对应的横坐标是正负 1.645 个标准差 $D = \mu - 1.645s$。

(3)在距离矩阵中所有小于极限距离 D 的点对被挑选出来作为聚集区的候选对象，构建出一个精简后的距离矩阵。

(4)对精简后的矩阵中的空间点，根据其与其他点之间距离小于极限距离的点的数量进行排序，选择具有最大数量的点作为第一个聚集区的初始点。

(5)所有那些距其初始点距离小于极限距离的点被挑出作为第一个聚集区；计算出聚集区中点的个数，如果等于或大于聚集区必须包含的指定的最少点的数量，则该聚集区被保留下来，否则该聚集区被放弃。

(6)对保留下来的聚集区，计算其几何中心，并作为聚集区的标示。

(7)将已经包含在聚集区中的点排除在下一个聚集区的计算过程中，对于其余点，重复步骤(5)、(6)，直到所剩下的点数目小于指定的最少点数量。

以下是层次聚类案例。

(1)案例使用的数据为模拟的北京市某疾病密切接触者点位图层数据，数据可从网站 http://www.sssampling.cn/201sdabook/data.html 上下载。

(2)打开 CrimeStat 软件，选择输入 shape 文件[图 6.6(a)]，指定文件后在数据设置(Data setup)模块中指定相关的属性字段，如 X,Y 坐标[图 6.6(b)]。

(3)选择分析工具[图 6.6(c)]。点击【Spatial description】，然后选择【Hot Spot Analysis I】。选择 "Nearest Neighbor Hierarchical Spatial Clustering" 方法，该方法产生集聚区为椭圆。首先需要指定最近邻距离，可以是一个固定值，也可以根据区域面积和点的分布自动调整距离，通过拖动表示距离的滑竿在 smaller 和 larger 之间移动来确定距离，距离小意味着最近邻的点由随机的原因造成的相邻的可能性越小，因此，这个距离滑竿也是表示显著性的指标，在左端（smaller）意味着较高的置信度。然后要指定作为聚集区的最少的点的数目及输出的距离单位。在计算集聚区时，还要通过确定"number of standard deviations for the ellipses"指定椭圆的大小，选择 1X 意味着大约一半的点会被包括在集聚区椭圆中，2X 则将大约 99% 的点包括在集聚区椭圆中。集聚区椭圆可以通过"Save ellipses to"按钮保存为 Arcview、MapInfo 或 Atlas*GIS 格式的矢量文件。选择蒙特卡罗模拟和模拟的次数[图 6.6(c)]。较高次的模拟会耗费大量的计算时间。

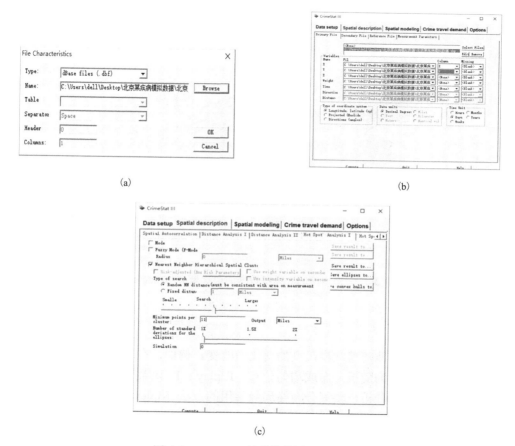

(a)

(b)

(c)

图 6.6 CrimeStat 软件的设置和计算步骤

（4）设置完成之后，就可以点击【Comput】，进行计算。其计算结果是一个类似 log 文件的文本描述（图 6.7），描述了显著性水平等指标。也可以将集聚区的椭圆在 ArcGIS 中表示出来（图 6.8），其中，小椭圆集是对 11108 位 SARS 密切接触者的第一级空间聚类；对其进一步空间聚类得到大椭圆集分布。

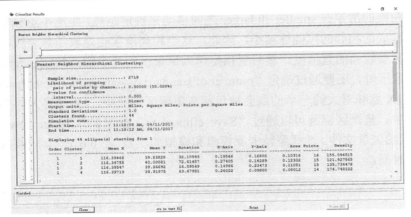

图 6.7　CrimeStat 的计算结果：log 文件

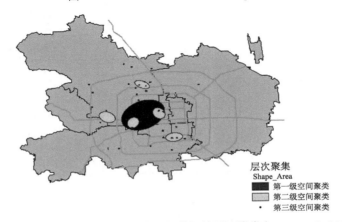

层次聚集
Shape_Area
■ 第一级空间聚类
▨ 第二级空间聚类
· 第三级空间聚类

图 6.8　北京某疾病密切接触者模拟数据的层次聚类(Wang et al., 2006)

6.1.4　Ripley's K 函数

点要素的分布模式可能随着观察尺度的变化而改变。例如，在小尺度下可能呈现聚集分布，而在大尺度下有可能为随机分布或均匀分布，Ripley's K 函数可以分析任意尺度的样点空间分布格局，因而成为分析点要素分布格局最常用的方法(Ripley, 1981)。

变量 Ripley's $K(d)$ 表示距离 d 内的事件平均数和区域内事件密度的比值：

$$K(d) = \frac{\sum_{i=1}^{n} N(i,d)}{n} / \frac{n}{A} = \frac{A}{n^2} \sum_{i=1}^{n} N(i,d) \tag{6.9}$$

式中，n 为研究区内的事件数；$N(i, d)$ 为与事件 i 在距离 d 范围内的事件数；A 为研究区域面积，则事件空间密度 $\lambda = n/A$。显然，如果区域内事件在空间上均匀分布，且事件空间密度为 λ 情况下，距离 d 内的期望样点平均数为 $\lambda \pi d^2$，则 $K(d) = \pi d^2$。通过比较 $K(d)$ 实测值与均匀分布时的期望值，可以判断实际事件空间格局是空间聚集、空间发散，还是空间随机分布的，即构造如下指标：

$$\Delta(d) = K(d) - \pi d^2 \quad \text{或} \quad L(d) = \sqrt{\frac{K(d)}{\pi}} - d \tag{6.10}$$

当 $\Delta(d)$ 或 $L(d)$ 大于 0 时，表明点要素呈聚集分布，小于 0 则表明其呈扩散分布。

以下是 Ripley's K 函数的应用案例。

（1）本案例同样使用 CrimeStat 自带的样本数据 BALTPOP.DBF，也是将数据文件中 LON 字段数据作为 X 变量，LAT 字段数据作为 Y 变量，DENSITY 字段数据作为 Z 变量。

（2）选择 CrimeStat 软件中【Spatial description】→【Distance Analysis I】界面上的 Ripley's "K" statistic 功能（图 6.9）。在此功能里，软件能调动蒙特卡罗模拟来估计 $L(d)$ 统计量的一个大致的置信区间，并且用户可以设定蒙特卡罗模拟的次数。$L(d)$ 统计量计算设定的距离范围是每 100 个距离单位。"Border" 选项仍然用于边界纠正，其作用是避免漏掉靠近研究区域边界的点。

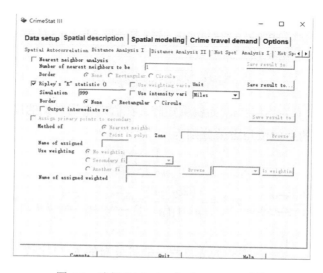

图 6.9　选择 Ripley's "K" statistic 功能

（3）点击 Distance Analysis I 界面下端的【Compute】按键，开始运行 Ripley's K 函数程序。从下面的运行结果展示界面（图 6.10）可以看出，指标 $L(d)$［图上表示为 $L(t)$］在 0～10 个距离单位之间都大于 0，说明各点 DENSITY 属性在研究区域内呈聚集分布。

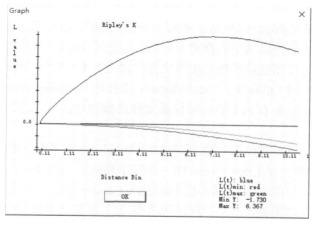

图 6.10　Ripley's K 函数分析结果展示

6.2 空间热点

空间热点探测试图在研究区域内寻找属性值显著异于其他地方的子区域，视为异常区，这将提示疾病暴发的区域、犯罪高发区、灾害高风险区等。从某种意义上来说，空间热点分析是空间聚类的特例。探测热点的指标主要有 G_i^*、G_i、LISA、SatScan。其中，G_i^*、G_i 已在引论中介绍。本节以某县神经管畸形发病率为案例介绍 LISA 和 SatScan。对于使用软件，可在搜寻引擎搜索"SatScan"或登录本书网站（http://www.sssampling.cn/201sdabook/main.html），方便地查到免费软件下载使用。

6.2.1 LISA

LISA（local indicator of spatial association）也称为局域 Moran's I（Anselin, 1995），用来发现局域空间是否存在空间自相关性，即热点：

$$I_i = \frac{y_i - \bar{y}}{S^2} \sum_j^n w_{ij}(y_j - \bar{y}) \tag{6.11}$$

式中，S^2 为 y_i 的方差；$\bar{y}$ 为均值；w_{ij} 为权重矩阵。在假定空间对象的属性值属于空间随机分布的零假设下，LISA 的期望值与方差分别为

$$E(I_i) = -\frac{1}{n-1} \sum_j^n w_{ij} \tag{6.12}$$

$$\mathrm{var}(I_i) = \frac{(n-b_2)}{n-1} \sum_{j=1,j\neq i}^n w_{ij}^2 + \frac{(2b_2-n)}{(n-1)(n-2)} \sum_{k=1,k\neq i}^n \sum_{h=1,h\neq i}^n w_{ik}w_{ih} - \left[E(I_i)\right]^2 \tag{6.13}$$

式中，$b_2 = \dfrac{\sum_j^n (y_j-\bar{y})^2}{\left[\sum_j^n (y_j-\bar{y})^2\right]^2}$。观测的 I_i 与假设随机分布的 $E(I_i)$ 比较，差距越大，则越不随机，也就是热点越明显。具体的检验方法为

$$\frac{I_i - E(I_i)}{\sqrt{\mathrm{var}(I_i)}} \sim N(0, \mathrm{var}(I_i)) \tag{6.14}$$

案例所用图形数据与全局 Moran's I 分析案例一致（见第 3 章的 3.1.6 节案例）。首先在 GeoDa 里创建空间权重矩阵文件（见第 3 章的 3.1.6 节案例）；然后通过 LISA 空间自相关统计量及其可视化的散点图进行局域空间自相关分析。与全局 Moran's I 分析相同，在进行分析之前，首先得添加图层文件和创建的权重矩阵文件，再进行 LISA 分析操作步骤。

（1）通过【Space】→【Univariate Local Moran's I】打开 Variables Settings 对话框（图 6.11），选择变量 net_income，点击【OK】会出现权重文件选择的对话框，因为之前已经打开了，点击【OK】即可。

（2）点击【OK】之后出现如图 6.12 所示 LISA Windows 对话框，根据需要勾选。

（3）根据所选，在单变量 LISA Moran 图上出现了相应的结果图。由于案例中选择了所有图，于是出来三张图，如图 6.13 所示。在 UniLISA Cluster Map 中，它用四种不同的颜色来代表四种不同的空间自相关关系类别：深红代表高-高，深蓝代表低-低，浅红代表高-低，浅蓝代表低-高。这四种种类分别对应着 Moran 散点图上的四个直角区域。当在 UniLISA Cluster

Map 点击带有某种颜色的区域时，散点图上其相对应着的点也会随之闪亮。

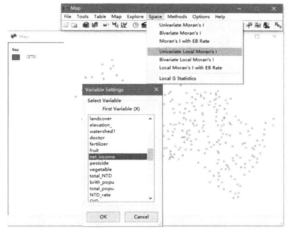

图 6.11 单变量设置对话框

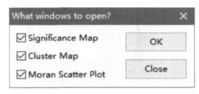

图 6.12 LISA Windows 对话框

(a) LISA Significance Map

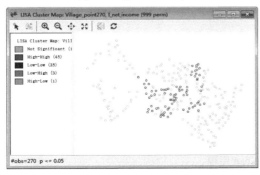

(b) LISA Cluster Map

(c) Moran Scatter Plot

图 6.13 单变量 LISA 分析示意图

　　(4)在单变量 LISA Moran 图上单击右键，得到图 6.14，通过【Randomization】→【999 Permutations】（或 Other——自定义设置），得到 MultiLISA Moran 分布参考示意图（Randomization），计算结果通过 Z 值检验（P 值为 0.001<0.05）。这说明了在某县局部区域里乡村居民年均纯收入也存在着空间自相关性。

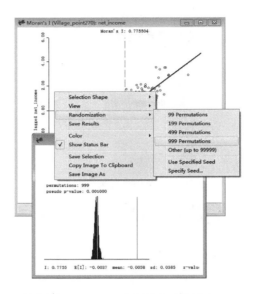

图 6.14　单变量局部 Moran 分布参考示意图（Randomization）

6.2.2　空间扫描统计量 SatScan

　　哈佛大学医学院的 Kulldorff(1997) 提出来的空间扫描统计量是一种聚集性探测检验方法，目的是运用一系列扫描圆在研究区域探测出疾病空间聚集性。该方法在开始进行探测时，随机选取研究区域内某一病例点或小范围中心点（如乡镇点），以其为圆心生成一系列扫描圆（图 6.15）。这些扫描圆的半径由 0 到规定的上限按照一定的步长逐步变化。当扫描圆半径达到规定的上限后，方法便又以区域内另外一个病例点为圆心，开始新一轮的圆形扫描。整个扫描过程直到遍历完所有的病例点后结束。这时研究区域内已经生成了无数个不同位置、大小不一的扫描圆。在扫描过程中，基于备择假设 H_1：至少存在一个扫描圆，其区域内发病率

(a) 扫描圆内外　　　　　　　　(b) 多个扫描圆　　　　　　　(c) 通过检验的热点

图 6.15　SatScan 原理

C 和 c 分别为研究区和扫描圆内的病例数；μ 为期望病例数，等于 nC/N，N 和 n 分别为研究区和扫描圆内的人口数

明显高于区域外，方法是对每个扫描圆，利用圆内外病例实际值和期望值计算了一个似然比值。不同病例概率分布情况不同，所用的似然比求解公式也不同。目前该方法已经提供了针对二项、泊松、指数和序数分布的似然比计算公式。其中，泊松似然比值计算公式如下：

$$LR = \left(\frac{c}{\mu}\right)^c \left(\frac{C-c}{C-\mu}\right)^{C-c} = \left(\frac{c}{n\frac{C}{N}}\right)^c \left(\frac{C-c}{C-n\frac{C}{N}}\right)^{C-c} = \frac{\left(\frac{c}{n}\right)^c \left(\frac{C-c}{N-n}\right)^{C-c}}{\left(\frac{C}{N}\right)^c \left(\frac{C}{N}\right)^{C-c}} = \frac{\left(\frac{c}{n}\right)^c \left(\frac{C-c}{N-n}\right)^{C-c}}{\left(\frac{C}{N}\right)^C}$$

式中，LR 为似然比值；N 和 n 分别为区域和圆内的人口数；C 和 c 分别为区域和圆内的实际病例数。首先，将研究区内各单元的发病人数连同人口数随机重排共 999 次，形成 999 个随机模拟空间分布。然后，计算某个扫描圆的 LR 值，共 1000 个 LR 值：999 个随机模拟分布对应的 LR 值+1 个实际观测分布对应的 LR 值。最后，将这 1000 个 LR 值从高到低排序，如果实际观测分布所对应的 LR 值排在第 5 位，则该扫描圆在 0.005 水平上(高度显著)是疾病聚集高发区域。

以下是空间扫描统计量的案例。

(1)所用数据为某县 1998～2005 年 8 年间出生人数大于 0 的 315 个村的中心点经纬度坐标及出生人口、出生缺陷病例数据。数据可从网站 http://www.sssampling.cn/ 201sdabook/data.html 上下载。案例意在探测某县在这 8 年间是否存在出生缺陷发生热点区域。

(2)在 SatScan 里新建一个文件(图 6.16 和图 6.17)。因为出生缺陷为小概率事件，所以案例采用 SatScan 中二项分布模型来进行空间热点分析。二项分布模型分析需要 3 个文件：后缀名为.cas 的文件反映病例信息，包含有病例村的地理编码、病例产生年份和病例数目；后缀名为.ctl 的文件反映的是风险人群信息，与前一文件不同的是，其包含的是风险人群数目(出生人口减去出生缺陷人数)而不是病例数；后缀名为.geo 的文件包含村的经纬度坐标。特别值得注意的是，因为研究的是 8 年整体情况，所以案例在.cas 和.ctl 文件里都把病例产生年份统一输入为 1998。

图 6.16　创建文件对话框

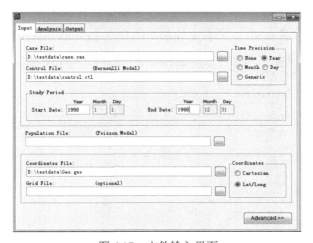

图 6.17　文件输入界面

(3)进行模型参数选择。如图 6.18 所示，案例进行的是纯空间聚集性探测，所用的是二项分布似然比计算模型，点击右下角的【Advanced】，弹出新的对话框，在 Inference 选项卡中，设置蒙特卡罗模拟的次数为 999 次。点击参数选择界面上的【Advanced】按键，还可以进一步设置搜索圆参数，图 6.19 显示案例规定搜索圆在覆盖了 50%人口时停止搜索。

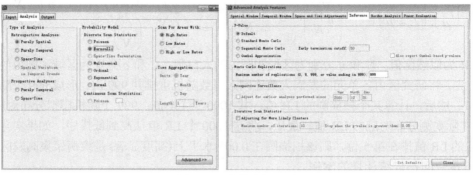

图 6.18　参数选择界面

图 6.19　搜索圆参数设置界面

(4)结果输出设置。SatScan 新版本有 ArcGIS 输出格式供选择，也可以选择文本格式输出，保存在 5 个文件中(图 6.20)。所有文件都与用户在 Results File 里输入的.txt 文档同名，

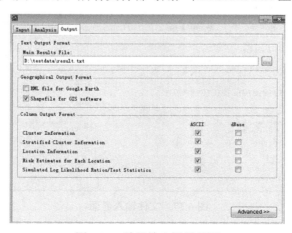

图 6.20　结果输出设置界面

但后缀各不相同。其中,.cc 文件记录的是热点区域内病例的信息,.col 文件反映的是热点区域总体发病信息,.gis 文件记录各热点区地理位置。这些文件信息可在 ArcGIS 里展示。点击界面上的【Advanced】按键,还可以进一步设置热点区域标准。图 6.21 显示在案例运行软件过程中,地域上相互重叠的热点区域只能取其一。

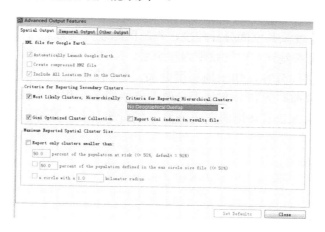

图 6.21　热点区域标准设置界面

(5)点击工具栏里三角形按钮,开始运行模型程序。SatScan 全程显示记录模型运行情况。如图 6.22 所示,运行情况展示界面显示人口和病例数,以及模型探测出来的热点区域信息:最可能的热点区为 ID 编号 183、201、184、191、171 的区域,其经纬度为东经 113.57°,北纬 37.34°,该热点区人口 10300 人,病人数 10,期望发病率 2045 等。P 值为 0.163,说明该区域病人数并不显著高于周围。

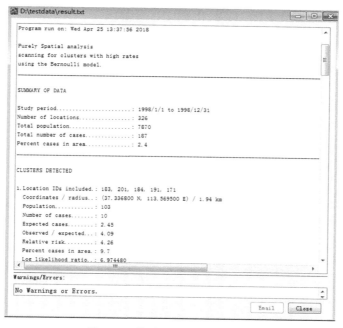

图 6.22　模型运行情况展示界面

6.3　空　间　分　异

上节介绍的空间热点是指某地与其周围不同，即空间局域异质性(spatial local heterogeneity)；而空间分层异质性(spatial stratified heterogeneity)，简称分异性，是指多个区域或类型之间互相不同(Wang et al., 2016a)。空间分异检验回答以下问题：①对于一个给定的区域划分或类型划分，度量其空间分异程度，判断区际差异是否显著？例如，中国东、中、西社会经济是否存在显著差异？以气候带为参照系，NDVI 是否有显著分异？②对于一个研究对象，寻找其最大空间分异，如土地利用分类。③判断两个变量的空间格局是否匹配？例如，中国的水资源分布与人口分布是否一致？气候带多大程度上控制了 NDVI 的空间分布？这三个问题均可由 3.2 节介绍的空间分异 q-统计来回答；更多细节内容参见第 8 章地理探测器。

第7章 空间回归

如果因变量或自变量存在空间自相关性,将导致经典线性回归模型的残差也存在空间自相关性,从而其回归系数和拟合优度 R^2 都将产生偏性和大方差。当存在空间自相关的情况下,应当使用空间回归模型。例如,土地利用、环境污染、社会经济统计数据,它们在全国不同区域的变化与本区域及其邻近区域的 GDP、产业结构、气候和地貌、政策制度有直接关系,这种关系可以用考虑空间相关性的回归模型分析和预测。

7.1 通用模型

Anselin(1988)给出格数据,即以多边形存储的属性数据(如全国 3000 个县各县人均 GDP 或遥感图像各像元光谱值)。空间回归方程的通用形式为

$$y = \rho W_1 y + X\beta + \varepsilon \tag{7.1}$$

$$\varepsilon = \lambda W_2 \varepsilon + \mu, \mu \sim N(0, \Omega), \Omega_{ij} = h_i(za), h_i > 0 \tag{7.2}$$

式中,y 为 $n \times 1$ 因变量列向量;X 为 $n \times k$ 的自变量矩阵;$n \times n$ 阶权重矩阵 W_1 反映因变量 y 的 n 个样本单元之间的空间连接关系,如果相邻取值为 1,否则为 0;ρ 为空间滞后变量 $W_1 y$ 的系数;β 为与自变量 X 相关的 $k \times 1$ 参数向量;ε 为随机误差项向量;权重矩阵 W_2 反映残差 ε 的 n 个样本单元之间的空间连接关系,方便起见,可设为与 W_1 相同;λ 为空间自回归结构 $W_2 \varepsilon$ 的系数,一般应有 $0 \leqslant \rho < 1$, $0 \leqslant \lambda < 1$;μ 为正态分布的随机误差向量;n 和 k 分别为样本单元(多边形)数目和变量数。由此,整个格数据空间回归方程受制于三个参数 ρ、λ、a。根据这三个参数的取值,存在不同类型的空间回归方程,对应不同的求解技术,例如,当 $\rho = \lambda = a = 0$ 时,空间回归模型实质上是一个经典线性回归模型。在空间回归方程通用形式的基础上,产生了两个常用的格数据(lattice data)空间回归模型:空间滞后模型和空间误差模型。

7.2 空间滞后模型

7.2.1 原理

在式(7.1)和式(7.2)中,系数 $\rho \neq 0$,$\lambda = 0$,回归方程为

$$y = \rho W y + X\beta + \mu \tag{7.3}$$

这个模型考虑了因变量的空间相关性,即某一空间对象上的因变量不仅与同一对象的自变量有关,还与相邻区域的因变量有关,典型的例子如传染病的空间过程。模型中滞后变量系数 ρ 表明相邻空间对象之间存在扩散、溢出等作用,其大小反映空间扩散或空间溢出的程度。如果 ρ 显著,表明因变量之间存在一定的空间依赖。

7.2.2 案例

(1) 案例所用的是某县 270 个在 1998～2005 年间有婴儿出生的行政村的有关数据：各村 4 年总出生缺陷率、乡镇到河流的距离、到道路的距离、到地质断层的距离、高程、坡度、拥有医生数量、居民年均纯收入、化肥年均施用数量、农药年均施用数量、水果年均产量和蔬菜年均产量。数据可从网站 http://www.sssampling.cn/201sdabook/data.html 上下载。分析目标是找出各个自然社会环境要素对出生缺陷率的影响形式及其程度。

(2) 启动 GeoDa，添加图层文件 Village_point270.shp，并打开创建好的权重文件 Village_point270.GWT(创建方法见前文，不再赘述)，点击 Regression 工具选项卡(图 7.1)。

图 7.1　Regression 回归分析对话框

(3) 弹出 Regression 回归分析对话框之后，如图 7.2 所示，可以在此进行自变量 (independent) 和因变量(dependent)的选择，本案例将因变量设定为 NTD_RATE——出生缺陷率(‰)，11 个自变量分别为 RIVERBUFFER——乡镇到河流的距离、ROADBUFFER——到道路的距离、SLOPE——坡度、FAULTAGEBU——到地质断层的距离、ELEVATION——高程、DOCTOR——医生数量、FERTILIZER——化肥年均施用量、FRUIT——水果年均产量、NET_INCOME——居民年均纯收入、PESTCIDE——农药年均施用数量、VEGETABLE——蔬菜年均产量。将 Weights File 勾选，打开之前创建好的权重矩阵文件。在 Models 选项卡中，选择 Spatial Lag 回归方法。图 7.3～图 7.5 展示了 Spatial Lag 回归分析全过程。

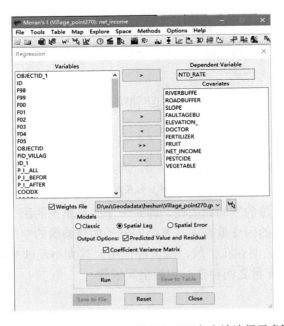

图 7.2　变量选择、权重文件导入及回归方法选择示意图

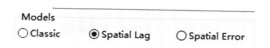

图 7.3　Spatial Lag 回归方法选择

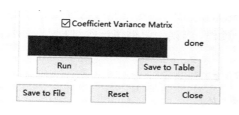

图 7.4　运行完成对话框

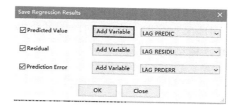

图 7.5　运行结果保存对话框

(4) 最终获得 Spatial Lag 回归分析结果，如图 7.6 所示。它首先展示了一些关于回归分析运行的信息，包括因变量的均值和标准差，模型参数的设定，F-检验概率、对数似然值及特指的空间权重文件 Village_point270.GWT 等。然后列举了回归方程中每个自变量的系数、标准差和显著性。值得注意的是，出生缺陷率的空间滞后变量 W_NTD_RATE 作为多余指标变量也出现在其中，它的系数 Rho 大小反映了 270 个乡镇数据里固有的空间相关性，而这种相关性是通过每个乡镇数据所受到的邻近乡镇数据平均影响来计量的。从图 7.6 可以看出，乡镇到河流的距离、到道路的距离、高程、坡度、蔬菜年均产量、居民年均纯收入和农药年均施用数量都与出生缺陷率正相关，而乡镇到地质断层的距离、化肥年均施用数量、拥有医生数量和水果年均产量则与出生缺陷率负相关。不过，所有的自变量组成的方程都没有通过显著性检验，因而 Spatial Lag 回归分析没有找到真正对出生缺陷率起作用的环境因素。在图 7.6 最下端，还展示了异质方差和空间相关性检验等回归诊断结果。

Regression Report

SUMMARY OF OUTPUT: SPATIAL LAG MODEL - MAXIMUM LIKELIHOOD ESTIMATION

Data set	Village_point270		
Spatial Weight	Village_point270.gal		
Dependent Variable	NTD_RATE	Number of Observations	270
Mean dependent var	0.0236909	Number of Variables	13
S.D. dependent var	0.0488784	Degrees of Freedom	257
Lag coeff. (Rho)	0.0638278		
R-squared	0.028274	Log likelihood	435.634
Sq. Correlation	-	Akaike info criterion	-845.269
Sigma-square	0.00232155	Schwarz criterion	-798.489
S.E of regression	0.0481825		

Variable	Coefficient	Std.Error	z-value	Probability
W_NTD_RATE	0.06382784	0.09828359	0.6494253	0.5160634
CONSTANT	-0.04125739	0.04223292	-0.9769014	0.3286180
ROADBUFFER	0.0004076643	0.001819202	0.2240896	0.8226877
SLOPE	0.0003763023	0.0008654232	0.4348189	0.6636940
FAULTAGEBU	-0.001833243	0.001073205	-1.708195	0.0876000
ELEVATION_	4.700363e-005	3.064758e-005	1.533681	0.1251081
DOCTOR	-0.001867357	0.004046525	-0.4614717	0.6444603
FERTILIZER	-3.967117e-005	0.0001050574	-0.3776142	0.7057173
FRUIT	-0.0002308434	0.0004103005	-0.5626202	0.5736935
NET_INCOME	2.433845e-006	6.034177e-006	0.4033433	0.6866958
PESTCIDE	0.001922523	0.007001781	0.2745764	0.7836419
VEGETABLE	4.260894e-005	4.037979e-005	1.055204	0.2913319
RIVERBUFFE	0.0008003078	0.001463483	0.5468515	0.5844807

REGRESSION DIAGNOSTICS
DIAGNOSTICS FOR HETEROSKEDASTICITY
RANDOM COEFFICIENTS

TEST	DF	VALUE	PROB
Breusch-Pagan test	11	101.547	0.0000000

DIAGNOSTICS FOR SPATIAL DEPENDENCE
SPATIAL LAG DEPENDENCE FOR WEIGHT MATRIX : Village_point270.gal

TEST	DF	VALUE	PROB
Likelihood Ratio Test	1	0.3888316	0.5329142

COEFFICIENTS VARIANCE MATRIX

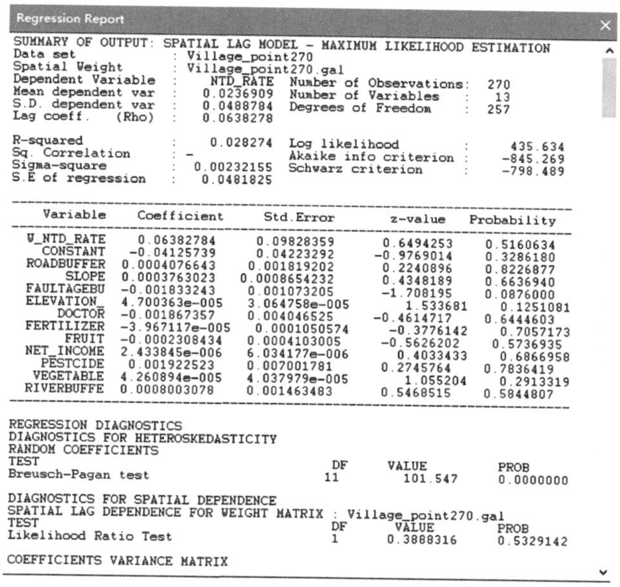

图 7.6　Spatial Lag 回归分析结果示意图

7.3　空间误差模型

7.3.1　原理

如果空间依赖性是由于忽略了某自变量所产生的，空间误差模型可以对此进行建模。它通过不同地区(多边形)的空间协方差来反映误差过程，当误差遵循第一阶过程，即系数 $\rho = 0$，$\lambda \neq 0$ 时，模型为

$$y = X\beta + \varepsilon \tag{7.4}$$
$$\varepsilon = \lambda W \varepsilon + \mu \tag{7.5}$$

式中，参数 λ 揭示了回归残差之间空间相关性强度。

对空间滞后模型和空间误差模型进行估计时，用最小二乘法(OLS)估计将会产生无偏但非有效的估计。而且，因为估计的参数方差是有偏的，基于 OLS 估计结果的推论容易产生误导，所以，上述两个模型一般需要用极大似然法(ML)或广义矩阵估计法(GMM)估计。

在实际应用中，如何判别哪个模型更加符合客观情况，Anselin(2005)[1]提出了如下标准：先进行 OLS 回归分析，如果在空间相关性的检验中发现，空间滞后模型拉格朗日乘数检验统计量 LM-lag 较之空间误差模型拉格朗日乘数检验统计量 LM-error 在统计上更加显著，则选择空间滞后模型。相反，如果空间误差模型比空间滞后模型在统计上更加显著，则选择空间误差模型；如果两个都不显著，那么就保留 OLS 回归的结果。

7.3.2　案例

(1)案例所用数据及分析目标都与 7.2 节的空间滞后模型案例一致。

(2)启动 GeoDa，添加图层文件 Village_point270.shp，并打开创建好的权重文件 Village_point270.GWT，点击 Regression 工具选项卡，弹出如图 7.2 所示对话框，可以在此进行自变量和因变量的选择。本案例同样将因变量设定为 NTD_RATE——出生缺陷率，其余的 11 个自然社会环境变量则被选取为自变量。将 Weights File 勾选，打开之前创建好的权重矩阵文件。在 Models 选项卡中，选择 Spatial Error 回归方法。图 7.7～图 7.9 为 Spatial Error 回归分析过程示意图。

图 7.7　Spatial Error 回归方法选择　　　　图 7.8　运行完成对话框

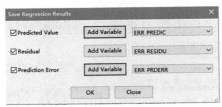

图 7.9　运行结果保存对话框

---

① Anselin L. 2005. Exploring spatial data with GeoDaTM: a workbook. http://www.csiss.org/clearinghouse/ GeoDa/.

(3) 最终获得 Spatial Error 回归分析结果，如图 7.10 所示。与 Spatial Lag 回归分析的结果相比，案例同样使用了空间权重文件 Village_point270.GWT。在所列的方程变量中，出生缺陷率的空间自回归结构系数 LAMBDA 作为多余指标变量出现在其中。从图 7.10 同样可以看出各种要素与出生缺陷率的统计相关性。不过，所有的自变量组成的方程还是没有通过显著性检验，因而 Spatial Error 回归分析也没有找到真正对出生缺陷率起作用的环境因素。图 7.10 最下端，还展示了异质方差和空间相关性检验等回归诊断结果。

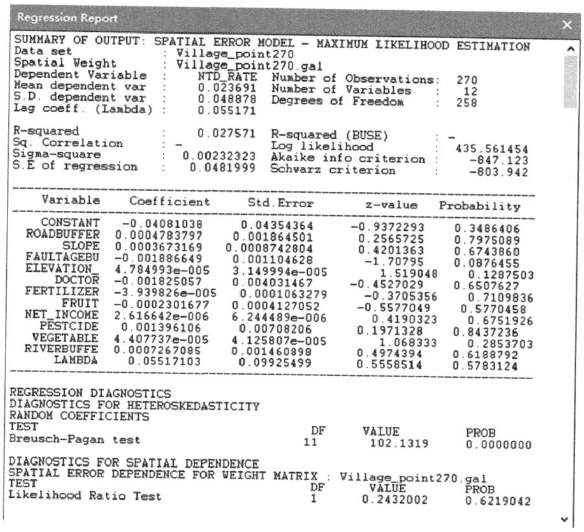

```
Regression Report
SUMMARY OF OUTPUT: SPATIAL ERROR MODEL - MAXIMUM LIKELIHOOD ESTIMATION
Data set              : Village_point270
Spatial Weight        : Village_point270.gal
Dependent Variable    :    NTD_RATE  Number of Observations:  270
Mean dependent var    :    0.023691  Number of Variables   :   12
S.D. dependent var    :    0.048878  Degrees of Freedom    :  258
Lag coeff. (Lambda)   :    0.055171

R-squared             :    0.027571  R-squared (BUSE)      : -
Sq. Correlation       : -            Log likelihood        :  435.561454
Sigma-square          :  0.00232323  Akaike info criterion :    -847.123
S.E of regression     :   0.0481999  Schwarz criterion     :    -803.942
---------------------------------------------------------------------------
    Variable    Coefficient     Std.Error         z-value    Probability
---------------------------------------------------------------------------
    CONSTANT   -0.04081038     0.04354364      -0.9372293     0.3486406
  ROADBUFFER  0.0004783797    0.001864501       0.2565725     0.7975089
       SLOPE  0.0003673169   0.0008742804       0.4201363     0.6743860
  FAULTAGEBU  -0.001886649    0.001104628        -1.70795     0.0876455
  ELEVATION_  4.784993e-005  3.149994e-005        1.519048     0.1287503
      DOCTOR  -0.001825057    0.004031467      -0.4527029     0.6507627
  FERTILIZER -3.939826e-005   0.0001063279     -0.3705356     0.7109836
       FRUIT -0.0002301677   0.0004127052      -0.5577049     0.5770458
  NET_INCOME  2.616642e-006  6.244489e-006       0.4190323     0.6751926
    PESTCIDE   0.001396106     0.00708206       0.1971328     0.8437236
   VEGETABLE  4.407737e-005  4.125807e-005        1.068333     0.2853703
  RIVERBUFFE  0.0007267085    0.001460898       0.4974394     0.6188792
      LAMBDA    0.05517103     0.09925499       0.5558514     0.5783124
---------------------------------------------------------------------------

REGRESSION DIAGNOSTICS
DIAGNOSTICS FOR HETEROSKEDASTICITY
RANDOM COEFFICIENTS
TEST                                   DF      VALUE        PROB
Breusch-Pagan test                     11      102.1319     0.0000000

DIAGNOSTICS FOR SPATIAL DEPENDENCE
SPATIAL ERROR DEPENDENCE FOR WEIGHT MATRIX : Village_point270.gal
TEST                                   DF      VALUE        PROB
Likelihood Ratio Test                  1       0.2432002    0.6219042
```

图 7.10　Spatial Error 回归分析结果示意图

7.4　地理加权回归(GWR)

7.4.1　原理

地理加权回归模型(geographical weighting regression, GWR) (Fothringham et al., 2000) 扩展了线性回归模型，其回归系数 a 不再是全局性的统一单值，而是随空间位置 i 变化的 a_i。从而可以反映解释变量对被解释变量的影响(弹性)随空间位置而变化。

地理加权回归的实质是局域回归，用局部加权最小二乘法求解，其中的权为待估点所在的地理空间位置到其他各观测点的地理空间位置之间的距离函数。这些在各地理空间位置上估计的参数值描述了参数随地理空间位置的变化，用以探索回归系数空间的非平稳性。其 GWR 数学模型形式为

$$y_i = a_0\left(u_i, v_i\right) + \sum_k a_k\left(u_i, v_i\right) x_{ik} + \varepsilon_i \tag{7.6}$$

式中，y_i 为第 i 点的因变量；x_{ik} 为第 k 个自变量在第 i 点的值，k 为自变量计数，i 为样本点计数；ε_i 为残差；(u_i, v_i) 为第 i 个样本点的空间坐标；$a_k(u_i, v_i)$ 为在 i 点的局域回归系数。如果 $a_k(u_i, v_i)$ 在空间保持不变，则 GWR 退化为全局模型。GWR 用 GLS 求解 (Fothringham et al., 2002)，估计值是

$$\boldsymbol{a}(u_i, v_i) = (\boldsymbol{X}^{\mathrm{T}}\boldsymbol{W}(u_i, v_i)\boldsymbol{X})^{-1}\boldsymbol{X}^{\mathrm{T}}\boldsymbol{W}(u_i, v_i)\boldsymbol{y} \tag{7.7}$$

式中，$W(u_i, v_i)$ 为距离权重矩阵，是一个对角矩阵，对角线元素为 $(W_{i1}, W_{i2}, \cdots, W_{in})$，非对角元素为 0；$n$ 为样本量；$W(u_i, v_i)$ 为第 j 点对第 i 点的影响，一种定义是 $W_{ij} = \exp(-d_{ij}^2/h^2)$。这里，$d_{ij}$ 为 i, j 两点距离；h 为自定义带宽。

7.4.2　案例

(1) 本实验用 GWR 对某县各个村的出生缺陷发病率进行分析。数据采用某县各村地理图斑 (ArcGIS 可以识别的.shp 文件)，其属性包括：医生数量、化肥数量、人均 GDP、蔬菜数量、水果数量和出生人口数 (doctor、fertilizer、GDP、vegetable、fruit、birth) 及出生缺陷人数 (NTDB)。其中，采用 227 个村的数据进行训练，生成回归函数，99 个村的数据用来进行预测验证。

(2) 点击 📷 进入 ArcMap (图 7.11)。

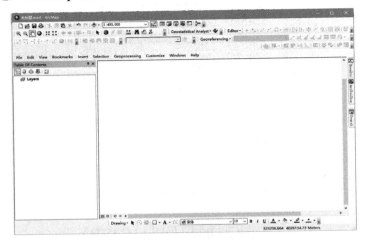

图 7.11　ArcMap 操作界面

(3) 点击 ✚ 进行数据加载，添加某县数据 (图 7.12 和图 7.13)。

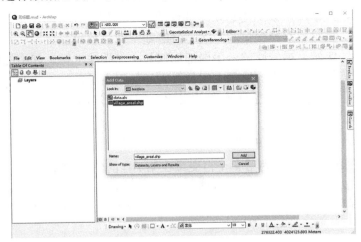

图 7.12　添加实验数据

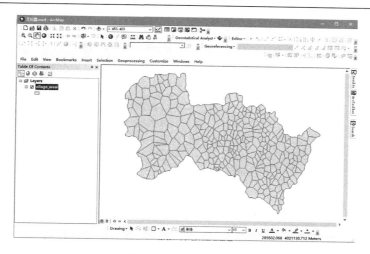

图 7.13　成功添加数据

（4）鼠标右键单击左侧列表中某县图层，打开属性类表（图 7.14），并选择前 227 条数据（图 7.15）。

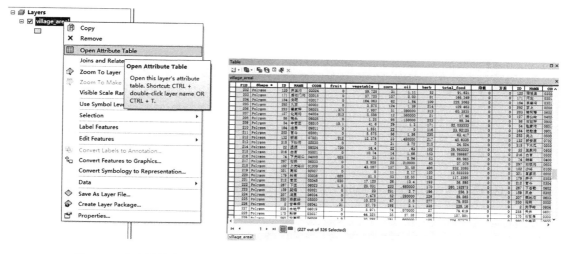

图 7.14　点击属性表　　　　　　　　　图 7.15　选择前 227 条数据

（5）先将属性表最小化，然后右键单击左侧列表中某县图层，选择将所选数据导出（图 7.16），并起名为 train（用以训练回归函数）（图 7.17）。

（6）以同样的方法将剩余的数据导出，并起名为 test。

（7）点击 按钮，打开工具箱，选择其中的 Geographically Weighted Regression 项（图 7.18），进入地理加权回归 GWR 操作界面，输入各项参数（图 7.19 和图 7.20）。

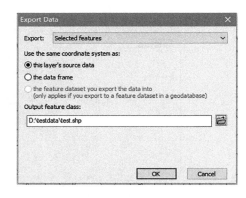

图 7.16　选择导出数据　　　　　　　　　图 7.17　选择导出所选数据

图 7.18　选择工具箱中的 Geographically 　　　　图 7.19　基本参数填写（用于训练函数）

Weighted Regression

图 7.20　附加选项（用于预测输出）

(8) 参数及评价指标输出(图 7.21 和图 7.22)。

OID	VARNAME	VARIABLE	DEFINITION
0	Bandwidth	709022.909866	
1	ResidualSquares	.605953	
2	EffectiveNumber	6.00902	
3	Sigma	.052493	
4	AICc	-695.339696	
5	R2	.009075	
6	R2Adjusted	-.013396	
7	Dependent Field	0	NTDS_rate
8	Explanatory Field	1	fruit
9	Explanatory Field	2	vegetable
10	Explanatory Field	3	GDP
11	Explanatory Field	4	doctor
12	Explanatory Field	5	fertilizer

图 7.21　训练样本生成的各项参数

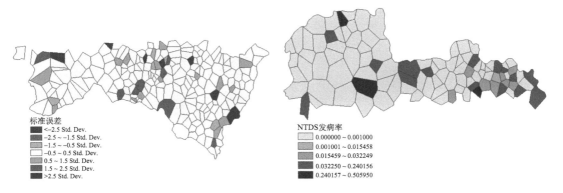

图 7.22　训练样本时生成的各项评价指标

(9) 图形输出(图 7.23～图 7.26)。

标准误差
- ■ <-2.5 Std. Dev.
- ■ -2.5 ~ -1.5 Std. Dev.
- ▨ -1.5 ~ -0.5 Std. Dev.
- □ -0.5 ~ 0.5 Std. Dev.
- ▨ 0.5 ~ 1.5 Std. Dev.
- ■ 1.5 ~ 2.5 Std. Dev.
- ■ >2.5 Std. Dev.

图 7.23　训练样本标准误差

NTDS发病率
- □ 0.000000 ~ 0.001000
- ▨ 0.001001 ~ 0.015458
- ▨ 0.015459 ~ 0.032249
- ▨ 0.032250 ~ 0.240156
- ■ 0.240157 ~ 0.505950

图 7.24　测试样本真实神经管畸形发病率分布

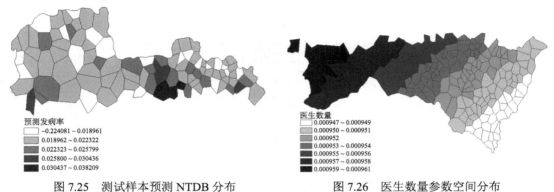

图 7.25　测试样本预测 NTDB 分布　　　　　图 7.26　医生数量参数空间分布

7.4.3　解释

Geographically Weighted Regression 是 ArcGIS10 新增加的功能模块。在运算过程中，程序根据交叉验证(cross validation, CV)来确定 Bandwidth，通过高斯(Gaussian)函数来确定权矩阵。kernel_type 选择 FIXED 项表示用来解决任意一个局部回归分析的空间矩阵都采用固定的距离。

在输出的评价系数中 Condition Number(Cond)表示局部的共线性情况，当大于 30 时，表明实验结果不理想。本实验中该值全部小于 30。Predicted 给出其预测结果，Residuals 表明真实值与预测值的差。

从输出图形可以直观看出预测效果比较理想，而且预测结果在某种程度上反映的出生缺陷空间聚集特征与真实情况相似；各解释变量系数的空间分布显示了解释变量在不同区域对神经管畸形解释能力的空间差异。

第 8 章 地理探测器

第 7 章介绍了空间回归，其目的是将因变量 Y 线性统计关联到自变量 X。实际上，因变量 Y 和自变量 X 的两个空间分布的一致性(consistence)也反映了这两个变量的关联性，这种关联既包括线性部分，也包括非线性部分，可以用地理探测器度量这种关联性。线性回归模型和地理探测器的目的都是通过建立两个变量的统计关系，进而提示可能的因果关系。当线性回归显著时，地理探测器必然显著；当线性回归不显著时，地理探测器仍然可能显著；两变量只要有关系，地理探测器就能够探测出来。地理探测器相对于其他归因方法而言具有三个特点：①适合于类型量和数值量，现有模型一般擅长数值量；②简单而物理意义明确，方差分析只能检验关系是否显著；③探测交互作用，不限于计量经济学中指定的乘性交互。

地理探测器以空间分层异质性(3.2 节)为研究对象，其核心思想：如果某个自变量对某个因变量有影响，那么，自变量的空间分布和因变量的空间分布应该趋于一致(Wang et al., 2010b；Wang and Hu, 2012；Wang et al., 2016a；王劲峰和徐成东, 2017)。注意，这里"空间"既可以是地理空间，也可以是时间或属性空间；"分层"指层(strata)，可以是地理分区或分类，也可以是时间或属性的分类。地理探测器有多方面应用：度量对象的空间分层异质性(3.2节)、探测空间格局(6.3 节)，以及空间归因(本章)。本章将系统介绍地理探测器的原理、软件、各方面应用，以及其适用条件。

8.1 原 理

空间分层异质性是地理数据普遍具有的特性(第 3 章)，可以说没有空间分层异质性，就无以称地理。地理探测器是分析空间分层异质性的新工具。地理探测器包括 4 个探测器，分别回答以下问题：①是否存在空间分层异质性？什么因素造成了这种分层异质性？②变量 Y 是否存在显著的区际差别？③因素 X 之间的相对重要性如何？④因素 X 对于因变量 Y 是独立起作用还是具有广义的交互作用(不限于乘性交互)？

8.1.1 空间分层异质性及因子探测

探测变量 Y 的空间分层异质性，以及探测某因子 X 多大程度上解释了变量 Y 的空间分异(图 8.1)。用 q 值度量(Wang et al., 2010b)：

$$q = 1 - \frac{\sum_{h=1}^{L} N_h \sigma_h^2}{N\sigma^2} = 1 - \frac{\text{SSW}}{\text{SST}} \tag{8.1}$$

式中，$h = 1, \cdots, L$ 为变量 Y 或因子 X 的分层(strata)，即分类或分区；N_h 和 N 分别为层 h 和全区的单元数；σ_h^2 和 σ^2 分别为变量 Y 在层 h 和全区的方差；$\text{SSW} = \sum_{h=1}^{L} N_h \sigma_h^2$ 及 $\text{SST} = N\sigma^2$ 分别表示层内方差之和(within sum of squares)及全区总方差(total sum of squares)；q 的值域为 $[0, 1]$，值越大，说明 y 的空间分异越明显；如果分层是由自变量 X 生成的，则 q 值越大表示 X 和 Y 的空间分布越一致，自变量 X 对属性 Y 的解释力越强，反之则越弱。极端情况下，

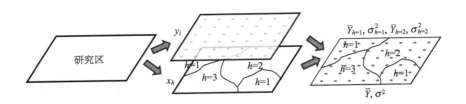

图 8.1 地理探测器原理

研究区包括因变量 Y 和解释变量 X 共两个图层(coverage)。解释变量 X 为类型量,以多边形表达;因变量 Y 为数值量,以格点表达,计算其均值 $\bar{Y}$ 和方差 σ^2。将两个图层叠加,计算 Y 值在各层的均值 $\bar{Y}_h$ 和方差 σ_h^2。将这些均值和方差代入式(8.1)即得到地理探测器 q 值;再代入式(8.2)和式(8.3)并查非中心 F 分布表,即得到 q 值的统计显著性检验

q 值为 1 表明在 X 的层内,Y 的方差为 0,即因子 X 完全控制了 Y 的空间分布,q 值为 0 则表明 Y 按照 X 分层后的方差和与 Y 不分层的方差相等,Y 没有按照 X 进行分异,即因子 X 与 Y 没有任何关系。q 值表示 X 解释了 $100q\%$ 的 Y。

q 值的一个简单变换满足非中心 F 分布(Wang et al., 2016a):

$$F = \frac{N-L}{L-1}\frac{q}{1-q} \sim F(L-1, N-L; \lambda) \tag{8.2}$$

$$\lambda = \frac{1}{\sigma^2}\left[\sum_{h=1}^{L}\bar{Y}_h^2 - \frac{1}{N}\left(\sum_{h=1}^{L}\sqrt{N_h}\bar{Y}_h\right)^2\right] \tag{8.3}$$

式(8.2)和式(8.3)中,λ 为非中心参数;$\bar{Y}_h$ 为层 h 的均值。

据式(8.3),查表或使用地理探测器软件(www.geodetector.cn)来检验 q 值是否显著。

8.1.2 风险区探测

用于判断区域 1 的属性均值是否显著大于区域 2,用 t 统计量来检验:

$$t_{\bar{y}_{h=1}-\bar{y}_{h=2}} = \frac{\bar{Y}_{h=1} - \bar{Y}_{h=2}}{\left[\dfrac{\mathrm{Var}\left(\bar{Y}_{h=1}\right)}{n_{h1}} + \dfrac{\mathrm{Var}\left(\bar{Y}_{h=2}\right)}{n_{h=2}}\right]^{1/2}} \tag{8.4}$$

式中,$\bar{Y}_h$ 为层 h 内的属性均值,如发病率或流行率;n_h 为层 h 内样本单元数量;Var 表示方差。统计量 t 近似地服从 Student's t 分布,其中自由度的计算方法为

$$df = \frac{\dfrac{\mathrm{Var}\left(\bar{Y}_{h=1}\right)}{n_{z=1}} + \dfrac{\mathrm{Var}\left(\bar{Y}_{h=2}\right)}{n_{h=2}}}{\dfrac{1}{n_{h=1}-1}\left[\dfrac{\mathrm{Var}\left(\bar{Y}_{h=1}\right)}{n_{h=1}}\right]^2 + \dfrac{1}{n_{h=2}-1}\left[\dfrac{\mathrm{Var}\left(\bar{Y}_{h=2}\right)}{n_{h=2}}\right]^2} \tag{8.5}$$

零假设 H_0:$\bar{Y}_{h=1} = \bar{Y}_{h=2}$,如果在置信水平 α 下拒绝 H_0,则认为区域 1 的属性均值显著大于区域 2。

8.1.3　生态探测

用于比较两因子 $X1$ 和 $X2$ 对属性 Y 的空间分布的影响是否有显著的差异，以 F 统计量来衡量：

$$F = \frac{n_{X1}(n_{x2}-1)\mathrm{SSW}_{X1}}{n_{X2}(n_{x1}-1)\mathrm{SSW}_{X2}} \tag{8.6}$$

式中，n_{X1} 及 n_{X2} 分别为两个因子 $X1$ 和 $X2$ 的样本量；$\mathrm{SSW}_{X1} = \sum_{h=1}^{L1} n_h\sigma_h^2$ 和 $\mathrm{SSW}_{X2} = \sum_{h=1}^{L2} n_h\sigma_h^2$ 分别表示由 $X1$ 和 $X2$ 形成的层（strata）的层内方差之和；$L1$ 和 $L2$ 分别表示变量 $X1$ 和 $X2$ 分层数目。其中，零假设 H_0：$\mathrm{SSW}_{X1} = \mathrm{SSW}_{X2}$。如果在 α 的显著性水平上拒绝 H_0，则表明两因子 $X1$ 和 $X2$ 对属性 Y 空间分布的影响存在着显著的差异。

8.1.4　交互作用探测

识别不同解释变量 Xs 之间的交互作用，评估因子 $X1$ 和 $X2$ 共同作用时是否会增加或减弱对因变量 Y 的解释力，或这些因子对 Y 的影响是相互独立的？评估的方法是首先分别计算两种因子 $X1$ 和 $X2$ 对 Y 的 q 值：$q(Y|X1)$ 和 $q(Y|X2)$。然后，叠加变量 $X1$ 和 $X2$ 两个图层（coverages）相切所形成的新的层（strata）（图 8.2），计算 $X1\bigcap X2$ 对 Y 的 q 值：$q(Y|X1\bigcap X2)$。最后，对 $q(Y|X1)$、$q(Y|X2)$ 与 $q(Y|X1\bigcap X2)$ 的数值进行比较，判断交互作用（表 8.1）。

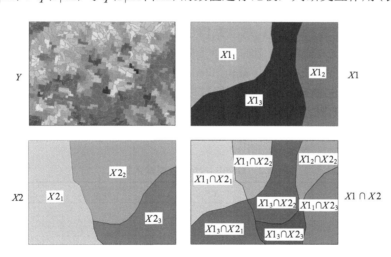

图 8.2　交互作用探测

分别计算出 $q(Y|X1)$ 和 $q(Y|X1)$；将 $X1$ 和 $X2$ 两个图层叠加得到新的分层 $X1\bigcap X2$，计算 $q(Y|X1\bigcap X2)$。最后，按照表 8.1 判断两因子交互的类型

表 8.1　两个自变量对因变量交互作用的类型（这里 $q(Y|X)$ 简写为 $q(X)$）

图示	判据	交互作用
▼ ● ◆ ▲ →	$q(X1\bigcap X2) < \mathrm{Min}(q(X1),q(X2))$	非线性减弱

图示	判据	交互作用
	$\mathrm{Min}(q(X1),q(X2))<q(X1\cap X2)<\mathrm{Max}(q(X1)),q(X2))$	单因子非线性减弱
	$q(X1\cap X2)>\mathrm{Max}(q(X1),q(X2))$	双因子增强
	$q(X1\cap X2)=q(X1)+q(X2)$	独立
	$q(X1\cap X2)>q(X1)+q(X2)$	非线性增强

注：● 表示 $\mathrm{Min}(q(X1),q(X2))$：在 $q(X1),q(X2)$ 两者取最小值；◆ 表示 $\mathrm{Max}(q(X1),q(X2))$：在 $q(X1),q(X2)$ 两者取最大值；▲ 表示 $q(X1)+q(X2)$：$q(X1),q(X2)$ 两者求和；▼ 表示 $q(X1\cap X2)$：$q(X1),q(X2)$ 两者交互。

8.2　软　件

Geodetector 是根据上述原理，用 Excel 编制的地理探测器软件，可从以下网站免费下载：http://www.geodetector.cn/。

地理探测器使用步骤如下所述。

（1）数据的收集与整理（表 8.2）：这些数据包括因变量 Y 和分类变量 X。这里分类变量 X 可以是对 Y 的某个分类，也可以是 Y 的解释变量。X 应为类型量，如果 X 为数值量，则需要对其进行分组或分层（classification or stratification），使组内方差最小，组间方差最大；分组数目的确定应考虑分组的物理含义，同一组可以出现在不相邻的多个区域。分组可以基于专家知识，也可以使用分类算法，如 k-means，或者排序后等分。应保证各组或层 X 中至少有 Y 的两个样本单元，从而可以计算该层的均值及方差。

表 8.2　Geodetector 数据输入格式

	Y	X_1	X_2	…	X_k	…	X_m
样本单元(1)	$y_{(1)}$	$x_{1(1)}$	$x_{2(1)}$	…	$x_{k(1)}$	…	$x_{m(1)}$
样本单元(2)	$y_{(2)}$	$x_{1(2)}$	$x_{2(2)}$	…	$x_{k(2)}$	…	$x_{m(2)}$
⋮	⋮	⋮	⋮	⋮	⋮	⋮	⋮
样本单元(s)	$y_{(2)}$	$x_{1(2)}$	$x_{2(2)}$	…	$x_{k(s)}$	…	$x_{m(s)}$
⋮	⋮	⋮	⋮	⋮	⋮	⋮	⋮
样本单元(n)	$y_{(n)}$	$x_{1(n)}$	$x_{2(n)}$	…	$x_{k(n)}$	…	$x_{m(n)}$

注：样本单元可以是行政单元、抽样点或个体；Y 为数值量，如人均 GDP 或个人的肥胖指数；X 是对 Y 的划分，也可以是 Y 的解释变量，必须为类型量，如城市和农村两层；X_k 是第 k 个解释变量；$x_{k(s)}$ 表示样本单元 s 属于变量 X_k 的某层。如果 X 是数值量，可以对其排序，然后根据专业习惯将其分为 3～10 层，或者按照 q 值最大进行分层。

（2）将样本 (Y,X)（表 8.2）读入地理探测器软件，然后运行软件，输出结果包括四个部分：变量 r 的空间分异性 q 值，或者自变量 X 对因变量 Y 的解释力 $100\times q\%$；比较因变量在层 h

的均值是否显著大于在层 $r(>h)$ 的均值；比较不同自变量对因变量的影响是否有显著的差异；这些自变量对因变量影响的交互作用。

图 8.3 显示了地理探测器软件的数据准备、软件界面和输出。基于 Excel 的地理探测器软件 Geodetector 只有一个用户界面，"一键式"操作很容易掌握；不需要安装任何 GIS 组件，不需要用户具有 GIS 知识和操作技能，所有的空间信息都存储于格点中；小巧、免费。

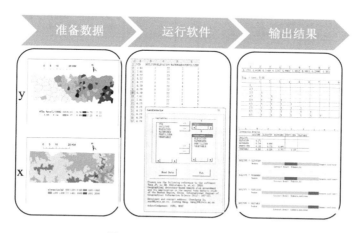

图 8.3　Geodetector 用户界面

8.3　案　　例

首先，结合某县新生儿神经管畸形空间分异的环境因子识别详尽演示 Geodetector 模型软件的使用步骤。然后，分别介绍地理探测器在自然科学（美国地表切割因子分析）、社会科学（中国城市化驱动力识别）和环境污染（土壤抗生素空间差异的控制因子分析）等不同领域的典型应用。最后，对地理探测器的应用案例进行分析比较、归纳总结。

8.3.1　某县新生儿神经管畸形空间变异的环境因子识别

Geodetector 对某县 1998 ～ 2006 年的神经管畸形出生缺陷（NTDs）的发生率（incidence）(Y) 进行环境风险因子分析。环境风险因子或其代理变量(X)包括：高程、土壤类型、流域分区，以及蔬菜产量和化肥使用量等社会经济变量(Wang et al., 2010b)（图 8.4）。用村庄中心点作为样本单元将 Y(数值量)和 X(类型量)匹配起来。输入数据及软件运行输出结果如图 8.5 所示。在输入数据表中，第一行是各变量的名称，第二行向下各行表示样本单元。A~D 列分别是 NTDs 发病率、土壤类型、高程及水文流域的信息。以上数据准备好以后，就可以运行软件了，操作步骤可细化为：①点击【Read Data】按钮，紧接着在 Excel 中输入数据，表格中所有的变量名字都显示在用户界面左侧的列表框中；②分别选择 NTDs 数据及各环境因子数据到右边的列表框中；③运行【Run】按钮，软件开始运行。

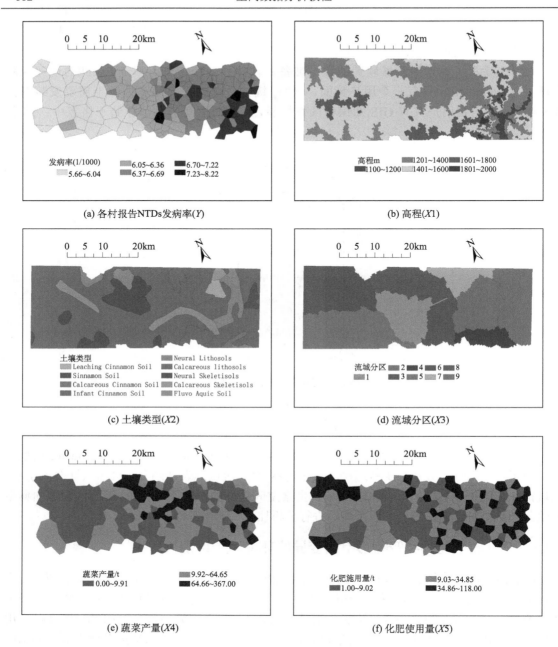

图 8.4　某县新生儿神经管畸形的环境因子分析的数据 Y 和 X(Wang et al., 2010b)

图 8.6 显示了风险因子探测的结果。以土壤类型为例，图 8.6(a) 显示了对于单个风险因子而言的风险区探测的结果，其中，表格左上角的 "SOILTYPE"（土壤类型）是环境因子的名字；第二行的数字 "3" "4" "5" 等是此环境因子各分层编号，为类型量；第三行是在每种土壤类型区内的 NTDs 的平均发病率，为数值量。第 6～16 行是某土壤类型（行）上的 NTDs 发病率是否显著大于另一种土壤类型（列）上的 NTDs 发病率？采用显著性水平为 0.05 的 t 检验，"Y" 表示存在显著性，"N" 表示不显著。图 8.6(b) 展示的是所有风险因子 q 值的计算

结果，结果表明，水文流域变量具有最高的 q 值，说明这些变量中河流是决定 NTDs 空间格局最主要的环境因子。图 8.6(c) 是生态探测的输出，结果显示，就对 NTD 空间分布的作用而言，水文流域与其他变量存在着显著差异。图 8.6(d) 是交互探测的结果，其中，第 3～4 行是两两变量交互作用后的 q 值，9～16 行是交互关系，结果表明任何两种变量对 NTDs 空间分布的交互作用都要大于第一种变量的独自作用。

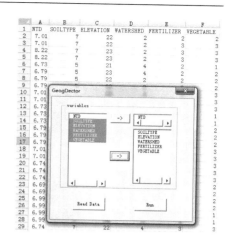

图 8.5　数据输入的格式及运行界面

8.3.2　美国陆表切割度空间变异的主导因素探测

　　地表切割度控制了水土流失、土地利用和生态功能，是历史和现实多因子综合作用的结果。美国的地表切割密度及其格局呈现出空间分异性(spatial stratified heterogeneity)。Luo 等(2016)将地理探测器分别运用于美国八大地形区探测各大区土地切割度的主导因子。发现各大区最大 q 值所对应的因子不同。例如，岩石类型主导了山区地形，褶皱(curvature)控制了平原区地形，冰川控制了前冰川覆盖区(图 8.7)。地理探测器提供了反演地表过程因子的客观构架。

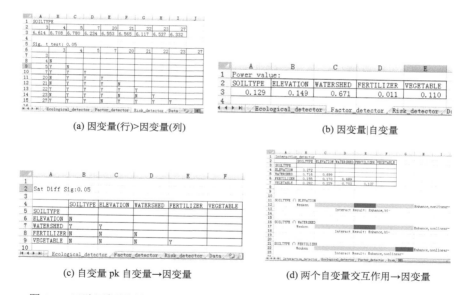

(a) 因变量(行)>因变量(列)　　　　　　　(b) 因变量|自变量

(c) 自变量 pk 自变量→因变量　　　　　　(d) 两个自变量交互作用→因变量

图 8.6　风险区探测(a)、风险因子探测(b)、生态探测(c)及交互探测(d)的结果

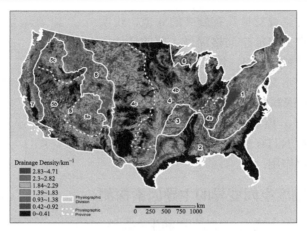

Table 1　Factors selected for analysis

Category	Factor	Factor code	Source/URL
Geology	Glaciation	Glaci	http://esp.cr.usgs.gov/info/gmna/
or	Lithology	Litho	http://rmgsc.cr.usgs.gov/outgoing/ecosystems/USdata
soil	Permeability	logk	Gleeson et al. [2014]
property	Porosity	poro	STATSGO2 database
climate	Precipitation	precip	http://www.prism.oregonstate.edu/, 4km-resolution
	Elevation	elev	ETOPO1 DEM resampled to 4km-resolution
	Aspect	asp	Derived from DEM, 4km-resolution
	Slope	slp	Derived from DEM, 4km-resolution
Topo-graphy	difference in elevation (relief)	difelev	Derived from DEM, 4km-resolution
or terrain	distance to erosional base	distb	Derived from DEM, 4km-resolution
	Elevation to erosional base	elevb	Derived from DEM, 4km-resolution
	Planar Curvature	planc	Derived from DEM, 4km-resolution
	Tangential Curvature	tanc	Derived from DEM, 4km-resolution

Note: see supplement material (Figs. S4-11) for spatial distribution of selected factors.

Table 2　Factor or factor interaction with maximum q value

Physiographic Division/*Province* Name (#)	Dominant factor	q	Dominant interaction	q
Appalachian Highlands (1)	litho	0.49	litho ∩ elev	0.58
Atlantic Plain (2)	planc	0.46	elev ∩ precip*	0.62
Interior Highlands (3)	logk	0.31	logk ∩ precip	0.47
Interior Plains (4)	planc / tanc	0.29	litho ∩ planc / litho ∩ tanc	0.40
Interior low plateau (4a)	*litho*	*0.21*	*logk ∩ litho / logk ∩ difelev*	*0.34*
Central lowlands (4b)	*glaci*	*0.36*	*glaci ∩ planc / glaci ∩ tanc*	*0.52*
Great plains (4c)	*planc*	*0.24*	*logk ∩ litho / logk ∩ tanc*	*0.34*
Intermontane Plateaus (5)	litho	0.31	litho ∩ slp	0.37
Colorado plateau (5a)	*litho*	*0.13*	*litho ∩ planc*	*0.20*
Basin and range (5b)	*litho*	*0.35*	*Litho ∩ slp / litho ∩ tanc*	*0.41*
Columbia plateau (5c)	*litho*	*0.33*	*litho ∩ precip*	*0.46*
Laurentian Upland (6)	litho	0.23	litho ∩ tanc	0.32
Pacific Mountain System(7)	elev	0.28	elev ∩ precip*	0.43
Rocky Mountain System (8)	litho	0.10	litho ∩ tanc / litho ∩ slp	0.18

Note: * indicates nonlinear enhancement; the rest of interactions are bi-enhancing. / indicates the two factors or factor combinations with almost equal q value (See Fig. 1 for Physiographic Division and Province location and Table 1 for full factor name. See supplement Excel files for full results.)

图 8.7　美国地表切割度及其控制因子探测(Luo et al., 2016)

8.3.3　中国县域城市化空间变异的驱动力

城市化是我国过去和未来各 20 年最大的社会经济空间运动。认识县域城镇化的形成机制为确立县域城镇化的发展战略,因地制宜地引导城镇化的地域模式提供了参考依据(刘彦随和杨忍,2012)。收集全国各县城市化率数据,以及候选解释变量数据,将地理探测器分别运用于 106 国道样带、北方边境样带、东部沿海样带、长江沿岸样带和陇海兰新样带,发现城市化主导驱动力在不同样带不同(图 8.8$Y \sim X$)。

样带名称	固定资产投资	离中心城市距离	农民收入	产业结构	人口密度	人均粮食产量	人均GDP	交通	地形	降水
106国道样带	0.30	0.34	0.58	0.18	0.10	0.45	0.53	0.13	0.00	0.11
北方边境样带	0.06	0.03	0.13	0.05	0.01	0.23	0.02	0.21	0.22	0.18
东部沿海样带	0.16	0.17	0.26	0.10	0.28	0.09	0.36	0.08	0.05	0.01
长江沿岸样带	0.27	0.19	0.39	0.33	0.29	0.21	0.53	0.13	0.19	0.07
陇海兰新样带	0.51	0.28	0.41	0.22	0.04	0.22	0.29	0.03	0.01	0.17

$$Y \sim X$$

图 8.8　中国城市化率及其驱动因子探测(刘彦随和杨忍,2012)

Y 为城市化率;X 为候选因子;$Y \sim X$ 为主导因子识别

8.3.4　土壤抗生素残留空间变异的因子分析(Li et al., 2013)

土壤和蔬菜里的抗生素残留通过食物链传递影响人类健康。山东省寿光县是我国最大的有机蔬菜种植基地,施用鸡粪,而鸡的饲料和饮水含有大量抗生素。研究区是寿光县的一个乡,面积约 160 km²。寻找 FQs 类抗生素(Y)与候选影响因子(X)(包括蔬菜种植模式、肥料类型和数量、种植年限、大棚面积、地形起伏)之间的关系(图 8.9)。地理探测器 q 值如下:蔬菜种植模式(0.28)>使用鸡粪肥料数量(0.20)> 高程(0.18)> 种植年限(0.09)>鸡粪类型(0.06)>大棚面积(0.02)。可见,蔬菜种植模式是 FQs 抗生素空间分异最重要的控制因素。例如,"黄瓜-黄瓜"模式(先种黄瓜,收获后再种黄瓜)对于 FQs 空间分异的决定力,是"辣椒–西瓜"模式(先种辣椒,收获后接着种西瓜)的 3 倍。排在第二位的鸡粪肥料使用量对 FQs 污染也有相当的影响。基于以上发现,政策建议是,为了达到既减少 FQs 污染土壤,又不对当地蔬菜生产产生过多影响的目的,一个有效而又可行的方案是调节种植模式和鸡粪使用模式[小于 6(kg/m²)/a;干鸡粪多于湿鸡粪]。

8.3.5　地理探测器应用案例分析比较

对截至 2016 年年底地理探测器在各方面运用的文章进行归纳分析,包括案例问题、研究区域、因变量 Y、自变量或其代理变量 X、研究发现和结论等方面,发现地理探测器运用领域包括土地利用(Ju et al., 2016; Ren et al., 2014; 蔡芳芳和濮励杰,2014; 陈昌玲等,2016; 李涛等,2016; 王录仓等,2016; 魏凤娟等,2014; 杨忍等,2015,2016)、公共健康(Hu et al., 2011; Huang et al., 2014; Liao et al., 2016b; Wang et al., 2013d; 陈业滨等,2016; 陶海燕等,2016; 王曼曼等,2016;倪书华,2014; Zhang et al., 2016)、区域经济(刘彦随和杨忍,2012; Tan et

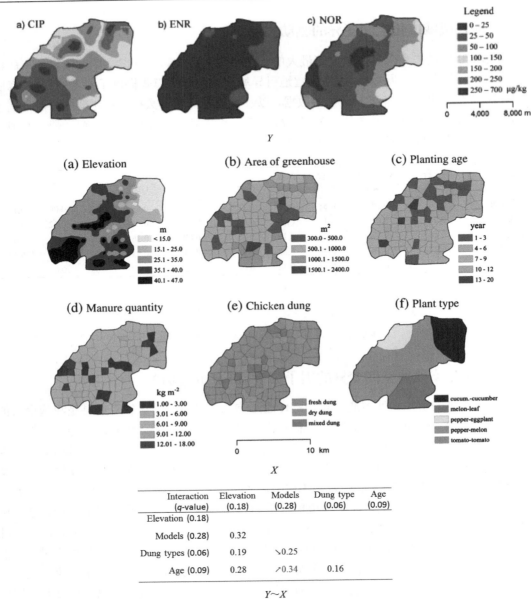

图 8.9　土壤抗生素残留及其影响因素探测（Li et al., 2013）

Y 为土壤抗生素残留分布；X 为候选因子；$Y \sim X$ 为主导因子识别

al., 2016; 丁悦等, 2014; 胡丹等, 2014; 王少剑等, 2016; 徐秋蓉和郑新奇, 2015; 杨勃和石培基, 2014;俞佳根和叶世康, 2014; 崔日明和俞佳根, 2015）、区域规划（杨忍等, 2015, 2016; Yang et al., 2016）、旅游（Wang et al., 2016b; 朱鹤等, 2015; Zhu et al., 2016）、考古（毕硕本等, 2015）、地质（Luo et al., 2016）、气象（Ren et al., 2016a; Li et al., 2016; 于佳和刘吉平, 2015）、植物（李俊刚等, 2016）、水资源（Todorova et al., 2016）、生态（Shen et al., 2015; Zhang et al., 2016; 廖颖等, 2016; 通拉嘎等, 2014）、环境（Du et al., 2016; Liang and Yang, 2016; 湛东升等, 2015）、污染（Todorova et al., 2016; Wu et al., 2016; Lou et al., 2016; 周磊等, 2016）、遥感（张晗和任志远,

2015) 和网络 (谢帅等, 2016)。可见, 地理探测器被运用于从自然到社会十分广泛的领域; 其研究区域大到国家尺度, 小到乡镇尺度。在这些应用中, 地理探测器主要被用来分析各种现象的驱动力和影响因子, 以及多因子交互作用。这主要是因为地理探测器 q 值具有明确的物理含义, 没有线性假设, 客观探测出自变量解释了 $100q\%$ 的因变量。

8.4　讨论和结论

空间自相关性、空间分异性和可变面元问题是空间数据的三大特性(第 3 章), 也是空间数据的三大信息资源, 可以挖掘利用, 以认识其背后过程机理。现代空间统计学是围绕空间自相关展开的。空间分异性一般用类型量表示, 表现为层内(within strata)方差小于层间(between strata)方差。地理探测器是度量、挖掘和利用空间分异性的新工具, 其理论核心是通过空间异质性来探测因变量与自变量之间空间分布格局的一致性, 据此度量自变量对因变量的解释度, 即 q 值。地理探测器比一般统计量更能提示因果关系, 因为两个变量在二维空间分布一致比两个变量的一维曲线的一致要难得多。

正如上节案例所示, 地理探测器是驱动力和因子分析的有力工具(Wang et al., 2010b; 刘彦随和李进涛, 2017)。地理探测器还可以度量空间分异性(3.2 节)和分析可变面元问题(3.3 节)(Wang et al., 2016a), 读者可参考关于胡焕庸线(李佳洺等, 2017)、中国热带北界(董玉祥等, 2017)的研究文章。

产生空间分异性的原因很多: 可能由于各层的机理不同, 也可能由于各层的因子不同或者各层的主导因子不同(表 8.3)。这些不同都会导致空间分异性。用全局模型(全局模型、全局变量, 以及全局参数)分析具有分异性的对象将掩盖对象的分异性(不同机理, 或者相同机理但是不同驱动因子, 或者相同机理并且相同因子但是不同参数), 会被混杂效应所干扰, 甚至导致错误的结论。因此, 在数据分析开始时, 就应当首先探测是否存在空间分异性, 据此确定是使用全局模型, 还是选取局域模型; 是使用全域变量, 还是选用局域变量; 是使用全局参数, 还是局域参数? 有时统计关系不显著, 可能的一个原因是数据集内部存在分层异质性, 使得不同层的关系互相抵消了, 解决方法是, 用 q 统计探测是否存在分层异质性? 如果存在, 就将数据集分开, 然后分别使用统计模型, 统计关系就显著了, 甚至可以在各子集中分别使用线性模型。地理探测器是空间数据探索性分析的必备工具。

表 8.3　空间分异性: 原因, 后果, 解决方案

	Kriging (Matheron, 1963)	GWR (Fothringham et al., 2000)	美国土地切割 (Luo et al., 2016)	中国城市化 (刘彦随和杨忍, 2012)
原因	全局模型 f			局域模型 $f(h)$
	全局变量 X		局域变量 $X(h)$	局域变量 $X(h)$
	全局参数 β	局域参数 $\beta(h)$	局域参数 $\beta(h)$	局域参数 $\beta(h)$
	↓	↓	↓	↓
后果	全局模型将混杂不同区域参数、区域变量甚至区域机制; 相反的区域关系导致全局模型没有关系			
解决	在空间数据分析开始时检验是否存在空间分异性			
	• 如果没有空间分异性, 可以放心使用全局模型(单一模型 + 全局变量 + 全局参数)			
	• 如果存在空间分异性, 必须使用区域参数, 或者区域变量, 甚至区域模型			

注: $h=1, \cdots, L$, 表示分层。

表 8.4 比较了空间自相关检验、地理探测器和线性回归的研究对象、变量、统计量、原理，以及统计推论的差异。表 8.5 比较了地理探测器与方差分析的异同，可见地理探测器包含方差分析，比方差分析适用面更广，并且具有明确的物理含义。

表 8.4　空间热点、空间分异性、空间线性回归

	空间热点检验	空间分异性检验	空间线性回归
研究对象	空间局域异质性	空间分层异质性	平稳线性过程
变量	数值量 y	数值量 y ～类型量或数质量 x	数值量 y ～数值量 x
统计量	Getis Gi; LISA; SatScan	q 值	回归系数 β
原理	统计量的观测值与随机期望值之差	两变量空间分布的一致性；X 最优分类层使 q 最大	两变量回归误差；x 最优系数使 R^2 最大
统计推论	y 的空间热点区	x 解释了 $100q\%$ 的 y，即 $q = \mathrm{SSB}(y\|x)/\mathrm{SST}(y)$	y 对 x 的线性弹性系数 β，即 $\beta = \mathrm{d}y/\mathrm{d}x$

注：SSB 为 between sum of square；SST 为 total sum of square。

表 8.5　地理探测器 q-统计与方差分析的区别

均值；方差					
方差分析	$F = \infty$	$F = 9894$	N/A	N/A	$F = 0$
q-统计	$q = 1$	$q = 0.8$	$q = 0.7$	$q = 0.6$	$q = 0$

注：第一行表示两层的均值和方差，N/A 记 Not Applicable。

归纳起来，地理探测器可以在五个方面使用：①度量变量 Y 的给定图案#的空间分异性 $q(y|\#)$，如胡焕庸线两边的人口空间分异性 50 年以来的变化(李佳洺等，2017)。②寻找变量 Y 最大的空间分异 $\{\#^* = \max q(y|\#) \text{ for } \forall\#\}$，如遥感分类。③度量解释变量 X 对因变量 Y 的解释力：$q(Y|X)$，如中国城市化驱动力(刘彦随和杨忍，2012)。④寻找因变量 Y 的主导因子：$\{X^* = q(Y|X) \text{ for } \forall X\}$，如美国地表切割度的主导因子(Luo et al., 2016)。⑤识别两自变量 X_1 和 $X2$ 对于 Y 是否存在交互作用：$q(Y|X_1 \bigcap X_2) \sim q(Y|X_1)$ 与 $q(Y|X_2)$，如新生儿神经管畸形多因子交互作用识别(Wang et al., 2010b)。

地理探测器 q-统计的性质和适用条件：①擅长自变量 X 为类型量(如土地利用图)，因变量 Y 为数值量(碳排放)的分析。②当样本量小于 30 时，运用地理探测器建立的 Y 和 X 之间的关系将比经典回归更加可靠。因为统计学一般要求样本单元数大于 30，而地理探测器的 X 为类型量，同类相似，所以样本单元的代表性增加了。③无线性假设，属于方差分析(ANOVA)范畴，物理含义明确，其大小反映了 X 对 Y 解释的百分比 $100q\%$，如线性回归中的 R^2，但后者是线性关系。表 8.5 展示了地理探测器与方差分析的差异。④地理探测器探测两变量真正的交互作用，而不限于计量经济学预先指定的乘性交互关系。⑤地理探测器原理保证了其对多自变量共线性免疫：如果 $X1 = X2$，则 $q(Y|X1 \bigcap X2)=q(Y|X1)= q(Y|X2)$。⑥地理探测器基于方差而非均值，具有较大的统计势，对混杂因素(confounder)具有一定的排除能力。⑦在分层中，要求每层至少有 2 个样本单元；样本越多，估计方差越小。⑧如果不对 q 值进行统计

显著性检验，就不必对 Y 变量作正态分布的假设或变换，此时 q 值仍有明确的物理意义。

地理探测器 q-统计可以灵活使用。①既可以探测全局驱动力（最大 q 值所对应的自变量），如某县神经管畸形发生的环境因子（Wang et al., 2010b）；也可以探测比较不同地区的局域驱动力（不同地区最大 q 值对应的自变量），如不同样带城市化主导驱动力不同（刘彦随和杨忍，2012）和美国不同区域地表切割度主导因子（Luo et al., 2016）；还可以探测驱动力的时间变化（不同时间段的 q 值），如干预前后神经管畸形主导因子的变化（Liao et al., 2016b）和遥感图像滤波前后地物可分性变化（张晗和任志远，2015；Gao et al., 2017）；也可以探测不同尺度的驱动力，如中国住宅价格在全国、省会、地级市、县不同层次各因子解释力不同（王少剑等，2016）。②数值量可以离散化为类型量，如将 GDP 分级，从而数值量的 X 也可以使用地理探测器。对于变量采用不同的离散化粒度会对模型结果有影响，一般选择 q 值最大的离散化方案（Cao et al., 2013）。③Y 和 X 均有地理空间分布，但并非必须，即 Y 或 X 的分层可以是地理空间、时间或者属性。④地理探测器回答了这样的问题：X 解释了 $100q\%$ 的 Y，其方向性，即 X 对 Y 是正面还是负面作用？可以借助 Pearson Correlation Coefficient 的正负号来判断，也可以借用非参数检验（Wang et al., 1997）来判断。非线性关系有时没有单一的方向性，如日气温 X 对心血管病 Y 的影响是 U 型（Yin and Wang, 2017）。以上抛砖引玉，读者可以思考各种有创意的使用方法。

第三篇　机器学习

　　机器学习是人工智能的一部分，模拟人脑或生物界的学习和推理机制，通过数据训练黑箱模型，追求预报的准确性，虽然其结果解释困难。

第9章　决策树与随机森林

9.1　原　　理

9.1.1　决策树

决策树(decision tree)作为一种非参数分类算法,是树形结构的知识推理机,将数据转换为决策规则。树的根节点是整个数据集合空间,每个分节点是一个分裂问题,它对单一变量进行测试,该测试将数据集合空间分割成两个或更多块,每个叶节点是带有分类的数据分割。决策树也可解释成一种特殊形式的规则集,其特征是规则的层次组织关系。经过一批训练实例集训练产生一棵决策树,决策树可以对一个未知实例集进行分类,如图9.1所示。

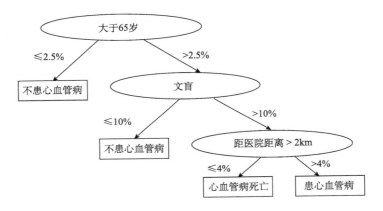

图 9.1　是否患心血管病的决策树

决策树分类算法起源于概念学习系统 CLS(concept learning system),然后发展到 ID3(iterative dichotomizer 3)方法而为高潮,最后又演化为能处理连续属性的 C4.5。有名的决策树方法还有 C5、CHAID、QUEST、CART、Assistant、Sliq、Sprint 等。决策树实施步骤见图9.2。

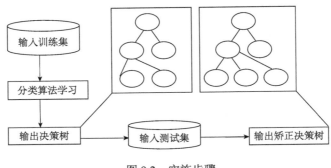

图 9.2　实施步骤

9.1.2　随机森林

决策树原理通俗易懂，实现简单，但单棵决策树广泛存在分类精度低、稳定性差等问题。随机森林在决策树算法基础上，引入随机生成多个决策树及随机选择特征的双重随机化选择机制，可有效提高模型稳定性及预测精度。

随机森林（又称随机决策森林）是由美国 Leo Breiman 于 2001 年提出的一种基于集成学习（ensemble learning）理论的机器学习算法（Breiman, 2001），被广泛应用于解决分类、回归及其他数据挖掘问题。随机森林可理解为 Bagging（bootstrap aggregating）集成学习与决策树算法的有机融合，可有效克服决策树对训练数据集过拟合的问题（Hastie et al., 2008）。其基本思想为，通过随机抽取训练样本构建多棵决策树，输出类别由这些单个决策树预测值的众数或平均值决定，即以多数投票的原则决定未知样本的预测结果，综合了多棵决策树的信息，从而提高分类的精度和模型的稳定性。除了对训练样本进行随机抽样外，该方法还对特征进行随机选择，实现精确分类。

随机森林算法可完成分类、预测变量重要性评价、探索自变量与因变量的响应关系。随机森林分类预测精度评价主要基于袋外数据（out-of-bag，OOB）进行。预测变量重要性一般可采用置换重要性和基尼（Gini）重要性进行评价。置换重要性法的核心思想为：通过比较预测变量在被加入噪声前后的预测准确率大小来判断变量的重要性；如果预测变量中的某一特征变量对随机森林模型的预测精度有重要影响，那么该变量被加入噪声后，会大大降低新预测模型的准确率。基尼重要性法只适用于分类。除此之外，随机森林模型还可以得到预测变量与响应变量的响应曲线，直观反映预测变量与响应变量的非线性关系。

9.2　案　例

9.2.1　案例 1：用决策树对神经管畸形发生率进行预测

1. 目的

本实验欲通过某县神经管畸形出生缺陷（NTD）数据训练生成决策树，并通过该决策树对出生缺陷率进行分类预测。

2. 数据

数据采用某神经管畸形出生缺陷（NTD）影响因子数据，包括土壤类型、河流缓冲区、道路缓冲区、分水线编号、坡度编号、岩石类型编号、断层缓冲、土地覆盖、高度、先前分水线编号、医生数量、化肥数量、水果数量、净收入、农药数量、蔬菜数量（soil_code、riverbuffer、roadbuffer、watershed_ID、gradient_code、lithology_code、faultagebuffer、landcover、elevation（m）、watershed_ID_previous、doctor、fertilizer、fruit、net-income、pestcide、vegetable）及出生缺陷率（NTD_rate）数据，在求出生缺陷率的过程中将出生人数少于 5 人的村剔除（某县原包括 326 个村，将出生人数少于 5 人的剔除后，共计剩下 270 个村的数据以供计算）。将出生缺陷率值分为 0、大于 0 小于 0.08、大于 0.08 三类，即无出生缺陷、出生缺陷率不高、出生缺陷高发。数据可在网站 http://www.sssampling.cn/201sdabook/data.html 上下载。

3. 软件使用

（1）正版 SPSS22 软件下载及购买地址：http://www-03.ibm.com/software/products/zh/spssstats-standard。

（2）在 SPSS 中打开所需 NTD 数据（图9.3）。

（3）选择决策树工具对数据进行分析（图9.4）。

（4）选择所要研究的目标变量、相关因素及所采用的算法。本次实验采用的算法为 CHAID，这种算法的优势在于它是基于 Chi-square 检验，而且具有较快的计算速度。并且它的另一特征是，在计算过程中，可以将具有相同特征的自变量合并，从而减少训练的复杂度，提高计算精度（图9.5）。

（5）选择训练样本量及验证样本量（图9.6）。

图9.3　打开 NTD 数据

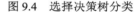

图9.4　选择决策树分类

图9.5　变量及算法选择

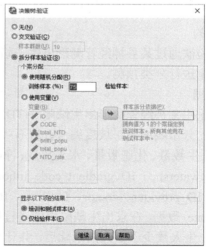

图9.6　训练样本量设置

（6）返回决策分类树参数设置窗口，点击【OK】即可得到决策分类树等输出信息。

4. 输出

输出见图 9.7～图 9.10，解释见下文(每次训练数据选取都是随机的，所以每次生成的决策树也是不同的)。

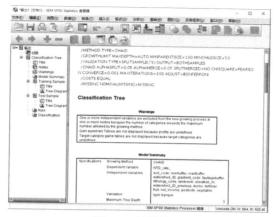

图 9.7 结果输出

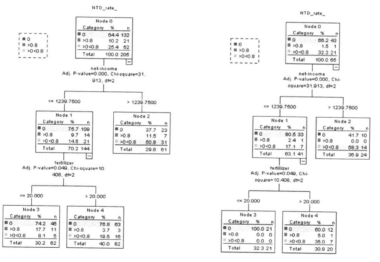

图 9.8 由训练样本生成的决策树 图 9.9 输出经测试数据验证的决策树

Classification

Sample	Observed	Predicted 0	>0.8	>0<0.8	Percent Correct
Training	0	109	0	23	82.6%
	>0.8	14	0	7	0.0%
	>0<0.8	21	0	31	59.6%
	Overall Percentage	70.2%	0.0%	29.8%	68.3%
Test	0	33	0	10	76.7%
	>0.8	1	0	0	0.0%
	>0<0.8	7	0	14	66.7%
	Overall Percentage	63.1%	0.0%	36.9%	72.3%

Growing Method: CHAID
Dependent Variable: NTD_rate_

图 9.10 分类正确率

5. 解释

通过测试数据验证，决策树分类的准确度比较理想，决策树如图 9.10 所示，由训练样本进行分类所得到的平均准确率达到 68.3%，而测试数据到达 72.3%。对于训练得出的决策树，形态属性也都与测试数据得出的结果保持高度一致。

从训练样本得出的决策树图 9.8 可以看出，收入是影响出生缺陷率最重要的因素，平均收入<1239.75 元/年，出生缺陷的发病率会比较低。在这里，不能做出高收入地区是风险地带的结论，因为这个结论并没有被验证数据所证实。而在低收入低发病率地区，对于化肥量的使用，又可以将它们分成两类。使用量低的地区，发病率高，反之亦然。

首先，对于这种结果的出现，可以有若干种假设。例如，在低收入地区中，这些地区的产煤量低，所以会出现发病率低，而对于化肥量的使用，是否可以判断出当地人的经济收入来源。对于这些假想，都可以使用其他方法，以及对当地情况的了解，做出进一步的判断。

9.2.2　案例2：用随机森林对中华按蚊适生区进行预测

1. 目的

通过随机森林模型预测全国中华按蚊适生区地理分布。

2. 数据

通过公开发表的文献获得中华按蚊出现点（图 9.11）。根据前人研究结果（Ren et al., 2016b），本案例的技术路线如图 9.12 所示，并且选择五个生物气候变量作为中华按蚊适生区分布的预测变量，分别为 BIO2（平均日较差）、BIO6（最冷月的最低温度 min temperature of coldest month）、BIO10（最热季节的平均温度）、BIO16（最湿季节的降水量）、BIO17（最干季

图 9.11　中华按蚊出现（presence）和非出现点（pseudo absence）分布

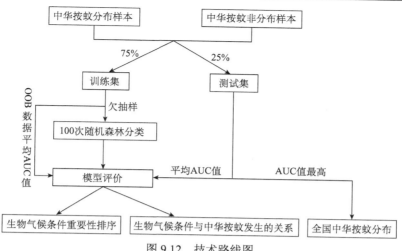

图 9.12　技术路线图

节的降水量）。生物气候变量获取网站为 http://www.worldclim.org/。所有数据都可在网站 http://www.sssampling.cn/201sdabook/data.html 上下载。

3. 软件使用

（1）下载并安装 R 软件和 R 开发环境 RStudio。R 软件下载地址：https://www.r-project.org/。RStudio 下载地址：https://www.rstudio.com/。

（2）R 软件实现代码和测试数据见数据集文件。

4. 输出

输出见图 9.13～图 9.17，解释见下文。

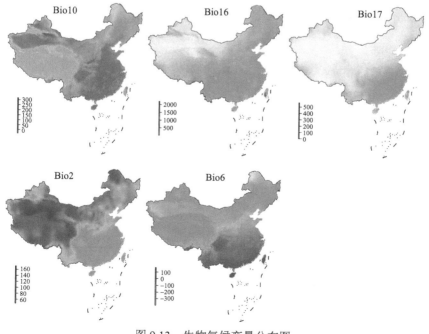

图 9.13　生物气候变量分布图

5. 解释

随机森林模型可得到分类结果、预测变量重要性评价和预测变量与响应变量的非线性关系曲线。通过测试数据验证，随机森林分类的精度较高，训练数据 AUC 和测试数据 AUC 分别达到 0.88 和 0.85（图 9.14）。预测变量重要性评价（图 9.15）结果表明，最湿季节的降水量和最冷月的最低温度是决定中华按蚊适生区在我国地理分布的主要因子。最湿季节的降水量、最冷月的最低温度及最干季节的降水量与中华按蚊的关系均存在阈值效应，峰值分别约为437mm、−5℃、57mm。当超过这一峰值后，中华按蚊的发生趋于稳定状态（图 9.16）。基于随机森林模型预测的中华按蚊适生区在我国的地理分布情况显示，中国中东部地区均为中华按蚊的适生区，最北可达辽宁省境内。通过对比模型预测结果与实际观测的中华按蚊出现点分布（图 9.11），可以看出随机森林模型能很好地刻画中华按蚊在我国的适生区分布。

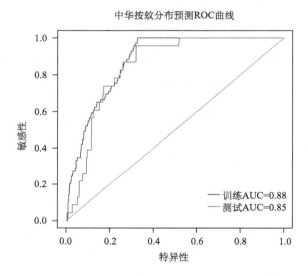

图 9.14　模型预测精度评价

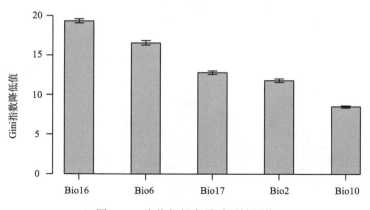

图 9.15　生物气候变量重要性评价

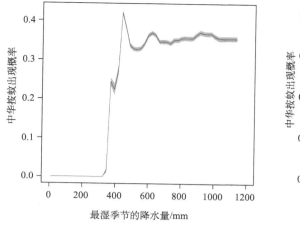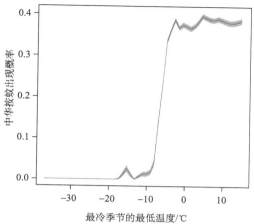

图 9.16 生物气候变量与中华按蚊出现概率响应曲线

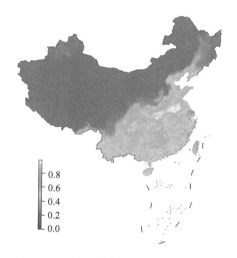

图 9.17 中华按蚊适生区地理分布图

9.3 数 学 模 型

决策树的构造算法可通过训练集 T 完成，其中，$T = \{<x, c_j>\}$，而 $x = (a_1, \cdots, a_n)$ 为一个训练实例，它有 n 个属性，分别列于属性表 $(A_1, \cdots, A_n)$ 中，其中，a_i 表示属性 A_i 的取值。$C_j \in C\{C_1, \cdots, C_m\}$ 为 X 的分类结果。算法分为以下几步：

(1) 从属性表中选择属性 A_i 作为分类属性。

(2) 若属性 A_i 的取值有 k_i 个，则将 T 划分为 k_i 个子集 $T_1, \cdots, T_k$，其中，$T_{ij} = \{<x, C>|<x, c>\} \in T$，且 X 的属性取值 A 为第 k_i 个值。

(3) 从属性表中删除属性 A_i。

(4) 对于每一个 $T_{ij}(1 \leqslant j \leqslant k_i)$，令 $T = T_{ij}$。

(5) 如果属性表非空，返回第 (1) 步，否则输出。

当用于多光谱图像分类时，决策树的精度会高于最大似然估计和神经网络，原因在于它能够处理多尺度数据，以及并不用考虑数据频率的分布情况。并且，在处理分类问题的时候，决策树的处理速度也高于神经网络。因为在训练过程中，决策树已经捕捉到数据总体的变化及特征，所以可以得到最优的分类精度。

随机森林是由很多决策树分类模型 $\{h(X, \Theta_k)$，$k=1$，$\cdots\}$ 组成的组合分类模型，且参数集 $\{\Theta_k\}$ 是独立同分布的随机向量，在给定自变量 X 下，每个决策树分类模型都有一票投票权来选择最优的分类结果。随机森林的算法构建过程如下(图9.18)。

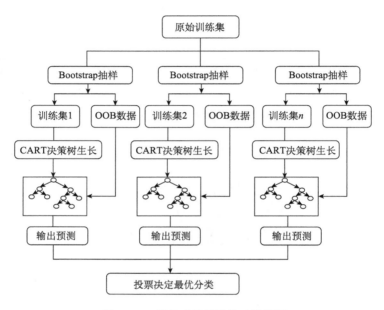

图 9.18　　随机森林算法构建流程图

(1) 利用 Bootstrap 抽样从原始训练集 N_t 个样本中抽取 N 个样本形成训练集。

(2) 对于每一棵 CART 决策树的每一个节点，从 M 个原始预测变量中随机选择 m 个特征，根据这 m 个特征，采用 Gini 不纯度分割标准计算其最佳的分裂方式。

(3) 每棵树完整成长而不进行剪枝。

(4) 采用 Bootstrap 抽样未抽到的样本(OOB 数据)作预测，评估单棵树的误差。

(5) 根据单棵树的生成方法，依次生成 K 棵树，每棵树均会对其 OOB 数据给出一个预测结果。

(6) 根据 K 棵树的分类结果对每个 OOB 数据采用简单多数投票法来决定其最终分类。然后，根据 OOB 数据的分类结果来评估随机森林分类模型的误差。

随机森林结合了决策树和集成学习算法的优点，通过随机生成多个决策树和随机选择特征，从而提高模型预测精度，避免单棵决策树模型分类精度低、稳定性差的问题。通过案例研究，采用随机森林模型可获得较高的预测精度，预测结果与实际观测数据一致性高。随机森林模型可在分类、评价预测变量重要性及探索预测变量与响应变量的非线性关系方面，发挥重要作用。

第10章 贝叶斯网络推理

10.1 原 理

贝叶斯网络(Bayesian networks，BN)是用来表示变量间连接概率的图形模式，发现数据间潜在的相互关系。它用概率权重来描述数据间的相关性；用图形的方法描述数据间的相互关系，直观便于理解，且有助于利用数据间的因果关系进行预测分析。贝叶斯网络独特的不确定性知识表达形式、丰富的概率表达能力、综合先验知识的增量学习特性，综合了领域知识和数据信息，通过概率推理实现事件发生的预测功能，使其在天气预报、生态建模、疾病诊断等方面得到了广泛的应用。

贝叶斯分类器指的是基于贝叶斯网络所建构的分类器。贝叶斯网络是描述数据变量之间关系的图形模型，是一个带有概率注释的有向无环图。贝叶斯网络 $G = <S, P>$ 由网络的拓扑结构 S 和局部概率分布的集合 P 两部分组成，S 是一个有向无环图DAG，P 代表用于量化网络的一组参数。

建立贝叶斯网络分类器可以分为两个子阶段：网络拓扑学习即有向非循环图的学习(简称结构学习)，利用贝叶斯网络的学习算法，从实例数据建立所有属性变量和类变量构成的贝叶斯网络结构；网络中每个变量的局部条件概率分布的学习(简称参数学习)，采用贝叶斯网络的推理算法，计算给定属性变量的值时，类变量的最大后验概率(李连发和王劲峰，2014)。

根据对特征值间不同关联程度的假设，可以得出各种贝叶斯分类器。本章介绍NB(naive Bayes)分类器。NB分类器假定各特征变量 x 是相对独立的，虽然这种条件独立的假设在许多应用领域未必能很好满足，但这种简化的贝叶斯分类器在许多实际应用中还是得到了较好的分类精度，最重要的是该方法极大地简化了训练过程。流程见图 10.1。

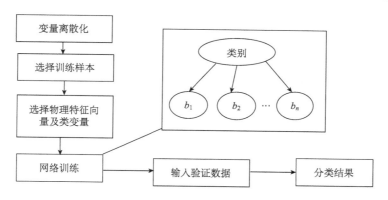

图 10.1 实验步骤示意(b 表示样本)

10.2　案　　例

10.2.1　目的

本实验通过某县神经管畸形出生缺陷(NTD)数据构造贝叶斯网络,对出生缺陷率进行预测分析。

10.2.2　数据

数据采用某县神经管畸形出生缺陷(NTD)影响因子或其代理变量数据,包括土壤类型、河流缓冲区、道路缓冲区、流域、坡度编号、岩石类型、断层缓冲、土地覆盖、高度、流域、医生数量、化肥数量、水果数量、净收入、农药数量、蔬菜数量(soil_code、riverbuffer、roadbuffer、watershed_ID 、 gradient_code 、 lithology_code 、 faultagebuffer 、 landcover 、 elevation 、 watershed_ID_previous、doctor、fertilizer、fruit、net-income、pestcide、vegetable)及出生缺陷率(NTD_rate)数据,在求出生缺陷率的过程中将出生人数少于 5 人的村剔除,这样一共有 270 条数据。使用 200 条样本数据用于训练,70 条样本数据用于测试。

数据可在网站 http://www.sssampling.cn/201sdabook/main.html 上下载。

10.2.3　软件操作

(1)软件 BN software,可在网站 http://www.sssampling.cn/201sdabook/main.html 下载(本软件为 Dr. Jie Cheng 在 Alberta 大学博士后期间开发,因其现已离开 Alberta 大学,任职于 Bayer HealthCare,原大学官网下载链接已不可用。经与原作者 Dr. Jie Cheng 沟通后,其已同意将该软件重新公开分享于读者使用)。该软件包括 Data PreProcessor、PowerConstructor 和 PowerPredictor 三部分。

(2)数据预处理,首先将数据存入 Access 数据库(图 10.2~图 10.5)。

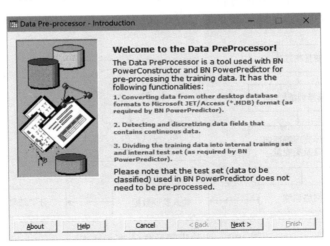

图 10.2　数据处理向导

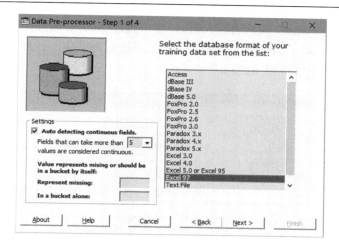

图 10.3　选择 Excel 文件类型

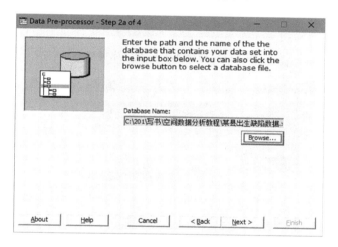

图 10.4　选择文件所在地址

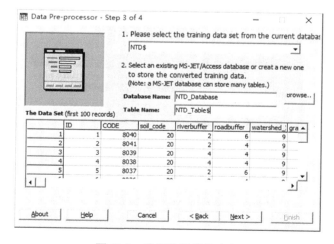

图 10.5　确定数据库及表名

(3) 数据存入指定 Access 库后返回在第(1)步中选择 Access 数据库类型，并对其中指定数据进行离散化处理。对于贝叶斯网络而言，如果不进行离散化，计算量将变得十分庞大，数据处理效率低下(图 10.6～图 10.8)。

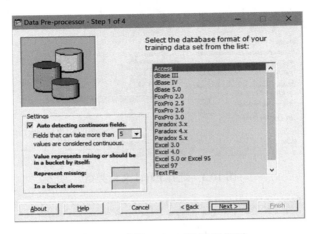

图 10.6　选择 Access 数据库类型

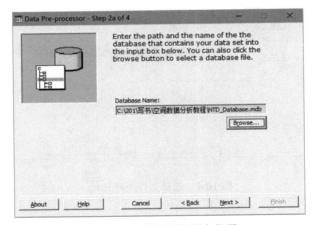

图 10.7　指定数据库所在位置

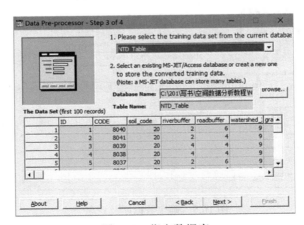

图 10.8　指定数据库

(4)对数据中非离散型变量进行等频离散(对于本次数据,应用熵离散无法得到正常离散化结果,所有被离散变量结果均为问号,无法通过数据类型转换解决。应用等频离散方法,结果正常)。勾选部分为需要进行离散化的连续性变量(elevation、doctor、fertilizer、fruit、net-income、pestcide、vegetable、NTD_rate)。总 NTD_rate 为类别变量(图 10.9)。

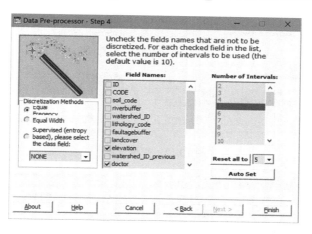

图 10.9　变量离散化

(5)在 Access 数据库中将处理后的数据分成用于训练与验证两部分,本实验中选取 200 条数据用于网络训练,70 条数据用于验证(图 10.10)。

(6)点击进入 Belief Network PowerPredictor 模块,选择使用数据学习网络分类器,并选择数据库所在位置(图 10.11)。

(7)选择用于训练的表格及分类变量,反选 ID、CODE、total_NTD、brith_popu、total_popu、NTD_rate、elevation 等已由离散化的变量代替,不需参与构建网络的变量,进行网络分类器生成(图 10.12～图 10.15)。

图 10.10　Access 数据库中将数据分类

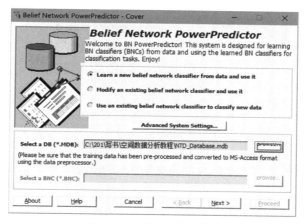

图 10.11　学习网络分类器

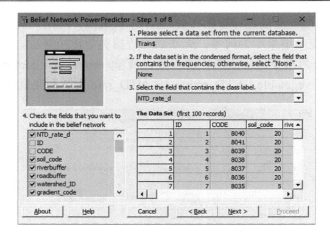

图 10.12　变量设置

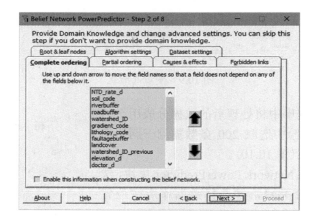

图 10.13　高级设置

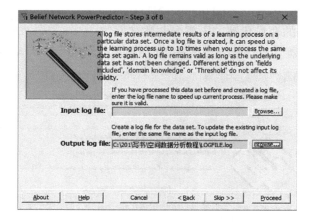

图 10.14　log 文件输入输出设置

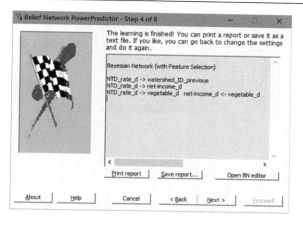

图 10.15 结果输出

(8)保存网络分类器,用于分类(图 10.16)。

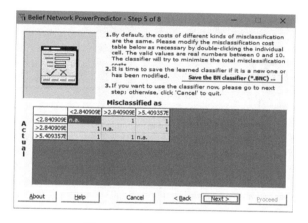

图 10.16 保存网络分类器

(9)验证贝叶斯网络分类器,首先选择数据库中用于验证的数据(图 10.17 和图 10.18)。

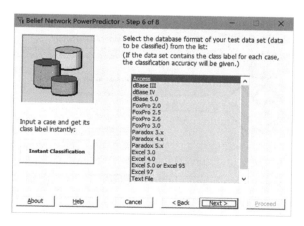

图 10.17 选择使用 Access 数据库

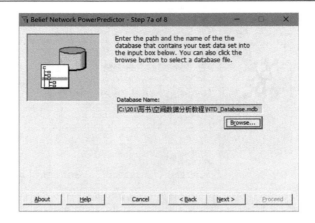

图 10.18　选择数据库所在位置

(10)选择用于验证数据所在表及分类变量，设置分类结果输出地址(图 10.19)。

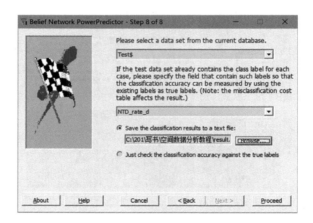

图 10.19　分类结果验证

(11)对于尚待分类数据可用生成的贝叶斯网络分类器进行分类(图 10.20)。

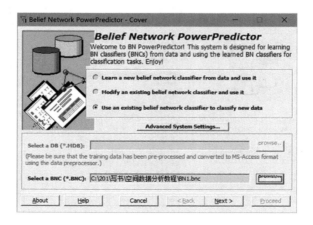

图 10.20　进行贝叶斯分类

10.2.4　输出

贝叶斯网络分类器及验证结果输出如图 10.21 和图 10.22 所示。

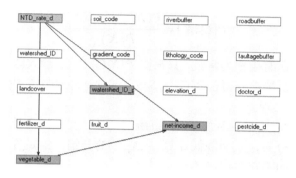

图 10.21　贝叶斯网络分类器

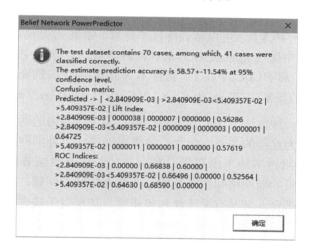

图 10.22　验证结果输出

10.2.5　解释

由图 10.21 可见，NTD 的发病率与先前的流域、净收入和蔬菜数量有关，与其他变量无关，同时净收入又受蔬菜数量的影响。由图 10.22 可知，在有 70 个村的验证数据中，41 个村得到正确分类。在 95%的置信区间内，分类正确率为 58.57%±11.54%。

10.3　数　学　模　型

朴素贝叶斯分类器将训练样本 I 分解成特征向量 X 和决策类别变量 C。假定一个特征向量的各分量相对于决策变量是独立的，即各分量独立地作用于决策变量。朴素贝叶斯分类的工作过程如下。

(1) 用 n 维特征向量 $X = \{x_1, \cdots, x_n\}$ 表示每个数据样本，描述该样本的 n 个属性 $A_1, \cdots, A_n$。

(2) 假定数据样本可以分为 m 个类 $C_1, \cdots, C_m$。给定一个未知类别标号的朴素贝叶斯分类

将其分类到类 C_i，当且仅当

$$P(C_i|X) > P(C_j|X) \qquad 1 \leqslant j \leqslant m, j \neq i$$

$P(C_i|X)$ 最大的类 C_i 称为最大后验假定。

$$P(C_i|X) = \frac{P(X|C_i)P(C_i)}{P(X)}$$

(3) 由于 $P(X)$ 对于所有类都为常数，只需要 $P(X|C_i)P(C_i)$ 最大即可。类 C_i 的先验概率可从经验求得，也可从训练数据获得，$P(C_i) = S_i/S$。式中，S_i 为类 C_i 中的训练样本数；S 为训练样本总数。

(4) 当数据集的属性较多时，计算 $P(X|C_i)$ 所消耗的计算资源可能非常大。如果假定类条件独立，可以简化联合分布，从而降低计算 $P(X|C_i)$ 的开销。给定样本的类标号，若属性值相互条件独立，即属性间不存在依赖关系，则有

$$P(X|C_i) = \prod_{k=1}^{n} P(X_k|C_i)$$

式中，概率 $P(X_1|C_i), \cdots, P(X_n|C_i)$ 可以从训练样本计算。如果 A_k 是离散值属性，则 $P(X_k|C_i) = S_{ik}/S$。其中，S_{ik} 是类 C_i 中属性 A_k 的值为 X_k 的训练样本数；S_i 是 C_i 中的样本数。

(5) 对每个类 C_i，计算 $P(X|C_i)P(C_i)$。把样本 X 指派到类 C_i 的充分必要条件是

$$P(C_i|X)P(C_i) > P(C_j|X)P(C_j) \qquad 1 \leqslant j \leqslant m, j \neq i$$

贝叶斯网络不仅是一种估计方法，它更是一种具备学习能力的网络结构。它擅长于将复杂关系精简化，找出最为直接的关系。作为一种概率网络，贝叶斯网络可以更加清楚地表达变量之间的关系，而不用过多地考虑科学、数理及功能性上的细节问题。李连发和王劲峰 (2014) 在其研究中，将贝叶斯网络和空间分析结合来评估风险问题，并指出贝叶斯网络可以作为将多元数据整合的平台，其具有灵活性和鲁棒性，甚至对于缺失数据的情况，都可做出较好地处理。

第11章 深度学习

11.1 原　　理

深度学习模型由 Hinton 和 Salakhutdinov(2006)首次提出，其被认为是传统神经网络的升级和发展，但与传统神经网络有着本质区别。深度学习通过多个隐含层的深度结构，把输入数据通过一些简单的非线性模型转变为更高层次和更抽象的表达，克服了过拟合和收敛慢等问题(Lecun et al., 2015)。

深度学习模型的体系结构采用简单模块的多层栈形式，大部分甚至所有模块的目标是学习，辅之多个计算非线性输入输出的映射。具体而言，深度学习模型与神经网络模型一样也由输入层、隐含层和输出层组成。图 11.1 是一个具有 3 个隐含层的深度学习分层结构示意图，相邻的输入层与第一个隐含层、相邻的隐含层及最后一个隐含层和输出层之间的节点完全连接，但在同一输入层、隐含层及输出层的节点之间互相不连接。传统的反向传播算法(back propagation, BP)模型采用迭代算法训练整个网络，然后根据输出与已知标签的差值调整各层参数，直至收敛，使用梯度下降算法优化整个分层结构。采用 BP 算法的多层神经网络模型多出现过拟合和计算效率低下的问题，而深度学习模型有效克服了以上两个问题。Hinton 和 Salakhutdinov(2006)提出的深度学习模型采用唤醒-睡眠(wake-sleep)算法来克服传统神经网络中存在的两个问题，唤醒-睡眠算法具体包含两个过程：第一过程——唤醒阶段，即认知过程，通过外界特征和向上权重(认知权重)产生每一层的抽象表示，同时使用梯度下降算法调整层间权重(生成权重)；第二过程——睡眠阶段，即生成过程，通过顶层表示(唤醒时学习所得)和向下权重，生成底层状态，同时调整层间向前权重。

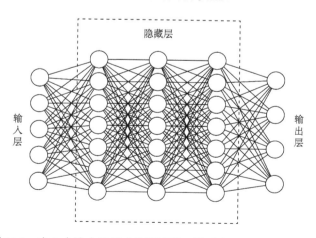

图 11.1　由 3 个隐含层组成的深度学习模型多层系统结构示意图

深度学习的具体训练过程可以分为两个阶段：第一阶段，顺向无监督学习，初步确定各层权重参数。从输入层开始，通过非监督学习对无标签数据或有标签数据由下而上逐层训练权重参数,实现特征初步学习和提取。非监督学习时,先用无标签数据训练输入层,获得输入层参数,再通过编码算法(如自编码或稀疏编码算法)得到输入数据的结构特征。重复以上过程,得到第 n–1 层的权重参数后,将 n–1 层的输出作为第 n 层的输入,再训练第 n 层,由此得到各层的权重参数。第二阶段,有监督逆向学习,调优各层参数。从输出层的带标签数据向下逆向有监督学习,通过误差逆向传输对整个网络权重参数调优。第一步的非监督学习过程类似于传统神经网络的随机初始化过程,这个初值更接近全局最优,从而能够取得更好的效果,这也是深度学习效果优于传统神经网络训练结果的原因之一。

很多深度学习模型都采用了前馈式神经网络结构,通过学习实现了由一个固定大小的输入数据到固定大小输出的映射,由前向后,先计算前一层中各神经元输入数据的权值和,而后把这一权值和通过一个非线性激活函数计算后再传递给下一层神经元。非线性激活函数对深度学习的效能具有关键意义,两个非线性激活函数 $\tanh(x)$ 和 $\text{sigmoid}(x)$ 在过去几十年中的应用一直非常广泛,但近年来出现了一个新的非线性激活函数:线性限制单元函数(rectified linear unit, ReLU),其函数形式如下:

$$f(x) = \max(x, 0) \tag{11.1}$$

线性限制单元函数大大提高了深度学习模型的学习效率,也可以让深度学习网络直接进行有监督学习,并达到提前无监督预训练后再有监督学习调优的学习效果。限于篇幅要求,关于深度学习的详细数学模型在此不再赘述。

目前,实现深度学习模型的主流软件或程序主要有谷歌公司发布的 TensorFlow、加州大学伯克利分校开发的 Caffe、蒙特利尔理工学院开发的 Python 深度学习库 Theano,以及由其派生出的 Blocks 和 Keras 软件包。TensorFlow 支持 C++和 Python 两类编程语言,Caffe 是纯粹的 C++/CUDA 架构,支持命令行、Python 和 Matlab 编程接口,Theano 及派生的 Blocks 和 Keras 是 Python 开发的深度学习第三方软件库,可通过 Python 编程语言实现深度学习模型。以上三个主流的深度学习软件均可在 CPU 和 GPU 上无缝切换。

11.2　案　　例

本节将应用深度学习模型研究中国人口分布、GDP 分布和地形三个因素对 $PM_{2.5}$ 污染的影响。

11.2.1　数据说明

本实例研究区域范围为中国大陆,数据主要有两类:一类是 $PM_{2.5}$ 年度浓度遥感产品数据,下载自加拿大达尔豪斯大学大气物理科学系 2016 年最新发布的全球大陆 $PM_{2.5}$ 年均浓度遥感数据产品(van Donkelaar et al., 2016),空间分辨率为 0.1°×0.1°,并将其裁剪为覆盖中国大陆全境范围,经纬度范围是 73.3768082°E～135.1711502°E,18.1028442°N～53.5995941°N。另一类为影响因子数据,主要有:2010 年中国人口密度分布数据,引自于美国哥伦比亚大学社会经济数据与应用中心发布的 UN-Adjust Population Density,v4(2000,2005,2010)(CIESIN, 2016),人口密度数据,该数据空间分辨率为 30"×30",约等于 1km×1km,单位是人/km²,还有中国 GDP 密度空间分布网格数据和中国海拔(DEM)空间分布数据,其均来自中国科学院资源环境科学数据中心(http://www.resdc.cn)。所有数据均可在 http://www.sssampling. cn/201sdabook/ data.html 上下载。

11.2.2 深度学习模型构建

（1）模型结构。以中心像元及若干阶周边邻近像元的人口密度、GDP 密度和高程为输入层神经元，输出层是输入层中心像元对应的 PM$_{2.5}$ 年均浓度值，中间包含若干隐含层，如图 11.2 所示。

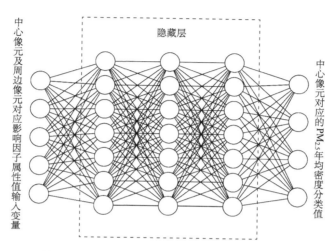

图 11.2　中国 PM$_{2.5}$ 污染与人口、GDP 和地形等因素分析深度模型（三层隐含层为例）示意图

（2）模型参数设定。首先，提取中心像元及周边 10 阶"Queen"模式邻近像元的人口密度、GDP 密度和地形高程值等三项因素属性值，并对其进行归一化处理。然后，提取中心像元的 PM$_{2.5}$ 年均浓度值，作为解释变量，并将其进行分类，具体分为 11 级，对应的浓度值分别为 1～10、10～20、20～30、30～40、40～50、50～60、60～70、70～80、80～90、90～100 和大于 100 µg / m^3 等 11 个区间，并将分类代码作为输出层的标签。按照以上参数设定，则每个中心像元具有 363 个属性变量和 1 个 PM$_{2.5}$ 年均浓度分类标签，在中国大陆区域共有约 960 万个公里级格网像元，从中随机获取 480 万个像元作为深度学习训练样本数据集。如果通过深度学习模型训练学习，能实现通过输入端的人口、GDP 和地形等因子高精度拟合出输出端的 PM$_{2.5}$ 年均浓度值，则可以表明，输入端的人口、GDP 和地形等三项影响因素可以拟合计算出输出端的 PM$_{2.5}$ 年均浓度分类，则进一步可以认为输出端的 PM$_{2.5}$ 年均浓度与输入端的人口、GDP 和地形等三项影响因素具有一定的影响函数关系。

另外，本实例所构建的深度学习模型共包含 10 个隐含层，每层隐含层的神经元设定为 512 个，初始化函数采用均匀分布概率函数，激活函数采用限制线性单元 ReLU（Rectified Linear Units,ReLU）（http://proceedings.mlr.press/v15/glorot11a/glorot11a.pdf）,Dropout 率定为 25%，学习效率参数设定为 0.01。

（3）数据组织结构。数据文件格式一般多用 .csv 格式，数据组织结构一般采用矩阵形式，行代表抽取的中心像元编号，列代表中心像元对应的属性变量归一化值及 PM$_{2.5}$ 年均浓度归一化值。数据矩阵中的第一行和第一列均为编码表头，不是变量数值，最后一列为中心像元对应的 PM$_{2.5}$ 年均浓度归一化值。具体到本实例而言，因为每个中心像元具有 363 个属性变量，所以，数据矩阵共有的列数为 1（中心像元编号）+363（对应 363 个属性变量）+1（PM$_{2.5}$ 年均浓度变量)列，除了行表头外，行数与抽取到的中心像元数相等。

11.2.3 程序实例

程序实例是基于 Python 语言编写的，Python 版本为 2.7，使用到的第三方库主要是 keras(https://keras.io/)。为便于程序运行，可安装 Python 的集成开发工具，如 Anaconda(https://www.anaconda.com)。首先，安装 Anaconda For Python 2.7 version。然后，在 Anaconda Prompt 中输入"pip install keras==1.2.2"命令，来安装 Keras 库。最后，设置 Keras 库的 backend 为 theano。

###输入 Keras 有关模块。

```
%pylab inline

import copy

import numpy as np
import pandas as pd
import matplotlib.pyplot as plt

from keras.datasets import mnist
from keras.datasets import imdb, reuters
from keras.models import Sequential
from keras.layers.core import Dense, Dropout, Activation, Flatten
from keras.optimizers import SGD, RMSprop
from keras.utils import np_utils
from keras.regularizers import l2
from keras.layers.convolutional import Convolution1D, MaxPooling1D, ZeroPadding1D, AveragePooling1D
from keras.callbacks import EarlyStopping
from keras.layers.normalization import BatchNormalization
from keras.preprocessing import sequence
from keras.layers.embeddings import Embedding

print 'It is ok'

Using Theano backend.
Using gpu device 0: GeForce 610M (CNMeM is enabled with initial size: 85.0% of memory, cuDNN not available)

Populating the interactive namespace from numpy and matplotlib
It is ok
```

###读取学习样本文件。

```
import time
start=time.time()
df=pd.read_csv('D:\\DL_TrainingCA.csv')
CA=np.array(df)
end=time.time()
print 'It is OK!'
print end-start

It is OK!
23.8410000801
```

###预处理输入端神经元数据。

```
AtrN=int(CA.shape[1])-1   # 元胞属性个数

RangeDim=10 # LST级别类别

X_train=CA[0:50000,1:AtrN]    #第0列是序号，因此要去掉，从1: 开始
X_test=CA[50001:60000,1:AtrN]
ymax=(CA[0:50000,-1]*100).max()
y_train=((CA[0:50000,-1]*100)/(ymax/RangeDim)).round(0)
y_test=((CA[50001:60000,-1]*100)/(ymax/RangeDim)).round(0)

ClassOutDim=RangeDim+1
Y_train = np_utils.to_categorical(y_train, ClassOutDim)# 从0开始算起，因此要+1
Y_test = np_utils.to_categorical(y_test, ClassOutDim)
print 'It is OK!'

It is OK!
```

###构建深度学习网络模型。

```
outdim=512
dropratio=0.25

model = Sequential()

model.add(Dense(outdim, input_shape=(AtrN-1,), init="uniform"))
model.add(Activation("relu"))
model.add(Dropout(dropratio))

model.add(Dense(outdim, init="uniform"))
model.add(Activation("relu"))
model.add(Dropout(dropratio))

model.add(Dense(outdim, init="uniform"))
model.add(Activation("relu"))
model.add(Dropout(dropratio))

model.add(Dense(outdim, init="uniform"))
model.add(Activation("relu"))
model.add(Dropout(dropratio))

model.add(Dense(outdim, init="uniform"))
model.add(Activation("relu"))
model.add(Dropout(dropratio))

model.add(Dense(outdim, init="uniform"))
model.add(Activation("relu"))
model.add(Dropout(dropratio))

model.add(Dense(ClassOutDim))
model.add(Activation('softmax'))
print 'It is OK!'
```
```
It is OK!
```
```
sgd = SGD(lr = 0.01, momentum = 0.9, nesterov = True)
model.compile(loss='categorical_crossentropy',optimizer=sgd,metrics=["accuracy"])
print 'It is OK!'
```
```
It is OK!
```

###开始训练样本(以训练 50 轮为例)。

###当训练精度达到稳定时，即可停止训练，如本实例的训练精度稳定在 80%左右。

```
model.fit(X_train, Y_train, batch_size=32, nb_epoch=50,
          verbose=1, validation_split=0.1)
```
```
Train on 45000 samples, validate on 5000 samples
Epoch 1/50
45000/45000 [==============================] - 44s - loss: 0.4488 - acc: 0.8249 - val_loss: 0.6109 - val_acc: 0.7870
Epoch 2/50
45000/45000 [==============================] - 46s - loss: 0.4525 - acc: 0.8258 - val_loss: 0.6010 - val_acc: 0.7888
Epoch 3/50
45000/45000 [==============================] - 52s - loss: 0.4536 - acc: 0.8236 - val_loss: 0.6098 - val_acc: 0.7836
Epoch 4/50
45000/45000 [==============================] - 49s - loss: 0.4511 - acc: 0.8243 - val_loss: 0.6022 - val_acc: 0.7922
Epoch 5/50
45000/45000 [==============================] - 49s - loss: 0.4514 - acc: 0.8242 - val_loss: 0.5884 - val_acc: 0.7956
```

###保存模型。

```
###保存模型，模型保存为h5文件格式
model.save('my_model.h5')
```

11.2.4　计算结果展示

本实例所构建的深度学习模型经过 1000 轮训练之后，计算精度趋于稳定，在最后的 50 轮训练中，学习精度处在 82.23%～79.72%，平均精度达到 80.31%，说明该深度模型输入层的人口密度、GDP 密度和地形高程等三项因素对输出层的 $PM_{2.5}$ 年均浓度平均具有 80.31%的解释度。表 11.1 列出了学习完成后的深度模型对 10000 个未参加训练数据的分类混淆矩阵，统计计算表明，其总体模拟精度为 80.16%(95%CI：79.36%～80.94%)，Kappa 系数为 76.68%。另外，从表 11.1 可看出，虽然若干像元点的 $PM_{2.5}$ 年均浓度分类存在偏差，但是都分布在真值附近，也就是混淆矩阵中的数值都集中在对角带中。

表 11.1　深度学习模型对随机抽取的未参加训练的 10000 个像元的 PM$_{2.5}$ 年均浓度分类混淆矩阵

	1~10	10~20	20~30	30~40	40~50	50~60	60~70	70~80	80~90	90~100	>100
1~10	1800	331	91	6	1	0	0	0	0	0	0
10~20	39	808	89	9	12	0	0	0	0	0	0
20~30	24	72	1942	107	20	6	1	2	0	0	0
30~40	7	3	130	905	93	15	1	1	0	0	0
40~50	1	4	59	149	1274	77	13	10	5	0	0
50~60	0	0	1	2	45	252	26	11	7	0	0
60~70	0	0	0	1	10	78	290	38	7	0	0
70~80	0	1	16	2	2	12	53	315	128	9	0
80~90	0	1	1	2	2	6	8	56	351	41	0
90~100	0	0	0	0	0	0	3	0	26	71	5
>100	0	0	0	0	0	1	0	0	1	4	7

　　图 11.3（a）是利用学习完成后的深度学习模型由人口密度、GDP 密度和地形高程等 3 个影响因素估算的 2010 年中国 PM$_{2.5}$ 年均浓度分布图，图 11.3（b）是真实的 2010 年中国 PM$_{2.5}$ 年均浓度分布图。比较估算图和真实图可知，通过深度学习模型由 3 个影响因素估算的 2010 年中国 PM$_{2.5}$ 年均浓度分布图与真实分布图非常接近，只是个别地方有些偏差，如青藏高原、新疆塔里木盆地西部、华北平原的一些点状区域等，除此之外，模拟分布和真实分布几乎完全一致。

　　通过深度学习模型计算，可以得知：中国 PM$_{2.5}$ 污染分布可以由人口密度、GDP 密度和地形高程等 3 个影响因素通过深度学习模型构建的函数以 80.31%的精度计算而得，由此充分说明，中国 PM$_{2.5}$ 污染与人口密度、GDP 密度及地形高程 3 个要素具有高度相关关系。

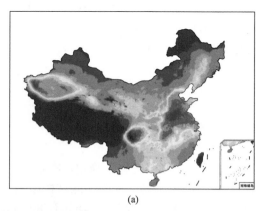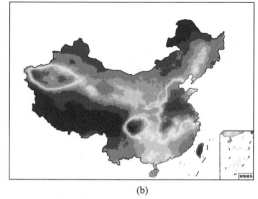

(a)　　　　　　　　　　　　　　　　(b)

图 11.3　利用深度学习模型由人口密度、GDP 密度和地形高程等 3 个影响因素估算的 2010 年中国 PM$_{2.5}$ 年均浓度分布图（a）和 2010 年中国 PM$_{2.5}$ 年均浓度真实分布图（b）

第12章 粗 糙 集

12.1 原 理

粗糙集是对粗糙数据集进行分类，建立规则和进行预测的一套方法。

现实世界中的信息经常可以用一个二维表格来表示，它的每一行代表着现实世界中的一个空间实体，如一个村落、一个国家或者一条河流等，每一列都代表着空间实体的某种信息(属性)，如面积、周长、人口、GDP 等，所有的这些属性就成为属性集(A)。而且通常将所有要研究的对象放在一起，这样就构成了一个集合 U，这个集合也称作论域，也就是说，信息表有多少行，那么论域就包含多少个对象。

另外，从认知科学的角度来看，在某种程度上可以认为，知识就是将对象进行分类的能力。那么，究竟如何判断两个对象是否可以区分呢？在经典粗糙集理论中，如果两个对象的所有属性值都相等，那么，两个对象就是不可区分的，所有和某个对象 x 满足不可区分关系的元素构成一个等价类$[x]_A$。

然而，并不是任何一个对象都能被当前所掌握的信息所完全描述，而且由于各种原因，信息表中各个属性值可能也存在误差，这样就会造成现有信息无法对目标对象完全分类。例如，图 12.1 中的 X 这个对象集合，可能代表着某一类现象，通过现有属性对论域进行了划分。但是，X 不仅完全包含了一些等价类(下近似)，还有一些等价类和 X 相交但不被包含(边界区)，

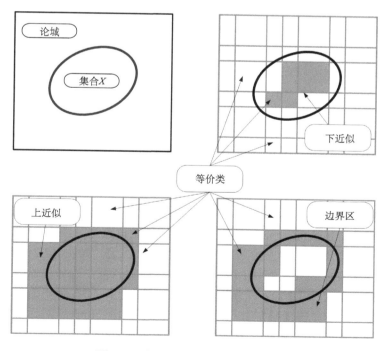

图 12.1 粗糙集的上下近似和边界区

这两者都可以对 X 进行描述（上近似）。粗糙集就是使用被描述对象完全包含和相交不为空的等价类来对其进行定义的，是对经典集合论的拓展。更为形式化的定义如下。

对于信息系统 $S=(U,A)$，假设样本 $X\subseteq U$ 总体，而且变量 $B\subseteq A$ 属性。可以通过属性集 B 构造 X 的上下近似来对 X 进行近似描述，下上近似分别记为 $\underline{B}X=\{x\,|\,[x]_B\subseteq X\}$ 和 $\overline{B}X=\{x\,|\,[x]_B\bigcap X\neq\varnothing\}$。下近似就是根据属性集 B，所有确定属于 X 的元素所构成的集合，而上近似是根据属性集 B，那些可能属于 X 的元素所构成的集合。$BN_B(X)=\overline{B}X-\underline{B}X$ 被称为 X 的 B 边界，它包含了所有不能确定是否必然属于 A 的那些元素。

12.2　案　　例

12.2.1　目的

本实验欲通过某县神经管畸形出生缺陷（NTD）数据训练生成粗糙集规则，并通过该规则对出生缺陷率进行分类预测。

12.2.2　数据

数据采用某县神经管畸形出生缺陷（NTD）影响因子或其代理变量数据，包括土壤类型、河流缓冲区、道路缓冲区、分水线编号、坡度编号、岩石类型编号、断层缓冲、土地覆盖、高度、先前分水线编号、医生数量、化肥数量、水果数量、净收入、农药数量、蔬菜数量（soil_code、riverbuffer、roadbuffer、watershed_ID、gradient_code、lithology_code、faultagebuffer、landcover、elevation（m）、watershed_ID_previous、doctor、fertilizer、fruit、net-income、pestcide、vegetable）及出生缺陷率（NTD_rate）数据，在求出生缺陷率的过程中将出生人数少于 5 人的村剔除（某县原包括 326 个村，将出生人数少于 5 人的剔除后，共计剩下 270 个村的数据以供计算）。本实验使用 200 条样本数据用于训练，70 条样本数据用于测试，分别放于两个不同的 Excel Sheet 中。所有数据可以在网站 http://www.sssampling.cn/201sdabook/main.html 上下载。

12.2.3　软件使用

（1）本实验使用的软件为 Rosetta 1.0.00.1，软件下载地址为 http://www.sssampling.org/201sdabook/main.html（对于官网可以下载的最新版本不支持 Window 7 64 位系统，本实验采用无需安装的早期版本，反而可以使用。若对最新版本感兴趣，可以参见 http://www.lcb.uu.se/tools/rosetta/index.php）。

（2）导入数据到 Rosetta。需要将 Excel 格式的数据导入 Rosetta 软件中，这样 Rosetta 才能对其处理。①双击 "Rosetta.exe" 打开 Rosetta 软件，再点击 □ 图标新建一个项目。②在 "Structures" 中单击右键，在弹出的菜单中选择【ODBC…】，如图 12.2 所示。③在弹出的对话框中单击【Open database…】（图 12.3），在弹出的对话框中选择机器数据源，并在列表框中选择【Excel Files】，如图 12.4 所示，然后单击【确定】。④在弹出的对话框中选择存放数据的 Excel 文件，然后单击【确定】，回到 Rosetta 的 ODBC import 对话框，选择存放训练数据的 Excel Sheet，如图 12.5 所示，可以看到已经读入了这个文件，并且只选择需要离散化的属性，最后单击【OK】，这样就把数据导入了 Rosetta 项目中。打开后的状态如图 12.6 所示，可以通过双击 **D** 对数据进行浏览。

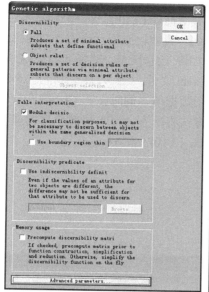

图 12.2　Rosetta 导入数据

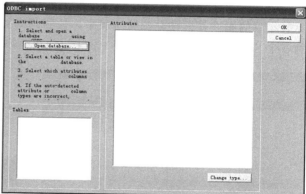

图 12.3　Rosetta ODBC 对话框

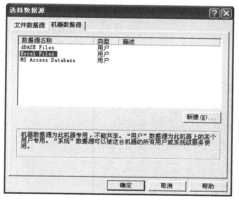

图 12.4　ODBC 源的选择

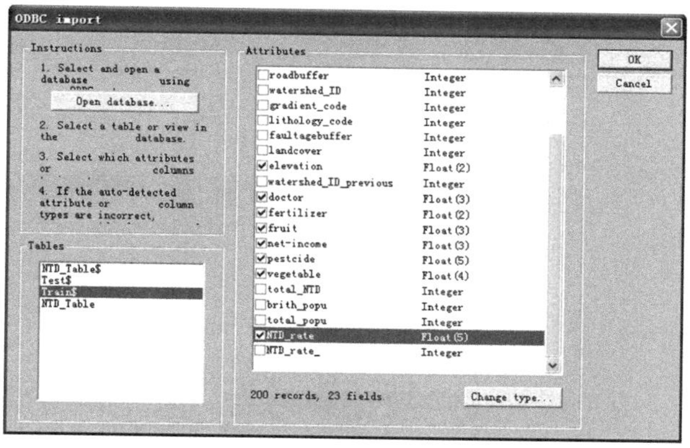

图 12.5　Rosetta 选择 Excel 的表和属性

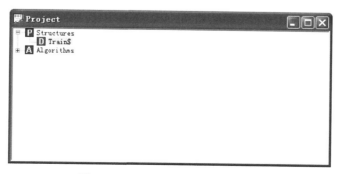

图 12.6　Rosetta 打开数据后的效果

(3)数据的离散化。这一步需要对数据进行离散化，对数据进行更高层次上的抽象。在D上单击右键，移动鼠标到 Discretize(离散化)上，然后在弹出的菜单上单击【Equal frequency binning...】(图 12.7)，弹出 Equal frequency binning 算法对话框(图 12.8)。选择 Discretize and save cuts，并且输入保存 cuts 的路径和文件名，点击【OK】。离散化完毕后点击 NTD$旁边的“+”，然后双击 D NTD$, discretized，打开离散化后的表，如图 12.9 所示。选择 doctor 这一列，选中后这一列会变黑，同时按下 Ctrl 和 c 键，在刚才的 Excel 文件中将 NTD 复制为一个新的 Sheet，再在这个新的 Sheet 中选中 doctor 这一列的第一个数据值，同时按下 Ctrl 键和 v 键。这样离散化后的属性就被粘贴到这个表中。按照同样的方式将所有 MLD 离散化后的属性都拷贝到这个 Sheet 中。这样就生成了离散化后的决策表(图 12.10)。

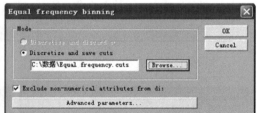

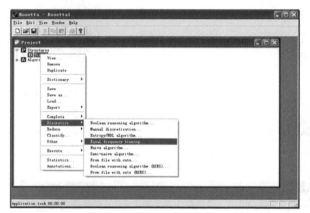

图 12.7　离散化菜单

图 12.8　离散化选项对话框

Train$, discretized

	elevation	doctor	fertilizer	fruit	net-income	pestcide	vegetable
1	[1304.46, 1412	[0.938, 1.188)	[15.05, 36.52)	[0.007, 0.475)	[1222.060, *)	[*, 0.05009)	[*, 16.7500)
2	[*, 1304.46)	[*, 0.938)	[36.52, *)	[0.007, 0.475)	[1222.060, *)	[0.05009, 0.19	[16.7500, 41.0
3	[*, 1304.46)	[*, 0.938)	[36.52, *)	[0.007, 0.475)	[1222.060, *)	[0.05009, 0.19	[*, 16.7500)
4	[*, 1304.46)	[0.938, 1.188)	[36.52, *)	[*, 0.007)	[1035.130, 122	[0.05009, 0.19	[*, 16.7500)
5	[*, 1304.46)	[0.938, 1.188)	[15.05, 36.52)	[0.007, 0.475)	[1035.130, 122	[0.19334, *)	[16.7500, 41.0
6	[*, 1304.46)	[1.188, *)	[15.05, 36.52)	[0.007, 0.475)	[1222.060, *)	[0.05009, 0.19	[*, 16.7500)
7	[*, 1304.46)	[0.938, 1.188)	[36.52, *)	[0.475, *)	[1035.130, 122	[0.19334, *)	[41.0313, *)
8	[1304.46, 1412	[1.188, *)	[36.52, *)	[0.007, 0.475)	[1035.130, 122	[0.05009, 0.19	[16.7500, 41.0
9	[1304.46, 1412	[0.938, 1.188)	[36.52, *)	[0.475, *)	[1035.130, 122	[0.19334, *)	[41.0313, *)
10	[1304.46, 1412	[0.938, 1.188)	[36.52, *)	[0.475, *)	[1222.060, *)	[0.19334, *)	[16.7500, 41.0
11	[*, 1304.46)	[*, 0.938)	[36.52, *)	[0.475, *)	[1222.060, *)	[0.19334, *)	[41.0313, *)
12	[*, 1304.46)	[0.938, 1.188)	[36.52, *)	[0.475, *)	[1222.060, *)	[0.19334, *)	[41.0313, *)
13	[*, 1304.46)	[*, 0.938)	[15.05, 36.52)	[0.475, *)	[1035.130, 122	[0.05009, 0.19	[41.0313, *)
14	[1304.46, 1412	[0.938, 1.188)	[36.52, *)	[0.475, *)	[1035.130, 122	[0.05009, 0.19	[41.0313, *)
15	[*, 1304.46)	[0.938, 1.188)	[*, 15.05)	[0.475, *)	[1222.060, *)	[*, 0.05009)	[*, 16.7500)
16	[1412.78, *)	[0.938, 1.188)	[36.52, *)	[0.475, *)	[*, 1035.130)	[0.05009, 0.19	[41.0313, *)
17	[*, 1304.46)	[0.938, 1.188)	[*, 15.05)	[0.007, 0.475)	[1035.130, 122	[*, 0.05009)	[*, 16.7500)
18	[*, 1304.46)	[*, 0.938)	[*, 15.05)	[0.007, 0.475)	[1035.130, 122	[0.05009, 0.19	[*, 16.7500)

图 12.9　离散化结果

M	N	O	P	Q	R	
doctor	fertilizer	fruit	net-income	pestcide	vegetable	t
[0.938, 1.188)	[15.05, 36.52)	[0.007, 0.475)	[1222.060, *)	[*, 0.05009)	[*, 16.7500)	
[*, 0.938)	[36.52, *)	[0.007, 0.475)	[1222.060, *)	[0.05009, 0.19334)	[16.7500, 41.0313)	
[*, 0.938)	[36.52, *)	[0.007, 0.475)	[1222.060, *)	[0.05009, 0.19334)	[*, 16.7500)	
[0.938, 1.188)	[36.52, *)	[*, 0.007)	[1035.130, 1222.060]	[0.05009, 0.19334)	[*, 16.7500)	
[0.938, 1.188)	[15.05, 36.52)	[0.007, 0.475)	[1035.130, 1222.060]	[0.19334, *)	[16.7500, 41.0313)	
[1.188, *)	[15.05, 36.52)	[0.007, 0.475)	[1222.060, *)	[0.05009, 0.19334)	[*, 16.7500)	
[0.938, 1.188)	[36.52, *)	[0.475, *)	[1035.130, 1222.060]	[0.19334, *)	[41.0313, *)	
[1.188, *)	[36.52, *)	[0.007, 0.475)	[1035.130, 1222.060]	[0.05009, 0.19334)	[16.7500, 41.0313)	
[0.938, 1.188)	[36.52, *)	[0.475, *)	[1035.130, 1222.060]	[0.19334, *)	[41.0313, *)	
[0.938, 1.188)	[36.52, *)	[0.475, *)	[1222.060, *)	[0.19334, *)	[16.7500, 41.0313)	

图 12.10　替换 Excel 中的值

(4)约简。这一步首先把决策表按照上述导入 NTD 的方式导入 Rosetta 中，只不过这次选择所有需要研究的属性都要导入，如图 12.11 所示。导入后可以右键单击导入的决策表，选择 Reduce，再选择 Genetic algorithm（图 12.12），在弹出的对话框（图 12.13）中点击【OK】，得到约简结果。可以双击"No name"来查看约简结果（图 12.14）。

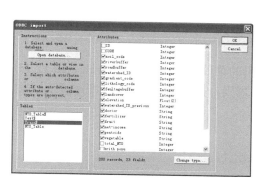

图 12.11　导入全部数据　　　　　　　　图 12.12　约简菜单

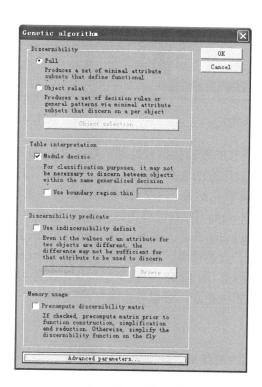

图 12.13　约简选项

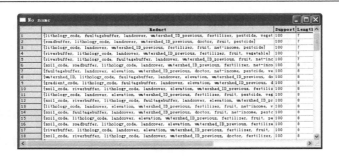

图 12.14　约简结果

（5）生成规则。在"No name"上单击右键，在弹出的菜单中选择 Generate rules（图 12.15）。然后在弹出的对话框中点击【OK】，这样就生成了规则。按照浏览数据，约简结果的方法，双击"Rules"来查看规则（图 12.16）。

图 12.15　规则生成菜单

图 12.16　生成的规则

（6）分类预测。首先将所有的校验数据预处理，导入 Rosetta 中，预处理方式和前面的相同，只有一处不同，就是离散化方法选择【From file with cuts…】。然后在选项中选择图 12.9 中保存了断点的文件。生成离散化结果，按照（3）中的方法将原来决策表中的原始数据替换为离散化后的值，将此表导入 Rosetta 中。右键单击导入的表，在弹出的菜单中选择【Classify…】。在弹出的对话框中选择【Log individual classification results to file】，并且在下面的文本框中输入文件名。这个文件里存储了分类结果，并注意点击【Parameters】设定规则（图 12.17）。

至此，整个粗糙集分析结束（图 12.18），如果想看误差矩阵可以双击 **C** No name，如果想查看详细的每个村落被分为哪种类别，可以双击 **F** C:\数据\classification result1.log 查看。

12.2.4　输出

Rosetta 的输出主要包括约简结果、规则集、预测结果、误差矩阵。

（1）约简结果：共有四组约简结果，其中，lithology_code、elevation 和 watershed_ID_previous 出现在所有规则集中（规则集结果可能会由于选取训练数据的不同而有所出入）。

（2）规则集（表 12.1）。

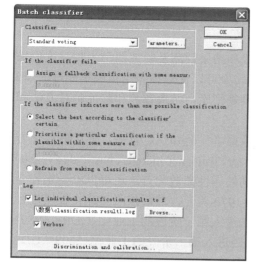

图 12.17 分类对话框

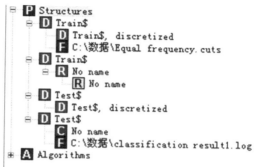

图 12.18 最终结果

表 12.1 Rosetta 得到的规则

编号	规则内容
1	watershed_ID(8) AND lithology_code(2) AND landcover(22) AND elevation(m)(1100.00) AND watershed_ID_previous(7) AND net-income([1338.130, 1345.440)) => NTD_rate(0.05263)
2	watershed_ID(8) AND lithology_code(2) AND landcover(121) AND elevation(m)(1200.00) AND watershed_ID_previous(10) AND net-income([*, 1266.440)) => NTD_rate(0.00000)
⋮	......
17	watershed_ID(8) AND lithology_code(2) AND landcover(33) AND elevation(m)(1210.51) AND watershed_ID_previous(7) AND net-income([*, 1266.440)) => NTD_rate(0.00000)
⋮	......
756	soil_code(Undefined) AND watershed_ID(Undefined) AND lithology_code(Undefined) AND elevation(m)(Undefined) AND watershed_ID_previous(Undefined) AND net-income([*, 1266.440)) AND vegetable([*, 36.1060)) => NTD_rate(Undefined)

(3) 误差矩阵(表 12.2)。

表 12.2 校验数据的误差矩阵

Classified Data		Reference Data			
		Not Infected	Infected	Undefined	Row Total
	Not Infected	1	1	0	2
	Infected	4	0	0	4
	Undefined	45	19	0	64
	Column Total	50	20	0	70

Producer's Accuracy		User's Accuracy	
Infected	=0%	Infected	=0%
Not Infected	=2%	Not Infected	=50%
Overall Accuracy =1.43%			

12.2.5　解释

本案例主要包括原始数据转换、约简、规则生成和结果预测及验证四个步骤,这也是粗糙集解决实际问题中常用的一种处理模式。通过数据转换可以使数据满足粗糙集处理的需要,约简去除了多余的属性,规则生成为推理和预测提供规则库,结果预测和验证是对方法和结果的一种客观检验。

因为粗糙集是完全数据驱动的,不需要任何参数或者先验知识。首先,使用离散化方法对连续值属性进行离散化,如 elevation、doctor、fertilizer、fruit、net-income、pesticide、vegetable 等都使用了 Equal Frequent 的离散化方法。然而不同的属性离散化方法还可以不一定完全相同,如 GDP 属性,需要根据国际标准,将其转换为 1970 美元,然后按照工业化程度进行离散化,一共能够生成 2 个断点 3 个类别,分别为尚未进入第一阶段的工业化(GDP < \$280)、处于第一阶段的工业化(280\$≤GDP<560\$),以及已经进入第二阶段的工业化(560\$≤GDP < 1120\$),并且分别记作 A、B 和 C。本练习中只是按照 Equal Frequent 方法进行离散化,有兴趣的读者可以按照更为实际的方式进行离散化。一些属性已经是离散值,也可以进行离散化,以达到更高程度的概括;还有一些属性是不需要离散化的,本练习数据中这样的属性有 soil type、lithology type 和 land cover type 等。

其次,需要对得到的表进行约简,本练习使用的约简方法是基因算法,还有很多其他方法可以进行约简,最后的约简结果是{watershed_ID, lithology_code, landcover, elevation(m)、watershed_ID_previous, net-income}、{watershed_ID, lithology_code, landcover, elevation(m)、watershed_ID_previous, vegetable}、{watershed_ID, lithology_code, landcover, elevation(m)、watershed_ID_previous, pestcide}或者{soil_code, watershed_ID, lithology_code, elevation(m)、watershed_ID_previous, net-income, vegetable}。也就是说,这四组属性中的任何一组都和所有属性对村落的划分是相同的。这样通过约简,可以压缩掉大部分冗余的属性,大大降低了系统复杂度。这四组约简都有 lithology_code、elevation 和 watershed_ID_previous 属性,也说明这三种因素对 NTD 分布的影响是重要的。

最后,根据这四个约简,可以生成 756 条规则。使用这些对校验样本进行预测,并且对其做误差矩阵。可以看到,各种评价精度都不理想。通过 Undefined 的比例可以看出,原因是在规则训练上,若能尝试调整离散方式,进而改进规则,便存在精度提高的空间。不可否认的是,粗糙集处理现实问题的能力已被广泛证实。

通过本实验可以看出,粗糙集既可以得到较高的分类预测精度,也可能会失败,关键在于规则的准确。它应该既涵盖训练信息中的所有可能,也要保证尽量精简。 粗糙集的理论基础是:具有相似特征的事物,应该被视为同一种类(Pawlak, 1997)。 这种论断和地学的理论基础存在某种契合。地理学第一定律认为,越是相近的物体,就越容易具有相似的特征(Tobler, 1970)。因此,越是相近的物体就存在更大的可能,会被粗糙集分在一类里。

12.3　数　学　模　型

整个粗糙集分析过程可以分为四个步骤(图 12.19):①根据训练数据建立决策信息系统(决策信息系统就是信息系统中有决策属性 D,也就是 $S = (U, A \bigcup D)$);②对条件属性进行约简;③根据约简生成规则;④使用规则对未知对象进行预测并且进行误差分析。首先,原始

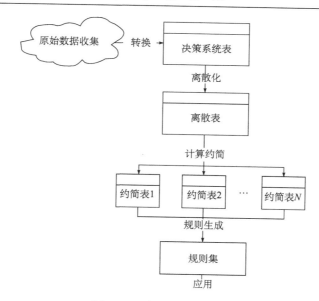

图 12.19 粗糙集预测模型

数据需要转换成决策信息系统。这一步非常重要，因为原始数据一般而言是不完备的、有噪声的，并且是不一致的。这就需要综合使用各种数据预处理方法对数据进行处理。另外，这些数据往往不一定是以决策表的形式提供的，这就需要将数据转换为决策表的形式，而且通常粗糙集处理的是离散值属性，对于连续值属性需要进行离散化处理，而对于离散化值有时也需要将离散值进行抽象得到更高抽象层次的离散值，这样才能使数据符合粗糙集分析方法的要求。此外，地理数据通常以地图的形式给出，有些属性不是能够直接获取的，需要根据地图进行计算得到。其次，并不是每个决策信息系统中的条件属性都和决策属性密切相关，因此需要对条件属性进行属性提取。粗糙集理论中使用约简方法进行属性提取，相较别的属性提取方法而言，约简是完全数据驱动的，不需要任何的先验知识，但是它保证了决策信息系统的分类能力不变，其形式化描述如下：

给定一个信息系统 $S = (U, A)$，属性集 A 的约简 B 是 A 的一个满足 $[x]_A = [x]_B$ 最小子集。换句话说，约简是保持属性集 A 对论域划分能力的最小子集，因此有着和属性集 A 同样的分类能力。

通常约简可能会生成几组约简结果，针对每个约简结果可以通过对决策表进行描述生成一组决策规则。最后，使用这些规则对未知对象根据条件属性进行分类预测并且对结果进行验证。需要注意的是，未知对象也要经过和训练对象同样的预处理过程。其中，离散化要使用训练对象的分割点进行。

第 13 章　支持向量机

13.1　原　　理

Vapnik 和 Chervonenkis（1971）提出了 VC 维理论（Vapnik–Chervonenkis theory），1995 年，Vapnik 完整地提出了支持向量机方法（support vector machines，SVM）。支持向量机为一种监督学习的方法，属于分类范畴，在图像处理、数据挖掘等领域被广泛应用。

支持向量机是基于统计学理论的一种机器学习方法，它集成了最大间隔超平面、Mercer 核、凸二次规划和松弛变量等多项技术，较好地解决了小样本、非线性、高维数、局部极小点等分类中的实际问题。支持向量机的基本思想是把输入空间的样本通过非线性变换映射到高维特征空间，然后在特征空间中求取把样本线性分开的最优分类面（图 13.1）。

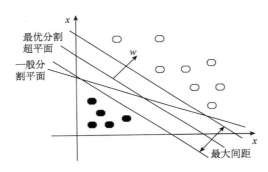

图 13.1　二维空间最优分割超平面示意图

x 表示向量空间；w 表示最优分割超平面的一个法向向量

13.2　案　　例

13.2.1　目的

本实验欲通过支持向量机方法对某县神经管畸形出生缺陷（NTD）数据进行训练及验证，最终达到对出生缺陷率的分类预测。

13.2.2　数据

数据采用某县神经管畸形出生缺陷（NTD）影响因子或者其代理变量，包括土壤类型、河流缓冲区、道路缓冲区、流域、坡度、岩石类型、断层缓冲、土地覆盖、高度、医生数量、化肥数量、净收入、农药数量、蔬菜数量、水果数量（soil_code、riverbuffer、roadbuffer、watershed_ID、gradient_code、lithology_code、faultagebuffer、landcover、elevation（m）、doctor、fertilizer、net-income、pestcide、vegetable、fruit）及出生缺陷率（NTD_rate）数据，在求出生缺陷率的过程中将出生人数少于 5 人的村剔除。将出生缺陷率数值分为：0、0～0.08、>0.08 三类，即 1 = 无出生缺陷、2 = 出生缺陷率不高、3 = 出生缺陷高发三类。数据可在网页

http://www.sssampling.cn/201sdabook/data.html 上下载。

支持向量机算法无法直接处理类型变量(categorical variables)，所以需要先对分类型变量进行处理。通常的做法是引入哑变量，例如，解释变量岩石类型编号(lithology_code)共有七类(1、2、3、4、5、6、7)，引入哑变量后，用 0/1 哑元变量 lithology1、lithology2、lithology3、lithology4、lithology5、lithology6 组合表示编号为 1、2、3、4、5、6、7 的七类岩石类型，见表 13.1。

表 13.1　对 lithology_code 变量引入哑变量

变换前	变换后					
lithology_code	lithology 1	lithology 2	lithology 3	lithology 4	lithology 5	lithology 6
1	0	0	0	0	0	0
2	1	0	0	0	0	0
3	0	1	0	0	0	0
4	0	0	1	0	0	0
5	0	0	0	1	0	0
6	0	0	0	0	1	0
7	0	0	0	0	0	1

同理，对类型变量 soil_code 和 gradient_code 引入哑变量进行表示。通常对有 n 类的分类变量将引入 $n-1$ 个哑变量表示。

将影响因子数据分为 NTD_factor_train(200 条样本数据，用于训练生成分类方法) 和 NTD_factor_test(70 条样本数据，用于检验分类方法) 两个文件。

13.2.3　软件使用及输入

1. 软件和数据准备

(1) 软件 R 下载地址：https://www.r-project.org/，R 语言编译器 Rstudio 下载地址：https://www.rstudio.com/products/rstudio/，依次安装 R 和 Rstudio。

(2) 将 NTD_factor_train 和 NTD_factor_test 文件另存为 csv 文件(图 13.2)。

图 13.2　另存为 csv 文件

(3) 打开 Rstudio，点击【File】 → 【New File】 → 【R Script】新建一个 R 脚本用于写 R 代码(图 13.3 和图 13.4)。

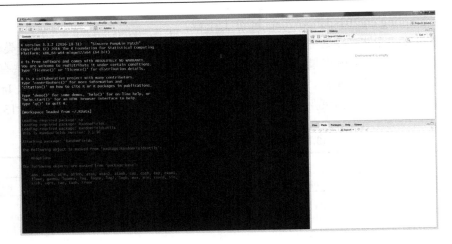

图 13.3　Rstudio 主界面

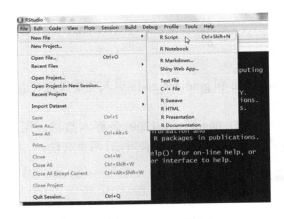

图 13.4　选择 FormatDataToLibsvm

(4) 运行以下代码，安装所要用到的 R 包 e1071 和 MASS，并载入以备用(图 13.5)。

```
install.packages(c("e1071","MASS"))
library(e1071)
library(MASS)
```

图 13.5　加载 R 包

2. 进行分类训练并对测试样本进行预测分类

(1) 运行代码，读入 NTD_factor_train 和 NTD_factor_test 的 csv 文件(图 13.6)。

```
NTD_factor_train <- read.csv("E:\\leedoy\\spatialanalysis(2)_test\\6_13\\NTD_factor_train.csv")
NTD_factor_test <- read.csv("E:\\leedoy\\spatialanalysis(2)_test\\6_13\\NTD_factor_test.csv")
```

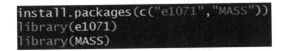

图 13.6　读入数据

(2) 按照 R 包 e107 的数据格式要求，将分类后的出生缺陷数据(NTD_rate)转为因子变量(图 13.7)。

```
NTD_factor_train$NTD_rate <- as.factor(NTD_factor_train$NTD_rate)
NTD_factor_test$NTD_rate <- as.factor(NTD_factor_test$NTD_rate)
```

图 13.7　转为因子变量

(3)利用 R 包 e107 的 tune.svm 函数寻找最优 Cost 和 Gamma 参数,其中,Cost 和 Gamma 参数的候选值按照数据的情况合理选择,这里 Cost 设置为 $10 \sim 10^5$, Gamma 设置为 $10^{-10} \sim 10^{-5}$, 最终得出 Cost 和 Gamma 参数的最优值为 10000 和 1×10^{-7}(图 13.8 和图 13.9)。

```
#寻找最优参数
tuned <- tune.svm(NTD_rate ~., data = NTD_factor_train[-1], gamma = 10^(-10:-5), cost = 10^(1:5)) # tune
summary(tuned) # to select best gamma and cost
```

图 13.8　搜索最优 Cost 和 Gamma

```
> summary(tuned) # to select best gamma and cost

Parameter tuning of 'svm':

- sampling method: 10-fold cross validation

- best parameters:
 gamma  cost
 1e-07 10000

- best performance: 0.25
```

图 13.9　最优 Cost 和 Gamma

(4)利用 R 包 e107 的 svm 函数,输入最优 Cost 和 Gamma 参数,运行即可得到输出结果,以及验证样本的错误率(图 13.10)。部分地区 NTD 发生率真实分类与预测分类如表 13.2 所示。

```
svmfit <- svm (NTD_rate ~., data = NTD_factor_train[-1], kernel = "radial", cost = 1000, gamma=1e-07, scale = FALSE)
#训练样本的精度
compareTable <- table (NTD_factor_train$NTD_rate, predict(svmfit, NTD_factor_train[-1])) #comparison table
print(compareTable)
mean(NTD_factor_train$NTD_rate != predict(svmfit, NTD_factor_train[-1])) #misclassification error
#测试样本的精度
compareTable <- table (NTD_factor_test$NTD_rate, predict(svmfit, NTD_factor_test[-1]))
print(compareTable)
mean(NTD_factor_test$NTD_rate != predict(svmfit, NTD_factor_test[-1]))
```

图 13.10　结果输出

表 13.2　部分地区 NTD 发生率真实分类与预测分类

村名	真实分类	预测分类	村名	真实分类	预测分类
常峪沟	1	1	三奇	2	2
小董坪	2	1	凤凰庙	1	1
阳坡庄	1	2	回黄	3	1
化南沟	1	1	合山	1	1
雷庄	2	2	上元	1	1
土岭	2	1	北安驿	1	1
圈马坪	2	2	喂马	2	2
后祁	1	1	前南窑	2	2
西喂马	3	1	后南窑	2	2
白家垴	1	1	寺圪套	1	1
三奇掌	3	1	蔡家庄	2	2

13.2.4 解释

在分类的训练过程中，首先遍历预设的 Cost 和 Gamma 参数，最后获得一个最好的精度，根据对应的 Cost 和 Gamma 计算一个模型。通过实验结果可以看出，当核函数的参数 Cost 和 Gamma 取 10000 和 1×10^{-7} 时，其取得最好的分类性能，准确率达到 76.5%。检验样本的准确率达到 65.7%（46/70）。

13.3　数　学　模　型

支持向量机是从线性可分情况下的最优分类面发展而来的，最优分类面就是要求分类面不但能将两类正确分开，而且使分类间隔最大。设分类面的方程为

$$w^{\mathrm{T}}x + b = 0$$

式中，w 和 b 分别为两个待求解的向量和标量；x 为一个数据点向量；$wx + b$ 的结果是个分类标签，称 $w^{\mathrm{T}}x+b$ 为分类器。当我们把具体的数据点 x 坐标 $(x_1, x_2, \cdots, x_n)$ 带入 $w^{\mathrm{T}}x+b$，输出的结果大于+1 标签就是+1，小于−1 标签就是−1。只要找到 w 和 b，分类器就找到了，就能将数据点分类。可以画出许多"超平面"（Bishop, 2006），其中，使得分类间隔最大的那个是最好的（图 13.1）。距离超平面最近的那些点被称作支持向量（support vectors）。一个点 x 到超平面 $wx+b$ 的垂直距离为（Bishop, 2006；Leon, 2015）

$$|w^{\mathrm{T}}x+b|/\|w\| \tag{13.1}$$

最优化 w 和 b 已达到最大化间隔距离（13.1），也就是求解：

$$\underset{w,b}{\arg\max}\left[\frac{1}{\|w\|} \min_{n}\left(w^{\mathrm{T}}x_n + b \right) \right] \tag{13.2}$$

式中，n 为样本点计数。直接求解式（13.2）比较复杂。一般可以将其转换为等价形式以方便求解，具体可参见 Bishop（2006）。

第 14 章 粒子群算法

14.1 原　　理

粒子群优化算法(particle swarm optimization，PSO)由 Kennedy 和 Eberhart 于 1995 年提出(Kennedy and Eberhart，1995)，该算法模拟鸟群、鱼群、蜂群等动物群体觅食的行为，通过个体之间的相互协作使群体达到最优目的，是一种基于群智能(swarm intelligence，SI)的优化方法(Kennedy and Eberhart，2001)。同遗传算法类似，它也是一种基于群体迭代的优化算法，系统由一群粒子(particle)组成，初始化为一组随机解，粒子群在问题空间中追随群体最优粒子进行协同搜索，它没有遗传算法的交叉、变异等操作。与遗传算法不同的是它更强调群体内部个体之间的协同与合作，而不是达尔文的"适者生存"理论(Eberhart and Shi，1998)。

PSO 算法也是一种启发式的优化计算方法，其最大的优点在于(Kennedy and Eberhart，2001)：①易于描述，易于理解；②对优化问题定义的连续性无特殊要求；③只有非常少的参数需要调整；④算法实现简单，速度快；⑤相对其他演化算法而言，只需要较小的演化群体；⑥算法易于收敛，相比其他演化算法，只需要较少的评价函数计算次数就可达到收敛；⑦无集中控制约束，不会因个体的故障影响整个问题的求解，确保了系统具备很强的鲁棒性。

在 PSO 中，如果把一个优化问题看作是在空中觅食的鸟群，那么，"食物"就是优化问题的最优解，而在空中飞行的每一只觅食的"鸟"就是 PSO 算法在解空间中进行搜索的一个"粒子"(particle)。粒子的概念是一个折中的选择，它只有速度和加速度用于本身状态的调整，没有质量和体积。"群"(swam)的概念来自人工生命。因此，PSO 算法也可看做是对简化了的社会模型的模拟，其中最重要的是社会群体中的信息共享机制，这是推动算法的主要机制。

粒子在搜索空间中以一定的速度飞行，这个速度根据它本身的飞行经验和同伴的飞行经验来动态调整。所有的粒子都有一个被目标函数决定的适应值(fitness value)，这个适应值用于评价粒子的"好坏"程度。每个粒子知道自己到目前为止发现的最好位置(particle best，记为 pbest)和当前的位置，pbest 就是粒子本身找到的最优解，这个可以看做是粒子自己的飞行经验。除此之外，每个粒子还知道到目前为止整个群体中所有粒子发现的最好位置(global best，记为 gbest)，gbest 是在 pbest 中的最好值，即全局最优解，这个可以看做是整个群体的经验。每个粒子使用下列信息改变自己的当前位置：①当前位置；②当前速度；③当前位置与自己最好位置之间的距离；④当前位置与群体最好位置之间的距离。

优化搜索正是在由这样一群随机初始化形成的粒子组成的一个种群中，以迭代的方式进行。

14.2　案　　例

14.2.1　目的

本实验通过粒子群方法对某县神经管畸形出生缺陷(NTD)数据进行训练及验证，最终达到对出生缺陷率的分类预测。

14.2.2　数据、参数：项及格式

神经管畸形出生缺陷(NTD)影响因子或其代理变量包括土壤类型、河流缓冲区、道路缓冲区、流域、坡度、岩石类型、断层缓冲、土地覆盖、高度、水系、医生数量、化肥数量、水果数量、净收入、农药数量、蔬菜数量(soil_code、riverbuffer、roadbuffer、watershed_ID、gradient_code、lithology_code、faultagebuffer、landcover、elevation(m)、watershed_ID_previous、doctor、fertilizer、fruit、net-income、pestcide、vegetable)，以及出生缺陷率(NTD_rate)数据。在求出生缺陷率的过程中将出生人数少于 5 人的村剔除。将出生缺陷率数值分为 0、0～0.08、>0.08 三类，即 1=无出生缺陷、2=出生缺陷率不高、3=出生缺陷高发三类。数据可在网站 http://www.sssampling.cn/201sdabook/data.html 上下载。

将符合PSO/ACO2 软件格式要求的数据(处理方式详见软件使用)分为NTD_train(200条样本数据，用于训练生成分类方法)和 NTD_test 两类(70条样本数据，用于检验分类方法)。

14.2.3　软件使用

粒子群分类工具 PSO/ACO2 下载地址:http://sourceforge.net/projects/psoaco2/。

Java 程序运行环境所需安装程序 Java SE Runtime Environment(JRE)，下载地址：http://java.sun.com/javase/downloads/index.jsp；本实验中对数据进行处理所需工具 Weka 下载地址：http://www.cs.waikato.ac.nz/ml/weka/。

1. 数据准备

(1)打开记录有实验所需数据的.xls 文件并将其另存为.csv 文件(图 14.1)。

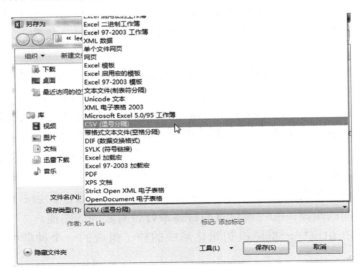

图 14.1　将数据保存为.csv 格式

(2)打开 Weka 软件，并进入 Explorer 模块(图 14.2)。

(3)在 Weka 中打开实验数据.csv 文件，另存为.arff 文件(图 14.3～图 14.5)。

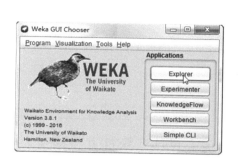

图 14.2 Weka 主界面

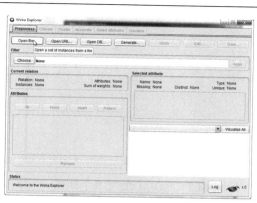

图 14.3 点击打开文件选项

图 14.4 选择所需转换文件

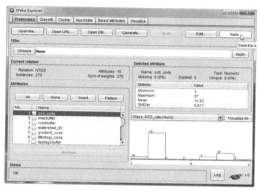

图 14.5 保存为.arff 文件

(4) 修改 soil_code、gradient_code、lithology_code、landcover、NTD_rate 为分类型变量(在上步格式转换过程中,所有变量被统一按照数值类型处理)。首先用 UltraEdit 等文本编辑工具将.arff 文件打开,然后按照图 14.6 格式修改变量类型(变量名后中括号括起的为变量种类)。

(5) 将数据分为 train(200 条样本数据,用于训练生成分类方法)和 test 两类(70 条样本数据,用于检验分类方法),并保存于不同文件。

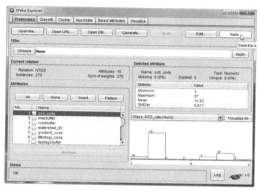

图 14.6 修改变量类型

2. 进行分类训练并对测试样本进行分类预测

(1) 安装 Java Runtime Environment(JRE)。

(2) 解压缩文件 PSOACO2V1.0.zip 后,双击 文件,打开粒子群分类工具 PSO/ACO2,提示"如果将准备处理的数据存储在中文路径下,该项操作可能出错"(图 14.7)。

(3) 加载用于生成分类规则的训练数据(图 14.8 和图 14.9)。

(4) 设置训练次数、粒子个数、迭代次数、适应度函数,对于连续型变量的处理选择粒子群算法 PSO。设置参数后点击开始按钮开始训练过程(图 14.10)。

图 14.7　PSO/ACO2 工具主界面

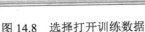

图 14.8　选择打开训练数据

图 14.9　选择训练数据

图 14.10　参数设置

（5）训练分类规则结束后，打开检验数据，点击开始按钮对已生成分类规则进行检验（图 14.11 和图 14.12）。

图 14.11　打开检验数据

图 14.12　检验数据运算

14.2.4　输出

运算的输出部分可以分为两部分：训练数据运算结果输出和检验数据运算结果输出。

通过对训练数据的运算，分别给出 10 次计算的分类规则，以及与之相对应的准确度，最终给出分类规则的平均准确度 62.0 %±11.0%。

对检验数据进行运算，得出准确度为 65.71%。部分地区 NTD 发生真实分类与预测分类如表 14.1 所示。

表 14.1　部分地区 NTD 发生真实分类与预测分类

村名	真实分类	预测分类	村名	真实分类	预测分类
松沟	1	2	寺圪套	1	2
富峪	1	1	乔庄	2	2
常峪沟	1	1	雷庄	2	2
松树垴	1	1	小董坪	2	1
核桃树湾	1	1	圈马坪	2	2
杨崖底	1	2	拐子	2	1
小上庄	1	1	窑堤	2	1
寺庄头	1	1	官家峪	2	1
西仁	1	2	土岭	2	2
合山	1	1	喂马	2	2
广务	1	1	东仁	2	2
口则	1	1	前南窑	2	2
张建	1	1	后南窑	2	2
阳坡庄	1	1	蔡家庄	2	2

14.2.5　解释

在提取分类规则过程中，粒子群算法本身不能处理分类(categorical/nominal)变量，而蚁群算法(ACO)对处理分类变量有很好的特性。PSO/ACO2 通过添加蚁群算法而使本实验不需对分类变量进行预先处理。

实验过程中，软件首先对分类变量进行处理，之后处理连续型变量，最终形成分类规则，形如

$$\text{IF } A_{n0} = \langle \text{value} \rangle \text{ AND } x_{ub0} > A_{c0} \text{ AND } x_{lb0} \leqslant A_{c0}$$
$$\text{THEN Class } C$$

式中，A_{n0} 为分类型变量；A_{c0} 为连续型变量；x_{ub0}、x_{lb0} 分别为某一连续型变量的上限、下限。在处理连续型变量的过程中，粒子被视为如 x_{ub0}、x_{lb0} 的变量，粒子通过调整自己的位置来改变分类规则中某一连续型变量的上限与下限，并最终达到最优。

在 10 次分类规则的计算过程中以第 5 次的分类规则得到的准确率最高：

Fold: 5

Rule 0: IF landcover = 33 doctor <= 1.6552570374323068 fertilizer <= 129.47762473519902 net.income <= 1659.7086249529045 vegetable <= 149.203233263512333 THEN 1 Quality: 0.97(3,2)

Rule 1: IF doctor >= 0.9355687562675412 doctor <= 1.922244174368514 vegetable <= 21.48667514823492 THEN 1 Quality: 0.96(2,2)

Rule 2: IF doctor <= 0.9651315740934872 net.income <= 1390.577375815929 THEN 1 Quality: 0.94(3,2)

Rule 3: IF riverbuffer <= 7.354847030237899 watershed_id <= 6.532148711242794 pestcide >= 0.2122858494425784 THEN 2 Quality: 0.94（1,2）

Rule 4: IF fertilizer <= 61.2556803225678 vegetable >= 28.596369475482682 vegetable <= 105.1698964048194 THEN 1 Quality: 0.91（1,0）

Rule 5: IF riverbuffer <= 2.5229158397227462 net.income <= 1029.2825712876072 pestcide <= 0.10526536484734458 THEN 1 Quality: 0.85（0,0）

Rule 6: IF lithology_code = 5 THEN 2 Quality: 0.73（0,0）

Rule 7: IF riverbuffer <= 8.958320705168903 watershed_id >= 1.0765138251625754 elevation.m. >= 1340.8110367502022 net.income <= 3362.974674361344 THEN 1 Quality: 0.54（1,0）

Rule 8: IF THEN 2 Quality: 0.44（0,1）

Accuracy in Training Set: 87.78%

Accuracy in Test Set: 55.00%

通过数据训练得出平均分类精度为 62.0% ± 11.0%，对分类进行检验得出的精度为 65.71%，符合训练数据得出的分类精度要求。

通过训练结果可以看出，粒子群的规则形式和粗糙集具有类似的形式。因此，在之前的研究中，这两种方法常会被结合起来使用。粗糙集通常不具备强有力的简化功能，而这正是粒子群的优势所在。而且和遗传算法比起来，粒子群没有涉及复杂的计算，如交叉和变异算子计算。因此，对计算时间和计算机性能要求都比较低。在本次示范练习中，对于粒子数量的优化，迭代次数的选择等都采用系统默认。然而对于这些，都是粒子群算法尚无一致认可的解决方案的问题，有待进一步研究。

14.3　数　学　模　型

在每一次迭代中，粒子通过跟踪两个"极值"来更新自己：第一个极值就是粒子本身所找到的最优解 pbest；另一个极值是整个种群目前找到的最优解 gbest。

粒子 i 的位置为 $X_i = (x_{i1}, \cdots, x_{iD})^{\mathrm{T}}$，速度为 $V_i = (v_{i1}, \cdots, v_{iD})^{\mathrm{T}}$，个体极值表示为 pbest，可以看作是粒子自己的飞行经验。全局极值表示为 gbest，可以看作整个群体的飞行经验。粒子就是通过自己的经验和群体经验来决定下一步的运动。对于第 $k+1$ 次迭代，每一个粒子是按照下式进行变化的：

$$v_{id}^{k+1} = v_{id}^k + c_1 \times r_1 \times (\text{pbest} - x_{id}^k) + c_2 \times r_2 \times (\text{gbest} - x_{id}^k) \tag{14.1}$$

$$x_{id}^{k+1} = x_{id}^k + v_{id}^{k+1} \tag{14.2}$$

式中，$i = 1, \cdots, N$，其中，N 为群体中粒子的总数；r_1, r_2 为区间[−1, 1]生成的随机数。$d = 1, \cdots, D$，D 为解空间的维数，即自变量的个数。加速因子 c_1 和 c_2 分别调节向 pbest 和 gbest 方向飞行的最大步长，合适的 c_1 和 c_2 可以加快收敛且不易陷入局部最优。最大速度 $V_{\max}$ 决定了问题空间搜索的力度，粒子的每一维速度 v_{id} 都会被限制在[−$V_{\max}$, $V_{\max}$]。

由上可以看出，式(14.1)主要通过三部分来计算粒子 i 更新的速度：粒子 i 前一时刻的速度 v_{id}^k，粒子 i 当前位置与自己历史最好位置之间的距离($\text{gbest} - x_{id}^k$)，粒子 i 当前位置与群体最好位置之间的距离($\text{gbest} - x_{id}^k$)。粒子通过式(14.2)计算新位置的坐标。

　　式(14.1)的第一部分称为动量部分，表示粒子对当前自身运动状态的信任，为粒子提供了一个必要动量，使其依据自身速度进行惯性运动；第二部分称为个体认知部分，代表了粒子自身的思考行为，鼓励粒子飞向自身曾经发现的最优位置；第三部分称为社会认知部分，表示粒子间的信息共享与合作，它引导粒子飞向粒子群中的最优位置。式(14.1)的第一项对应多样化(diversification)的特点，第二项、第三项对应于搜索过程的集中化(intensification)特点，因此，这三项之间的相互平衡和制约决定了算法的主要性能。

第15章 期望最大化算法

15.1 原 理

期望最大化(expectation maximization，EM)算法是参数估计的一种很重要算法，最初是由 Dempster 等(1977)提出的，是一种当观测数据为不完全数据或含有隐含变量(latent variable)时求解最大似然估计的迭代算法，它大大降低了最大似然估计的计算复杂度，但性能却与最大似然估计相近，具有很好的实际应用价值。EM 算法可以看做一种特殊情况下的最大似然估计。

EM 算法主要在两种情况下使用。

(1)由于观测手段的不完善或者观测条件的不理想最终得到的观测值确实存在着数据缺失的现象，这个时候可以利用 EM 算法，在数据不完整的条件下来求解待估计参数的最大似然估计值。

(2)当待估计参数的似然函数难以处理时，往往无法获得其最大似然估计值的解析表达。但是，如果假设一些"潜在数据"存在，将数据集扩充为完备数据集，就可以大大简化该似然函数的求解，这个时候也可以使用 EM 算法来渐近地求解待估计参数的最大似然估计值。

EM 算法是一种迭代方法，它的每一次迭代由两步组成：E 步和 M 步。E 步是 expectation step 的缩写，表示在给定观测数据和前一次迭代所得到的参数估计的情况下，计算完全数据对应的对数似然函数的条件期望。M 步是 maximization step 的缩写，表示用极大化对数似然函数以确定参数的值，并用于下步的迭代。该算法过程要求在 E 步和 M 步之间不断迭代直至收敛为止。

EM 算法最大的优点是简单和稳定，其在不知道待估计参数先验信息和观测数据不完备的情况下提供一个简单的迭代算法来计算参数的最大似然估计。EM 算法保证迭代收敛并至少得到使待估计参数的似然函数达到局部极值的一个估计值(Bilmes，1998)。

15.2 案 例

15.2.1 目的

本实验欲通过期望最大化算法对某县各个村进行聚类，聚类依据为该县神经管畸形出生缺陷率影响因子或其代理变量，同时通过每个村的新生儿神经管畸形(NTD)出生率对聚类进行评价。

15.2.2 数据

数据采用某县神经管出生缺陷 NTD 影响因子或其代理变量，包括土壤类型、河流缓冲区、道路缓冲区、流域、坡度、岩石类型、断层缓冲、土地覆盖、高度、水系、医生数量、化肥数量、水果数量、净收入、农药数量、蔬菜数量(soil_code、riverbuffer、roadbuffer、watershed_ID、gradient_code、lithology_code、faultagebuffer、landcover、elevation(m)、 watershed_ID_previous、doctor、fertilizer、fruit、net-income、pestcide、vegetable)，以及出生缺陷率(NTD_rate)数据，在求出生缺陷率的过程中将出生人数少于 5 人的村剔除。将出生缺陷率数值分为 0、0~0.08、> 0.08 三类，即无出生缺陷、出生缺陷率不高、出生缺陷高发三类。数据可在网站 http://www.sssampling.cn/201sdabook/data.html 上下载。

　　由于本实验欲通过出生缺陷率对聚类效果进行评价，而评价聚类效果所使用变量只能是分类型(categorical/nominal)，因此，需将三类出生缺陷率进行编号：1 = 无出生缺陷；2 = 出生缺陷率不高；3 = 出生缺陷高发。使用 200 条样本数据用于训练，70 条样本数据用于测试。

15.2.3　软件使用及输入

　　本实验所需工具 Weka 下载地址：http://www.cs.waikato.ac.nz/ml/weka/。
　　(1)打开记录有实验所需数据的.xls 文件并将其另存为.csv 文件(图 15.1)。

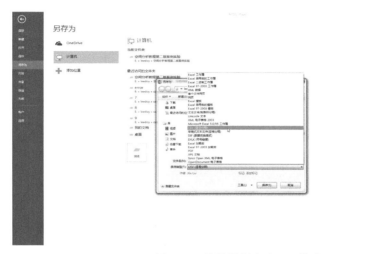

图 15.1　将数据保存为.csv 格式

　　(2)打开 Weka 软件，并进入 Explorer 模块(图 15.2)。

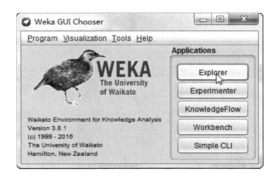

图 15.2　Weka 主界面

　　(3)在 Weka 中打开存有实验数据的.csv 文件(图 15.3)，将其另存为.arff 文件(图 15.4 和图 15.5)。

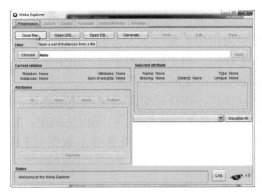 

图 15.3　点击打开文件选项　　　　　图 15.4　选择所需转换文件

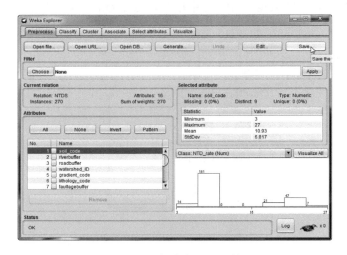

图 15.5　保存为 .arff 文件

（4）修改 soil_code、gradient_code、lithology_code、landcover、NTD_rate 为分类型变量（在上步格式转换过程中，所有变量被统一按照数值类型处理）。首先用 UltraEdit 等文本编辑工具将 .arff 文件打开，然后按照图 15.6 格式修改变量类型（变量名后中括号括起的为变量种类）。

图 15.6　修改变量类型

（5）在 Weka 中将调整后的.arff 文件加载（图 15.7）。

（6）点击 Cluster 选项，进入聚类操作界面（图 15.8）。

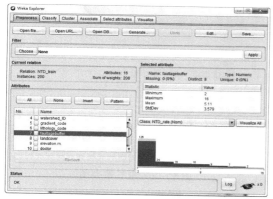

图 15.7　重新加载.arff 文件

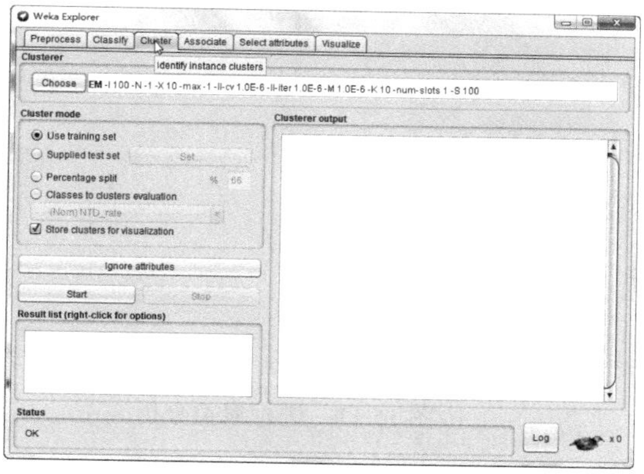

图 15.8　聚类操作界面

（7）选择 EM 为聚类操作方法（图 15.9）。

（8）在聚类模式中选择【Classes to clusters evaluation】并选择变量 NTD_rate 用以对聚类效果进行评价（图 15.10）。

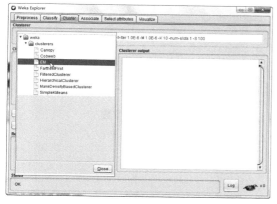

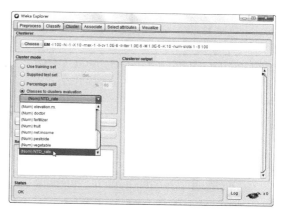

图 15.9　选择 EM 作为聚类操作方法

图 15.10　选择聚类模式

（9）点击开始按钮进行聚类分析（图 15.11）。

（10）运算结束后，首先记录聚类输出（Cluster output）中的实验结果，然后在结果列表（Result list）中选择所需结果，点击右键并选择聚类输出图（图 15.12）。

（11）调整聚类图中 x、y 轴所代表变量，获取所需聚类。本实验中选取 Instance_number（粒子实例：代表每一个村，其中，叉形代表通过 NTD_rate 分类评价正确分类的村）作为 x 轴变量，Cluster（聚簇）作为 y 轴变量，并选择根据不同的聚簇给实例标上不同的颜色（图 15.13）。

（12）通过调整聚类参数重新进行一组聚类分析，用以实验对比。例如，可以固定聚类聚簇为 3 类，以便和实验数据中 NTD 分类相对。在聚类方法中点击右键，选择 Show properties 修改聚类参数（图 15.14 和图 15.15）。

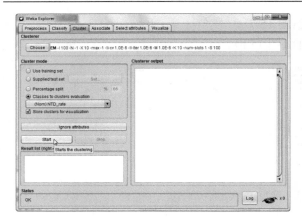

图 15.11　进行聚类分析

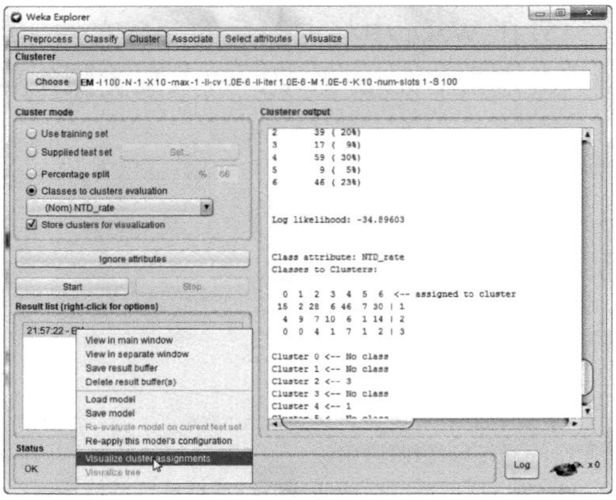

图 15.12　查看聚类图

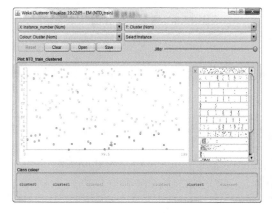

图 15.13　聚类图

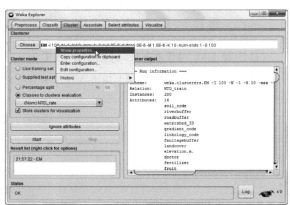

图 15.14　选择显示参数

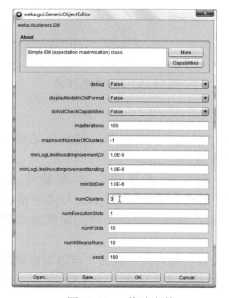

图 15.15　修改参数

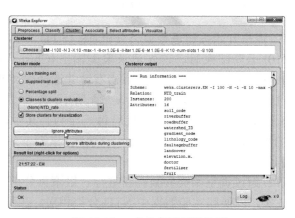

图 15.16　点击忽略属性选项

（13）通过忽略一些变量重新进行一组实验，用以进行实验对比。本次实验中，忽略了 soil_code、fruit、pesticide 对聚类的影响（图 15.16 和图 15.17）。

15.2.4　输出

（1）使用默认的聚类设置（图 15.18）。

Number of clusters selected by cross validation: 7

Clustered Instances（系统自动生成的聚类个数及该聚簇中的村庄数）

图 15.17　选择忽略属性

0	19（10%）
1	11（6%）
2	39（20%）
3	17（9%）
4	59（30%）
5	9（5%）
6	46（23%）

Log likelihood（相似度）：-34.89603

Class attribute（评价聚类效果的依据）：NTD_rate
Classes to Clusters:

```
 0  1  2   3  4   5  6    <-- assigned to cluster
15  2 28   6 46   7 30 | 1
 4  9  7  10  6   1 14 | 2
 0  0  4   1  7   1  2 | 3
```

在自动聚类过程中与真实分类相对应的类：
Cluster 0 <-- No class
Cluster 1 <-- No class
Cluster 2 <-- 3
Cluster 3 <-- No class
Cluster 4 <-- 1
Cluster 5 <-- No class
Cluster 6 <-- 2

不正确的聚类个数及其百分比：
Incorrectly clustered instances :　　136.0　　　68%

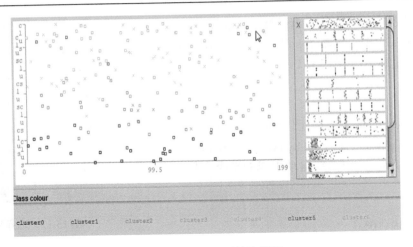

图 15.18　默认设置的聚类图

(2) 固定聚簇个数为 3 (图 15.19)。

Number of clusters: 3 (固定聚簇为 3 类)

Clustered Instances (不同聚簇中的村庄数)

0	107 (54%)
1	43 (22%)
2	50 (25%)

Log likelihood (相似度): −38.63628

Class attribute (评价聚类效果的依据): NTD_rate

Classes to Clusters:

```
   0   1   2   <-- assigned to cluster (真实分类与自动聚类对比)
88 27 19 | 1
 9 12 30 | 2
10  4  1 | 3
```

在自动聚类过程中与真实分类相对应的类:

Cluster 0 <-- 1
Cluster 1 <-- 3
Cluster 2 <-- 2

不正确的聚类个数及其百分比:

Incorrectly clustered instances :　　78.0　39%

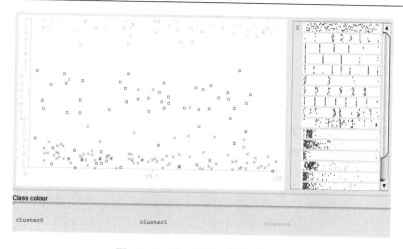

图 15.19　固定聚簇个数的聚类图

(3) 忽略 soil_code、fruit、pestcide 对聚类的影响(图 15.20)。

Number of clusters selected by cross validation: 4(系统自动生成的聚类个数)

Ignored:

　　　　　　soil_code
　　　　　　fruit
　　　　　　pestcide

(忽略 soil_code、fruit、pestcide 对聚类的影响)

Clustered Instances(各聚簇中的村庄数)

0	14(7%)
1	90(45%)
2	42(21%)
3	54(27%)

Log likelihood(相似度): −35.07019

Class attribute(评价聚类效果的依据): NTD_rate
Classes to Clusters(真实分类与自动聚类对比):

```
  0  1  2  3   <-- assigned to cluster
  6 73 17 38 | 1
  8  9 24 10 | 2
  0  8  1  6 | 3
```

在自动聚类过程中与真实分类相对应的类:

Cluster 0 <-- No class
Cluster 1 <-- 1
Cluster 2 <-- 2
Cluster 3 <-- 3

不正确的聚类个数及其百分比：
Incorrectly clustered instances:　　　97.0　48.5%

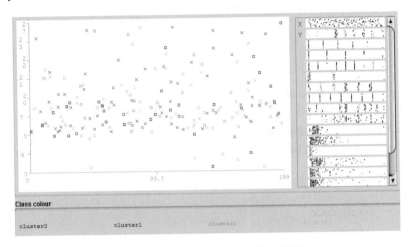

图 15.20　忽略某些因素时的聚类图

15.2.5　解释

实验结果中，Number of clusters 表示簇的个数，Clustered Instances 是各个簇中实例和各村数目及百分比，Log likelihood 表示似然估计结果，Incorrectly clustered instances 表示相对于指定的评价规则，错误聚类的粒子数目及百分比。

使用默认的参数设置进行聚类，聚簇个数默认为–1，此时系统将采用 cross validation（交叉验证）用以决定聚簇的个数。系统通过增加聚簇个数来减少相似度，当相似度不再减少时，系统停止增加聚簇个数。

通过实验可以看出，当对参数及变量不进行修改时，系统自动生成的聚簇个数为 7 个，似然估计结果为–34.89603（似然估计的绝对值越小表明聚类效果越好，当其为 0 时，表明后验概率为 1），错误聚类（聚类图中矩形代表错误分类，叉形表示正确分类）占到 68%。当事先设定聚簇为 3 时，似然估计结果变差，为–38.63628，错误聚类的百分比降到 39%。当忽略掉 soil_code、fruit、pestcide 对聚类效果的影响时，系统自动生成 4 个聚簇，同时似然估计结果变好（–35.07019），错误聚类百分比上升至 48.5%。但必须明确的是，精度和似然估计结果不具有横向比较的意义。通俗来讲，当似然估计结果最好的时候，它的聚类则最大限度地表示了现实应该有的样子，而错误率，只是对这种聚类方式的一种检验。

15.3　数 学 模 型

标准 EM 算法中，通常是利用最大似然(maximum likelihood)准则对参数进行估计。假设有 N 个数据 $X = \{x_1, \cdots, x_n\}$ 是由对于特定的独立同分布 $p(x|\theta)$ 采样获得，那么，有似然函数为 $p(x|\theta) = \prod_{i=1}^{N} p(x_i|\theta) = L(\theta|X)$，最大似然准则是寻找满足

$$\theta^* = \arg\max L(\theta|X) \tag{15.1}$$

的模型参数。通常，为了计算和求解方便，利用对数似然函数 $\log(L(\theta|X))$ 进行求解和优化。假设数据集 Z 包括已观测数据 X 和未观测数据 Y，那么，$Z = (X, Y)$ 通常被分别称为完全数据集和缺失数据集。因此，有

$$p(z|\theta) = P(x,y|\theta) = p(y|z,\theta)p(x|\theta) \tag{15.2}$$

定义完全似然函数为

$$L(\theta|Z) = p(X,Y|\theta) \tag{15.3}$$

那么，标准 EM 算法里，E-step 通常计算完全数据对数似然函数在给定已观测数据 X 后对于未观测数据的数学 Y 期望，或者称为 Q 函数：

$$Q\left(\theta,\hat{\theta}(t)\right) \equiv E\left[\log p(X,Y|\theta)|X,\hat{\theta}(t)\right]$$
$$= \int \log p(X,y|\theta)f\left(y|X,\hat{\theta}(t)\right)\mathrm{d}y \tag{15.4}$$

在 M-step 根据如下公式更新模型参数：

$$\hat{\theta}(t+1) = \arg\max Q\left(\theta,\hat{\theta}(t)\right) \tag{15.5}$$

标准的 EM 算法通过迭代进行 E-step 和 M-step，直到参数收敛为止。EM 算法在理论上能够收敛到参数空间的局部极值。

EM 有多种用途。很多的先前研究都发现，EM 算法虽然可以用于聚类分析，但总的来说，它的效果并不比 k-means 聚类好很多，而迭代速度慢，性能不理想的缺点很明显，甚至会陷入局部最优，这在处理图像分割及简单低维度的合成数据时尤为明显。其中，计算的主要负担来自于 E-step。对于处理高维度聚类的优劣问题，依然尚无定论。通常的做法是，先降维度，再处理。当然，EM 算法的优点也很明显，就是简单和稳定。

第四篇 时空分析

随着空间数据的不断积累，形成了大量的时空数据。分析时空数据可以在每个时间断面运用空间统计方法，然后将各时间断面的空间统计结果连接起来观测其随时间变化规律；也可以运用 SOM、EOF 等降维方法提取时空数据的浓缩信息。本篇介绍时空数据动态建模常用的 5 种方法：第 16 章 EOF 和小波分析；第 17 章贝叶斯最大熵(BME)，用于时空插值；第 18 章贝叶斯层次模型，用于时空趋势和因子分析；第 19 章地理演化树模型，用于高维数据区域分异可视化、数据驱动的时空演化过程重建和预测；第 20 章 Genbank 序列时空进化分析。

第 16 章　EOF 和小波分析

16.1　原　　理

经验正交函数分解（empirical orthogonal function，EOF）的原理与主成分分析（principal component analysis，PCA）相同，虽然关注点略有不同，但本质基本一致（Pearson，1901；Hotelling, 1933）。EOF 方法的主要作用是以时空数据为对象，将时间序列所构成的要素场分解为不依赖于时间变化的空间函数和只依赖于时间变化的时间函数的线性组合，以此来分析要素场的时间和空间结构。

现在该方法已广泛应用于地质学、海洋气象预报等领域。

EOF 方法将不同观测点上的时间序列数据组成一个观测矩阵，然后将观测矩阵分解为时间矩阵和空间矩阵相乘的形式，从中取出空间函数和时间函数的前几项分量组成一个新的矩阵。浓缩了原要素场的主要信息，表达出原矩阵的大部分信息。这几项主要分量是根据各分量的方差对原矩阵总方差的贡献大小选取的。

小波分析（wavelet analysis，WA）是 20 世纪 80 年代初在傅里叶变换（Fourier transform，FT）基础上发展起来的，将 FT 中的正余弦函数基换成了小波基，也称多分辨率分析，可以研究一个时间序列的不同尺度（周期）随时间的变化情况，为更好地研究时间序列问题提供了可能。WA 采用一种大小可变、位置可移动的窗口，通过平移和伸缩等运算功能对时间序列进行分析（Figliola and Seerano，1997；Almasria et al.，2008），平移可以改变窗口在时间轴上的位置，伸缩能改变窗口的大小，这样可以揭示隐藏在时间序列上的不同周期变化情况。WA 一般基于以下思路和步骤（桑燕芳等，2013）。

(1)根据所研究时间序列对象选择合理的小波函数和相应的时间尺度（窗口的大小）。

(2)应用小波变换方法对时间序列进行分析，得到各尺度上的小波系数。

(3)通过分析小波系数的变化规律来认识时间序列的复杂特性，包括：①直接对小波系数的变化规律进行分析，揭示和识别时间序列的周期组成和周期变化特性。②通过分析不同时间序列小波系数之间的相互关系，揭示不同时间序列在不同时间尺度上的相关关系，即小波相干（wavelet coherency，WC）等。

近 30 多年来，WA 已成为应用十分广泛的时间序列分析方法，目前已成功应用于信号处理、图像压缩、语音编码、模式识别及许多非线性科学领域，取得了大量的研究成果（Daubechies，1988）。地学中许多现象（如河川径流、地震波、暴雨、洪水等）随时间的变化往往受到多种因素的综合影响，大多属于非平稳序列，它们不但具有趋势性、周期性等特征，还存在随机性、突变性及"多时间尺度"结构，具有多层次演变规律。对于这类非平稳时间序列的研究，WA 可以利用其本身的伸缩和平移等运算功能对非平稳时间序列进行多尺度细化分析，并能对系统未来发展趋势进行定性估计。

16.2　案　　例

16.2.1　目的

本实验通过经验正交函数分解和小波分析对我国 1951～2000 年东部地区 37 个气象站点 50 年夏季降水的时空分布进行了分析。

16.2.2　数据

本次研究的数据来源于中国气象数据网，数据为 1951～2000 年共 50 年的东部地区包括北京、河北、天津、山东、河南、安徽、江苏、上海、浙江、江西、湖南、湖北、福建等 13 个省份的 37 个气象站点的年降水量数据，存储在 Excel 文件中。

37 个气象站点的 Shapefile 文件，命名为 37.shp，用于 EOF 结果的连接展示。利用 Excel 表中降水数据求出中国东部夏季年平均降水量，每年对应一个值。将数据从 Excel 导出为 ECPPT_yearmean.txt 文件，方便 MATLAB 读入数据进一步处理。数据可在网站 http://www.sssampling.cn/201sdabook/data.html 上下载。

16.2.3　案例 1：经验正交函数分解（EOF）实验

1. 软件使用及输入

EOF 实验所需工具 MiniTab 的下载地址为 http://www.minitab.com.cn/。

（1）打开 MiniTab 软件（图 16.1）。

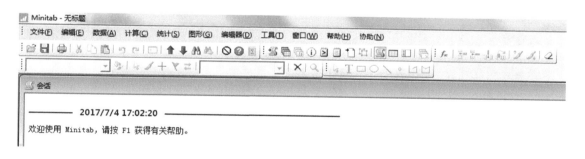

图 16.1　MiniTab 主界面

（2）MiniTab 中，在菜单栏中依次点击【文件】→【打开工作表】（图 16.2），打开文件界面（图 16.3）存有实验数据的 .xlsx 文件（图 16.4）。

（3）MiniTab 中，在菜单栏依次点击【统计】→【多变量】→【主成分】（图 16.5），打开主成分分析界面，选择所有变量 C2 到 C38，并设定要计算的分量数，此处选择 10（图 16.6）。在主成分分析界面点击【存储】，在系数栏填写 C40-C49，用于特征向量；在分值栏填写 C50-C59，用于存储主成分（图 16.7）；点击【确定】后回到主成分界面，点击【确定】，即可输出结果。

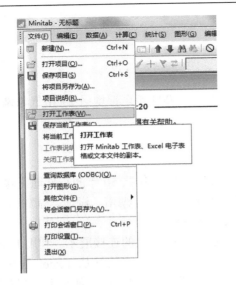

图 16.2　打开文件操作

图 16.3　打开文件界面

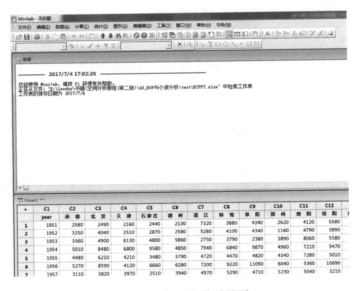

图 16.4　打开文件后界面

　　(4)结果显示出相关矩阵的特征分析和变换后的主成分结果(图 16.8),新建名为 pc_result 的 Excel 表,将主成分结果复制到其中保存(图 16.9)。

　　(5)在 ArcGIS 中将 37 个站点的 Shapefile 文件 37.shp 点文件与 pc_result.xlsx 连接,将主成分结果显示在 37.shp 中,在 37.shp 上右键点击【Joins and Relates】→【Join】,打开 Join Data 对话框,并选择好要连接的字段及文件(图 16.10),点击【OK】;在 37.shp 上右键点击【Open Attribute Table】,打开属性表,在想要赋值的字段 PC1 上右键点击【Field Calculator】,打开字段计算器,将 PC1 结果赋值给此字段(图 16.11),点击【OK】;赋值后,在 37.shp 上右键点击【Joins and Relates】→【Remove Join(s)】→【Remove All Joins】解除关联。

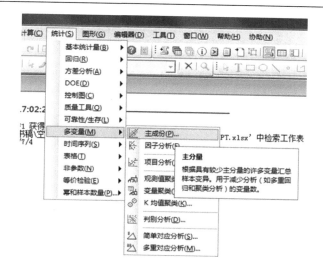

图 16.5　打开主成分分析界面

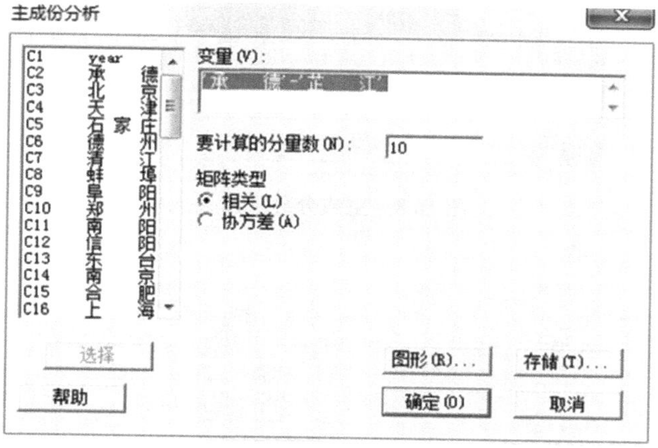

图 16.6　主成分分析界面

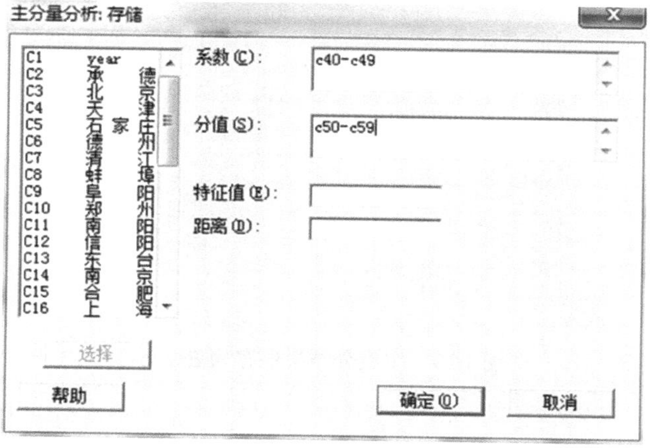

图 16.7　主成分分析存储界面

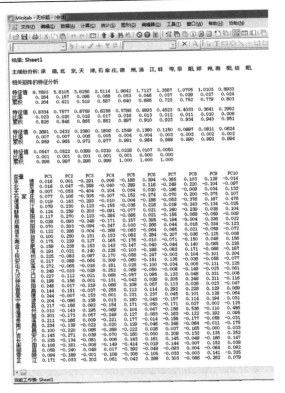

图 16.8　主成分分析结果

city	PC1	PC2	PC3	PC4	PC5	PC6	PC7	PC8	PC9	PC10
承德	0.016	0.001	−0.291	0.006	−0.188	0.394	−0.385	0.103	0.129	−0.014
北京	0.016	0.047	−0.358	−0.04	−0.289	0.116	−0.249	0.22	−0.104	0.024
天津	0.007	−0.053	−0.404	0.104	0.034	0.03	−0.196	−0.009	0.034	0.133
石家庄	0.077	0.106	−0.305	−0.107	0.152	−0.274	0.07	0.2	−0.375	0.107
德州	0.019	0.143	−0.293	−0.01	0.004	−0.188	0.018	−0.243	−0.134	−0.025
清江	0.079	0.123	−0.155	−0.036	0.216	0.018	−0.24	−0.239	0.038	0.104
蚌埠	0.124	0.259	0.203	−0.091	−0.077	0.021	−0.155	0.068	−0.059	−0.009
阜阳	0.117	0.27	0.123	−0.284	−0.085	0.021	−0.194	0.068	−0.059	−0.009
郑州	0.028	0.093	−0.248	−0.171	0.157	−0.395	−0.194	0.021	0.336	0.022
南阳	0.07	0.203	−0.094	−0.247	0.033	−0.266	0.044	0.018	−0.334	−0.123
信阳	0.122	0.266	0.004	−0.268	−0.063	−0.064	0.085	0.021	−0.059	−0.072
东台	0.1	0.25	0.151	0.153	−0.082	0.284	−0.207	−0.036	−0.125	−0.008
南京	0.175	0.229	0.127	0.165	−0.176	−0.01	−0.071	−0.15	0.046	0.156
合肥	0.159	0.238	0.153	0.143	−0.147	−0.04	−0.044	0.14	−0.066	−0.187
上海	0.191	0.021	0.14	0.228	−0.103	−0.188	−0.003	0.171	−0.101	0.204
杭州	0.225	−0.083	0.097	0.17	−0.058	−0.247	0.003	0.104	−0.058	−0.077
安庆	0.217	0.089	−0.064	0.309	−0.06	−0.151	0.135	−0.036	−0.131	−0.125
屯溪	0.272	−0.065	−0.016	0.181	0.028	−0.034	−0.003	0.005	−0.025	−0.061
九江	0.249	−0.023	−0.029	0.252	0.069	−0.05	−0.008	−0.149	0.331	−0.008
汉口	0.227	0.112	−0.021	0.068	−0.057	0.095	0.133	0.046	0.311	−0.116
钟祥	0.198	0.156	0.001	−0.131	−0.043	0.026	0.205	0.246	0.023	−0.047
岳阳	0.248	0.017	−0.219	0.066	0.108	0.057	0.113	0.026	0.129	0.069
宜昌	0.144	0.151	−0.037	−0.255	0.112	0.114	0.292	0.228	0.128	−0.064
常德	0.244	−0.007	−0.153	−0.001	0.231	0.237	0.045	0.101	0.194	0.051
宁波	0.204	−0.096	0.158	0.015	0.16	−0.045	−0.157	0.114	0.002	−0.125
蒲昌	0.217	−0.156	0.082	−0.154	0.171	−0.05	−0.171	0.027	−0.11	0.486
温州	0.01	−0.143	0.195	−0.069	0.104	0.047	−0.156	0.536	−0.192	0.095
浦城	0.201	−0.173	0.057	−0.249	0.127	0.083	−0.163	−0.122	−0.058	−0.031
贵溪	0.211	−0.166	0.009	−0.221	0.177	−0.014	−0.158	−0.177	−0.011	0.033
南昌	0.234	−0.139	−0.022	0.02	0.129	−0.046	−0.246	−0.064	0.135	0.252
广昌	0.1	−0.22	0.086	−0.289	−0.222	0.026	0.037	−0.165	0.135	0.252
吉安	0.145	−0.271	0.039	−0.07	−0.16	0	0.209	−0.132	−0.166	0.147
长沙	0.235	−0.134	−0.081	−0.08	0.143	−0.019	0.144	−0.007	0.152	0.038
衡阳	0.108	−0.181	−0.008	−0.149	−0.414	−0.392	−0.049	−0.093	0.004	0.082
郴县	0.058	−0.24	0.049	0.017	−0.392	−0.105	−0.033	−0.003	0.141	−0.325
零陵	0.094	−0.189	−0.001	−0.108	−0.308	−0.105	−0.033	−0.003	−0.262	0.079
芷江	0.171	−0.033	−0.202	0.051	−0.042	0.299	0.303	−0.086	−0.262	0.079

图 16.9　主成分结果保存为 Excel

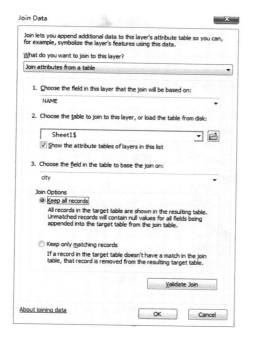

图 16.10　连接数据对话框

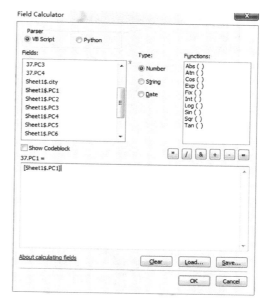

图 16.11　字段计算器

（6）在 ArcGIS 中打开 ArcToolbox 工具箱，点击【Spatial Analyst Tools】→【Interpolation】→【Kriging】，打开克里金插值对话框，选择想要插值的点文件、字段及存储路径（图 16.12）。在 ArcToolbox 工具箱中，点击【Spatial Analyst Tools】→【Surface】→【Contour】，打开生成等值线对话框，填写要生成等值线的文件、输出文件存储路径及等值线间隔（图 16.13），点击【OK】，生成第一主分量等值线。其他主分量的等值线也按照上述步骤生成（图 16.14）（由于篇幅有限，这里只展示了前 3 个分量的结果）。

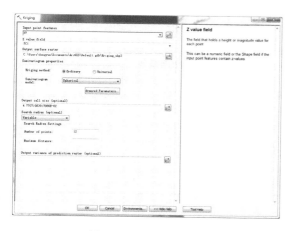

图 16.12　Kriging 插值对话框

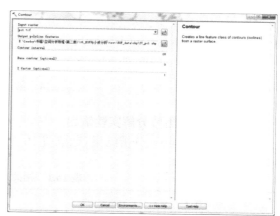

图 16.13　生成等值线对话框

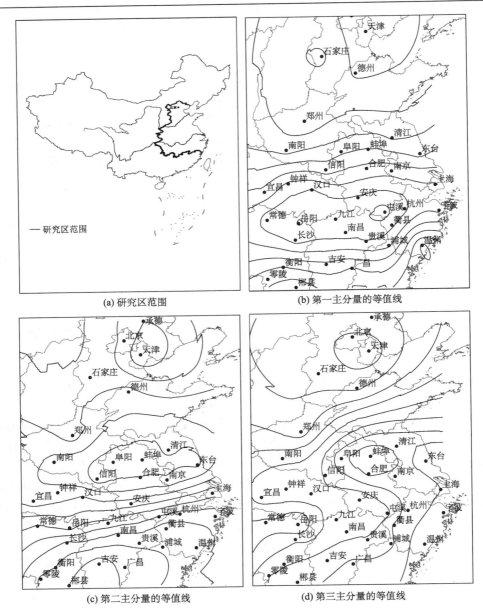

(a) 研究区范围　　　　　　　　　　(b) 第一主分量的等值线

(c) 第二主分量的等值线　　　　　　(d) 第三主分量的等值线

图 16.14　第一主分量的等值线

2. 经验正交函数分解实验输出

(1) 相关矩阵特征分析结果(截取前 10 个)见表 16.1。

表 16.1　相关矩阵特征分析结果

项目	结果
特征值	9.7693　5.8105 3.6256 2.5114 1.9642 1.7127 1.3587 1.0705 1.0103 0.8933
比率	0.264　0.157 0.098 0.068 0.053 0.046 0.037 0.029 0.027 0.024
累积	0.264　0.421 0.519 0.587 0.640 0.686 0.723 0.752 0.779 0.803

(2) 线性变换后的主成分结果 (部分) 见表 16.2。

表 16.2　线性变换后的主成分结果

项目	结果
变量	PC1　PC2　PC3　PC4　PC5　PC6　PC7　PC8　PC9　PC10
承德	0.016 0.001 −0.291 0.006 −0.188 0.394 −0.385 0.103 0.129 −0.014
北京	0.016 0.047 −0.358 −0.040 −0.289 0.116 −0.249 0.220 −0.104 −0.097
天津	0.007 −0.053 −0.404 0.104 0.034 0.030 −0.196 −0.009 0.034 0.133
石家庄	0.077 0.106 −0.305 −0.107 −0.152 −0.274 0.070 0.200 −0.375 0.107
德州	0.019 0.143 −0.293 −0.010 0.004 −0.188 −0.053 −0.376 0.167 0.476
清江	0.079 0.230 0.123 −0.155 −0.036 0.216 0.018 −0.243 −0.134 −0.025
蚌埠	0.124 0.259 0.203 −0.091 −0.077 0.021 −0.240 −0.239 0.038 0.104
阜阳	0.117 0.270 0.123 −0.284 −0.085 0.021 −0.155 0.068 −0.059 −0.009
郑州	0.028 0.093 −0.248 −0.171 0.157 −0.395 −0.194 −0.004 0.336 0.022
南阳	0.070 0.203 −0.094 −0.247 0.033 −0.266 0.044 0.018 −0.334 −0.123
信阳	0.122 0.266 0.004 −0.268 −0.063 −0.064 0.085 0.021 −0.059 −0.072

3. 经验正交函数分解实验结果解释

相关矩阵的特征分析中，比率表示该特征值所对应的方差贡献，累积表示前几个主分量的累计方差。从表 16.1 中可看到前 9 个因子的特征值均大于 1，且前 10 个主分量的累计方差达到了 80.3%，因此，选取前 10 个主分量被认为能反映原要素场的大部分信息。第一主分量的方差贡献率为 26.4%，第二主分量的方差贡献率为 15.7%，第三主分量的方差贡献率为 9.8%。

线性变换后的 10 个主成分结果可以基本反映原要素场，将主分量投影到相应的地图位置，做等值线分析，就可以看出降水量的空间分布格局。将前三个主分量绘制到地图上相应的位置，做等值线分析，得到前三个主分量的空间分布格局 (图 16.14)。根据第一主分量的等值线分布，长江中游的贡献率要高于华北地区 [图 16.14 (b)]；根据第二主分量的等值线分布，华南地区的贡献率要远远低于华中和华北地区的贡献率 [图 16.14 (c)]；根据第三主分量的等值线分布，华南地区的贡献率不如华中和华北地区的贡献率 [图 16.14 (d)]。前三个主分量都反映出华中地区的贡献率最高，整个东部地区的夏季降水分布都呈现出以长江流域为中心向南和向北减少的时空分布。

16.2.4　案例 2：小波分析实验

1. 软件使用及输入

(1) 本实验所用 MATLAB 软件版本为 MATLABR2015b。MATLAB 的购买地址如下：https://www.mathworks.com/products/matlab.html?s_tid=hp_products_matlab。

(2) 打开 MATLAB 软件，进入操作界面后，在 Command Widow 界面输入代码，读取 ECPPT_yearmean.txt 文件后，将每年对应的降水量单独提取出来 (图 16.15)。

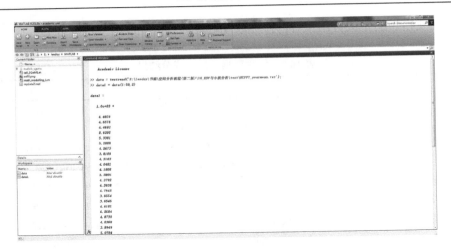

图 16.15　提取数据

（3）输入命令 wavemenu，回车后打开 MATLAB 自带的小波分析工具箱（图 16.16）；为消除或减小时间序列开始点和结束点附近的边界效应，必须对其两端数据进行延伸。在小波分析工具箱界面点击【Signal Extension】，打开 Signal Extension /Truncation 窗口，单击【File】→【Import Signal from Workspace】，选择变量 data1 文件，点击【OK】（图 16.17）；Extension Mode 下选择【Symmetric（Whole-Point）】，Dircetion to extend 下选择【Both】，单击【Extend】进行对称性两端延伸计算（图 16.18）；点击【File】→【Save Tranformed Signal】，将延伸后的数据结果保存为 ECPPT_extent.mat 文件。

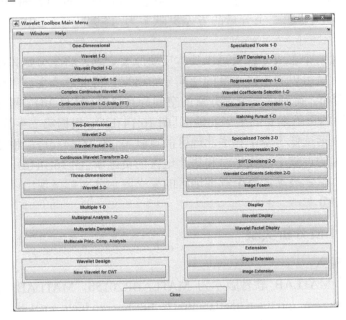

图 16.16　小波分析工具箱

(4) 在小波分析工具箱界面，点击【Complex Continuous Wavelet 1-D】，打开一维复连续小波变换界面；在一维复连续小波变换界面，点击【File】→【Load Signal】，加载ECPPT_extent.mat 文件，点击【打开】，　左侧为时间序列显示区域，右侧区域给出了时间序列和复小波变换的有关信息和参数，主要包括数据大小 (data Size)、小波函数类型 (wavelet)、取样周期 (sampling Period)、周期设置 (scaleSettings) 和运行按钮 (analyze)，以及显示区域的相关显示设置按钮。本例中，选择 cmor (1~1.5)，其他默认，点击【Analyze】，计算小波系数 (图 16.19)；在一维复连续小波变换界面，点击【File】→【Save Coefficients】，保存小波系数为 ECPPT_Coefficients.mat 文件。

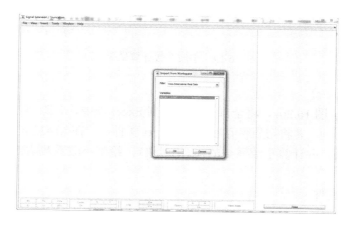

图 16.17　信号延展界面

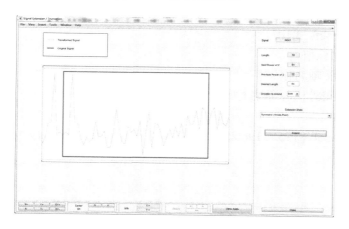

图 16.18　信号延展计算结果

(5) 在 MATLAB 中加载 ECPPT_Coefficients.mat 文件代码，将小波系数中的虚部去掉保留实部，保存为 coefs_1。

代码如下：

%加载小波系数数据 (文件地址应为本书网站下载数据存放地址)

load ('...\ECPPT_Coefficients.mat');

%去除小波系数结果中的虚部，只保留实部

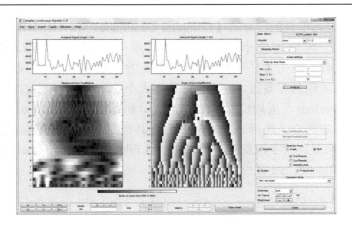

图 16.19　小波系数计算结果

coefs_1 = real(coefs)

（6）打开 coefs_1（图 16.20），将全部数据复制到 Excel 表中，去除用于延伸计算的值，即删除前 7 列和最后 7 列，并将结果保存在 coefs_1.txt 文件中。在 MATLAB 中读取 coefs_1.txt 文件到 coefs_2 变量，并计算小波系数的模（绝对值），绘制小波系数实部的模等值线图。代码如下：

```
%读取 coefs_1 文件
coefs_2 = textread('...\coefs_1.txt');
%绘制小波系数的模的等值线图
coefs_3 = abs(coefs_2)
[C,h]=contourf(coefs_3,10)
clabel(C,h); %加标值
xlabel('Year'); %x 轴名称
ylabel('Period Scale'); %y 轴名称
%设置 x 轴的标注
set(gca,'XTickLabel',{'1955','1960','1965','1970','1975','1980','1975','1990','1995','2000'})
%生成颜色带
colorbar
```

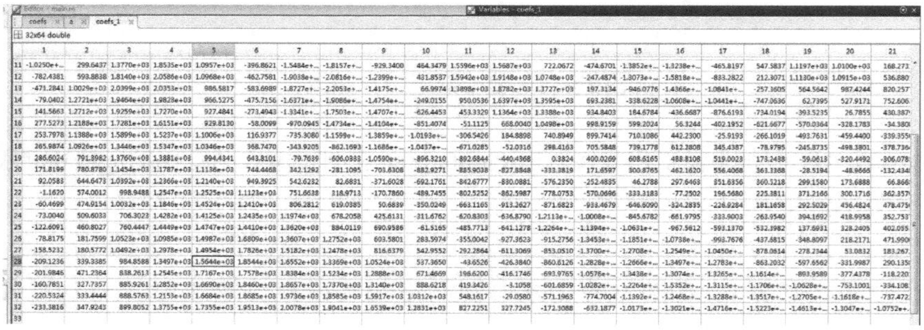

图 16.20　打开 coefs_1 数据

2. 小波分析实验输出

通过上述步骤，可得到小波分析后的小波系数实部的模的等值线图(图 16.21)。横坐标为时间(年份)，纵坐标为时间尺度(周期)。小波系数实部的模值是不同时间尺度变化周期所对应的能量密度在时间域中分布的反应,小波系数实部的模值越大(在图中反映为颜色越浅),表明其所对应时段或尺度的周期性就越显著,而小波系数的模值越小(在图中反映为颜色越深),表明其所对应时段或尺度的周期性越不明显。

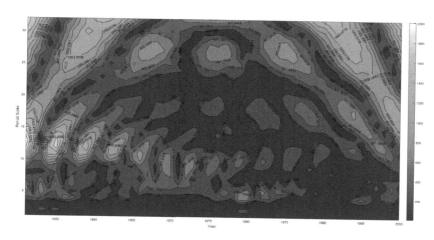

图 16.21　小波系数的模等值线图

3. 小波分析实验结果解释

小波系数实部的模等值线图(图 16.21)的降水量演化过程中，在 10～15 年(图中浅色区域在 y 轴上的变化)的时间尺度(周期)上模值最大,在1950～1960 年间10～15 年的周期显著;但 1965～1995 年之间模值较小,说明在此时段内 10～15 年的周期并不显著;1995 年之后模值再次增大，此时期后 10～15 年时间尺度的周期变化会趋于显著。

16.3　数　学　模　型

在 EOF 方法中，设某一要素场，有 n 个观测点，分别进行了 m 次观测，其观测值构成矩阵 X 为

$$\begin{bmatrix} x_{11} & \cdots & x_{1n} \\ \vdots & & \vdots \\ x_{m1} & \cdots & x_{mn} \end{bmatrix}$$

EOF 就是把要素场观测序列分解成正交的时间函数矩阵 T 和空间函数矩阵 L，即

$$X = TL$$

其中，

$$T_{m \cdot m} = \begin{bmatrix} t_{11} & \cdots & t_{1m} \\ \vdots & & \vdots \\ t_{m1} & \cdots & t_{mm} \end{bmatrix}, \quad L_{m \cdot n} = \begin{bmatrix} l_{11} & \cdots & l_{1n} \\ \vdots & & \vdots \\ l_{m1} & \cdots & l_{mn} \end{bmatrix}$$

也就是

$$x_{ij} = \sum_{h=1}^{m} t_{ih} l_{hj} \qquad i = 1, 2, \cdots, m; j = 1, 2, \cdots, n$$

式中，l_{hj} 为序号为 h 的空间函数，只依赖于空间变化，不随时间变化，称为序号 h 的典型场；t_{ih} 为序号为 h 的空间函数在第 i 时刻的权重系数，只依赖于时间变化，不随空间变化，称为时间函数。在实际应用中，取有限的几项即主分量，如 $H(H<m)$ 项就可达到对原要素场较好的拟合：

$$\hat{x}_{ij} = \sum_{h=1}^{H} t_{ih} l_{hj} \qquad i = 1, 2, \cdots, m; j = 1, 2, \cdots, n$$

式中，$\hat{x}_{ij}$ 为 x_{ij} 的估值；H 为主分量的个数。

EOF 方法的计算方法如下。

（1）协方差矩阵为

$$\boldsymbol{S} = \frac{1}{m} X^{\mathrm{T}} X$$

$\boldsymbol{S}$ 的特征方程为

$$\boldsymbol{S} - \lambda I = 0$$

（2）求解特征值方程的特征值 λ 和对应的特征值向量 $\boldsymbol{L}$，特征值按降序排列，即

$$\lambda_1 \geqslant \lambda_2 \geqslant \cdots \geqslant \lambda_n \geqslant 0$$

对应的特征值向量为

$$\boldsymbol{L}_1 = \begin{bmatrix} l_{11} \\ \vdots \\ l_{1n} \end{bmatrix}, \quad \boldsymbol{L}_2 = \begin{bmatrix} l_{21} \\ \vdots \\ l_{2n} \end{bmatrix}, \quad \cdots, \quad \boldsymbol{L}_n = \begin{bmatrix} l_{n1} \\ \vdots \\ l_{nn} \end{bmatrix}$$

（3）时间权系数 T 为

$$t_{ki} = \sum_{j=1}^{n} x_{ij} l_{kj} \Big/ \sum_{j=1}^{n} l_{kj}^{2}$$

（4）主分量个数的确定。当所取主分量个数为 H 项时，整个序列式展开的精度用累积方差贡献百分率或累积解释方差量来衡量，即

$$R = \sum_{i=1}^{H} \lambda_k \Big/ \sum_{i=1}^{n} \lambda_k$$

根据累积方差贡献百分率 R 来确定 H 值，一般要求累计方差贡献率 R 在 80%以上就可确定 H 值，即主分量的个数。特征值对应的向量 $\boldsymbol{L}_k$ 又称为典型场，$\boldsymbol{L}$ 依特征值 λ 按降序排列，把排在第一位特征值向量 $\boldsymbol{L}_1$ 称为第一典型场，$\boldsymbol{L}_2$ 称为第二典型场，依次类推。

在 WA 中，小波函数 $\psi(t)$ 是关键，小波函数指的是具有震荡特性、能够迅速衰减到 0 的一类函数，也称为小波母函数（mother wavelet，或 wavelet basis function），小波函数有严格的数学定义，并且必须满足一定的"容许性条件"：

$$时间域：\int_{-\infty}^{+\infty} \psi(t) \mathrm{d}t = 0$$

$$频率域：C_{\psi} = \int_{-\infty}^{+\infty} \frac{|\psi^*(\omega)|^2}{|\omega|} \mathrm{d}\omega < \infty$$

式中，$\psi(\omega)$ 为小波函数 $\psi(t)$ 在频率 ω 处的 Fourier 变换；$\psi^*(\omega)$ 为 $\psi(\omega)$ 的复共轭函数。目

前有许多小波函数可选用，Morlet 小波是使用最普遍的一种，其表达形式为

$$\psi(t) = e^{ict} e^{-t^2/2}$$

式中，c 为常数；i 为虚数。确定小波函数后，则对于时间序列函数 $f(t) \in \boldsymbol{L}^2(R)$ 的连续小波变换（continuous wavelet transform，CWT）可以表示为

$$W_f(a,b) = \int_{-\infty}^{+\infty} f(t) \psi_{a,b}^*(t) \mathrm{d}t$$

其中，

$$\psi_{a,b}(t) = \frac{1}{\sqrt{a}} \psi\left(\frac{t-b}{a}\right) \qquad a,b \in R, a \neq 0$$

式中，$W_f(a,b)$ 为连续小波变换系数；$\psi^*(t)$ 为 $\psi(t)$ 的复共轭函数；a 为时间尺度因子，可反映小波的周期长度；b 为时间位置因子，可反映时间上的平移。但有些时间序列经常是离散序列，对上式进行离散化处理，得到时间序列函数 $f(t)$ 的离散小波变换（discrete wavelet transform，DWT），可以表示为

$$W_f(j,k) = \int_{-\infty}^{+\infty} f(t) \psi_{j,k}^*(t) \mathrm{d}t$$

其中，

$$\psi_{j,k}(t) = a_0^{-\frac{j}{2}} \psi\left(a_0^{-j} t - kb_0\right)$$

式中，a_0 和 b_0 均为常数；j 为分解水平（decomposition level，DL），也称时间尺度水平；k 为时间位置因子。

　　EOF 虽然一般被认为是 PCA，但是两者的分析原理稍有些不同，实质相同。PCA 在推导过程中寻求的是主成分的方差最大；EOF 在分析过程中寻求的是场的总误差方差最小，两者寻求的目标在本质上是相同的。当变量是距平或标准化距平时，这两种方法都是采用拉格朗日条件极值法推导出来的同一种方法，EOF 展开的时间系数就是主成分。

　　小波分析是傅里叶分析思想方法的发展与延拓，但是认为小波分析能处理所有问题、并代替傅里叶分析的想法是不妥的。在应用研究方面，针对具体实际问题，如何构造选择最优小波基及框架的系统方法一直是人们关注的问题之一（Singh and Tiwari，2006）。小波分析应用的范围虽广，但真正取得极佳效果的领域并不多，人们也正在挖掘有前景的应用领域。但小波分析所带来的局部化革命和多尺度分析的思想，已对许多学科产生多方面的影响，无论是古老的自然科学，还是新兴的高技术应用科学都受到小波分析的强烈冲击。小波分析与其他理论的综合运用是今后小波变换技术发展的必然趋势。

第17章 贝叶斯最大熵

17.1 原　　理

G. Christakos 在 1990 年提出了贝叶斯最大熵(Bayesian maximum entropy, BME)方法,并称之为"现代时空地统计学"(Christakos, 1990, 2000)。与传统的地统计学方法(Kriging)相比,BME 能够融合多种来源、不同精度的信息,如物理定律、经验、高阶统计矩和不确定信息等。经过 20 多年的发展,BME 已应用在环境科学、土壤学、流行病学等很多领域。

BME 把所有信息分为两类:一般知识(general knowledge, G-KB)和特定知识(specific knowledge, S-KB)。一般知识指有关研究对象的背景知识和人们的认知,如自然规律、经验知识等;在地统计学中,可获得的一般知识通常指时空统计矩(均值、方差、协方差等)。特定知识指针对特定研究对象的信息,一般指特定研究区域或对象的数据集。特定知识又分为硬数据(具有精确观测值或误差可以忽略)和软数据(观测值具有不确定性,如以概率分布形式表达的数据)。

使用 BME 处理的问题通常可描述为:已知某些点的全部知识(K = G∪S),估计自然、社会或流行病学变量 X 在点 p_k 的值,其中,$p_k = (s_k, t_k)$ 表示时空随机场中的点(Christakos, 2000),s_k 为该点的空间坐标;t_k 为时间。BME 将该问题看作估计随机变量 $X(p_k)$ 的取值问题,其计算过程主要包括两个步骤:①基于最大熵原理,利用一般知识和特定知识,以统计矩为约束条件,得到 $X(p_k)$ 的先验概率密度函数;②根据贝叶斯条件概率公式,考虑硬数据和软数据的具体形式,得到 $X(p_k)$ 的后验概率密度函数。后验概率密度函数包含了 $X(p_k)$ 的全部统计信息,根据具体的研究目的,确定后验概率最大值点、均方误差最小值点、中位点等作为合适的估计值。值得注意的是,若一般知识限定于统计矩,而特定知识只包含硬数据时,以后验概率最大值确定的 BME 估计等同于相应的 Kriging 估计。

能够实现 BME 计算的主要软件包是 BMElib,它是利用 MATLAB 语言写成的工具包(http://www.unc.edu/depts/case/BMELIB/),SEKSGUI 为 BMElib 提供了图形用户界面(http://www.ntu.edu.tw/~hlyu/software/SEKSGUI/)。此外,软件 BMEGUI 基于 Python 实现了 BME 分析(http://www.unc.edu/depts/case/BMEGUI);Quantum GIS 中可以加载实现 BME 计算的插件 STAR-BME(homepage.ntu.edu.tw/~hlyu/software/STAR/)。

17.2 案　　例

使用 BME 方法研究陕西省西安市部分辖区 PM$_{2.5}$ 的时空特征,借此介绍使用软件 BMEGUI 进行 BME 时空分析的过程。

17.2.1 数据

本案例使用的数据是西安市 13 个空气质量监测站 2015 年 12 月 25～31 日的日均 PM$_{2.5}$ 监测结果。若某一天某站点有监测数据,则为硬数据;否则,取同一天其他站点监测值的最小值和最大值构造一个区间,并假设该站点当天的监测值在该区间上服从均匀分布(软数据)。数据可在网站 http://www.sssampling.cn/201sdabook/data.html 上下载。监测站点的分布及研究区域如图 17.1 所示。

图 17.1 监测站点与研究区域

BMEGUI 处理的是时/空数据,因此,数据文件至少应包含 4 列:X、Y、T 和 Data。其中,X 和 Y 表示空间坐标,目前 BMEGUI 只支持二维空间坐标;T 代表数据产生或收集的时间;Data 代表相应的数据值。如果数据是在相同时间、不同位置收集的,则可指定所有 T 为任一常数值,表示数据在同一时间收集。类似地,如果数据是在同一位置、不同时间收集的,则可指定所有的 X 和 Y 为固定数值。

BMEGUI 能够处理硬数据和 4 种不同分布类型(均匀分布、高斯分布、三角分布和截断高斯分布)的软数据。软件默认数据文件只包含硬数据,否则,必须用 5 列表示数据,其中 1 列声明每条数据记录的类型,0 表示硬数据,1~4 对应 4 种不同分布类型的软数据,另 4 列(Val1~4)表示数据,取值视特定的分布类型而定。若是硬数据,则 Val1、Val2 均为对应数值,Val3、Val4 可任意设定;若是服从均匀分布的软数据,则 Val1、Val2 对应区间端点值,Val3、Val4 可任意设定;若是服从高斯分布的软数据,则 Val1、Val2 分别对应均值和标准差,Val3、Val4 可任意设定。

BMEGUI 支持 GeoEAS 和 CSV 两种格式的数据文件。GeoEAS 格式文件以.txt 为后缀,文件第 1 行可以对数据做描述;第 2 行为数据列数;第 3 行开始是列的名称,每一列的名称占 1 行;再下一行开始为数据,每行是一条记录,同一行中不同列的数据用 Tab 键分隔。根据 BMEGUI 的数据格式要求把数据存储到 csv 文件中,表 17.1 展示了标题行与前 7 条记录。

表 17.1 满足 BMEGUI(.csv)格式要求的部分西安市 PM$_{2.5}$ 监测数据

Date	DateID	StationID	X	Y	DateType	Val1	Val2	Val3	Val4
2015/12/25	1	1462A	12120700	4041710	0	51.542	51.542	0	0
2015/12/26	2	1462A	12120700	4041710	0	66.458	66.458	0	0
2015/12/27	3	1462A	12120700	4041710	0	107.88	107.88	0	0

续表

Date	DateID	StationID	X	Y	DateType	Val1	Val2	Val3	Val4
2015/12/28	4	1462A	12120700	4041710	0	146	146	0	0
2015/12/29	5	1462A	12120700	4041710	0	134.04	134.04	0	0
2015/12/30	6	1462A	12120700	4041710	1	79.042	183.96	0	0
2015/12/31	7	1462A	12120700	4041710	0	142.64	142.64	0	0

17.2.2　计算过程

（1）启动 BMEGUI 后，指定工作目录、导入数据，其中，工作目录用于存放计算过程中产生的所有文件，如图 17.2 所示。选定后点击【OK】键可进入下一步。

图 17.2　工作目录与数据文件选择窗口

（2）设置数据字段，以确定数据文件中需要分析的列。软件默认数据文件只包含硬数据；若使用软数据，首先勾选"Use Datatype"，然后选定数据类型及 4 列数据所对应的列，如图 17.3 所示。窗口下方还可以设置时/空坐标的单位、数据单位及数据的名称。设置完成后，点击【Next】进入下一步。

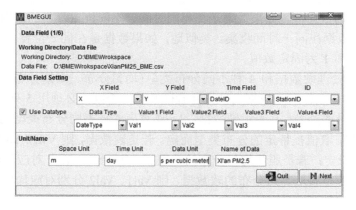

图 17.3　数据字段和单位设置窗口

（3）数据分布窗口，查看数据的分布情况。对原始数据和对数变换后的数据，"Statistics"和"Histogram"栏分别展示了描述性统计结果和直方图，如图 17.4 所示。窗口右上方可以设置对零和负值进行对数变换时的处理方法，最下面可以选择是否使用对数变换后的数据，如图 17.4 所示。设置完成后，点击【Next】进入下一步。

（4）探索性数据分析，这一步使用两个选项卡分别展示数据的时间序列特征和空间分布特征。时间序列特征针对某一空间位置（此例为监测站点），而空间分布特征针对某一时间点。因此，可以查看不同时间、不同位置的数据分布特征，如图 17.5 所示。勾选上方的 Aggregation Period 框可以设置汇总数据的时间间隔，此时，落在同一时间间隔内的不同空间位置的数据将被视为是在同一时间收集的。此外，在空间分布选项卡的窗口右侧可以指定要展示的空间范围，单击下方的 Create PointLayer 按钮，可以将该时刻不同位置的数据导出到 csv 文件。点击右下角的【Next】进入下一步。

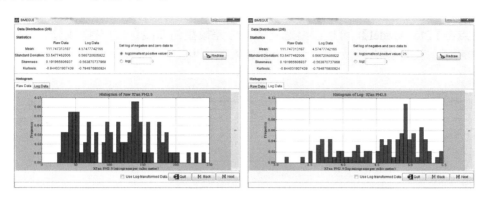

图 17.4　数据分布窗口

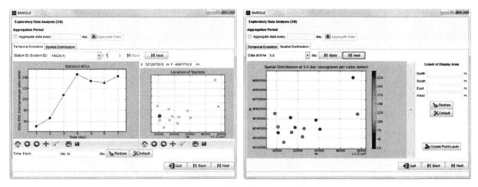

图 17.5　探索性数据分析窗口

(5)整体平均趋势分析，图 17.6 展示了监测数据整体平均趋势的时间成分和空间成分，使用者可根据具体情况决定是否使用去掉平均趋势后的数据。如果使用，在后续分析中将使用去掉平均趋势后的残差数据。本例中忽略平均趋势（选择窗口上方的"Skip mean trend analysis"）。

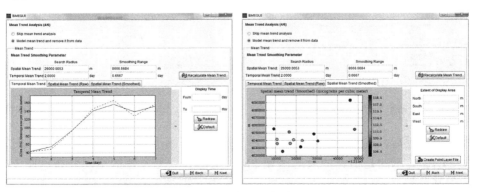

图 17.6　平均趋势分析窗口

（6）时空协方差分析。首先，设置时间和空间滞后数量，计算实际数据的实验协方差。时间和空间滞后参数的设置有两种方式：一是简单地设置滞后数量，之后软件使用等距离滞后进行计算；二是手动编辑每一个滞后参数和相应的滞后容差。然后，选择合适的时空协方差模型和参数，先确定协方差结构的数量（1～4），再分别选择时间和空间成分的模型及参数，设置好后点击【Plot Model】，可以画出选定的协方差模型的曲线（区分空间成分和时间成分），如图 17.7 所示。设置完成后，点击【Next】进入下一步。

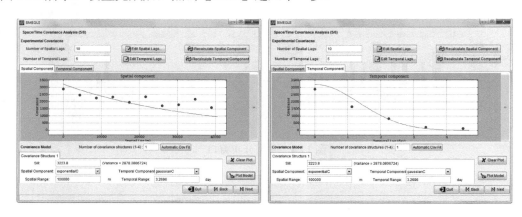

图 17.7　时/空协方差分析窗口

（7）BME 估计。这是使用 BMEGUI 进行 BME 分析的最后一步，软件使用两个选项卡，分别展示目标变量的时间和空间分布估计结果。BMEGUI 会展示默认参数，用户也可以指定各参数的取值。对于空间分布，还需要选定待估计的时间、X、Y 轴上要估计的节点的数量，以及要计算和展示的空间范围，如图 17.8 所示。而对于时间分布，需要选择要估计的监测站点和时间范围，如图 17.9 所示。

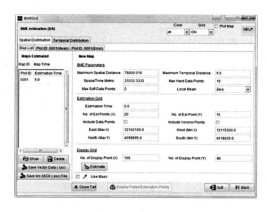
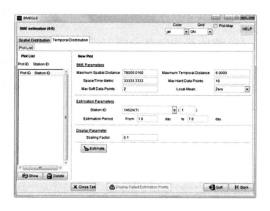

图 17.8　BME 估计与空间分布有关参数设置窗口　　图 17.9　BME 估计与时间分布有关参数设置窗口

完成参数设置后，点击【Estimate】按钮，软件将开始计算。计算结果展示在相应的选项卡内，图 17.10 展示的是估计的所选区域 $PM_{2.5}$ 均值和误差方差的空间分布；图 17.11 展示的是估计的某监测站 $PM_{2.5}$ 的时间序列特征，其中，实线代表 BME 估计的均值，点线代表标准差。

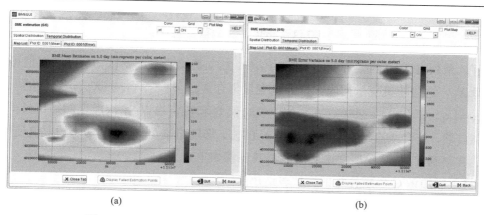

(a)　　　　　　　　　　　　　　　　　(b)

图 17.10　BME 分析结果：均值(a)和误差方差(b)的空间分布

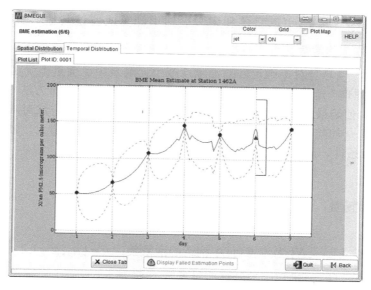

图 17.11　BME 分析结果：某监测站估计结果的时间序列特征

在 Spatial Distribution 和 Temporal Distribution 选项卡的左侧，可以单击【Save …】保存分析结果。BMEGUI 支持的格式有.csv 和.asc。保存后的文件可以导入 ArcGIS 中，以做进一步分析或制作生成地图文件。

17.2.3　解释

以陕西省西安市部分辖区 PM$_{2.5}$ 的时空特征为例，介绍了使用软件 BMEGUI 进行 BME 时空分析的过程。BME 方法在该例中的使用有两个优点：①同时考虑了 PM$_{2.5}$ 在时间和空间维度上的变化特征；②利用了不同精度的数据，包括具有准确监测值的硬数据和服从均匀分布的软数据。相比只能使用硬数据进行分析的传统的地统计学方法，BME 由于具有合理、有效的融合软数据的能力，其估计结果的精度更高。

17.3　数　学　模　型

设有一系列时/空点的集合 $p_{\text{map}} = (p_1, p_2, \cdots, p_v)$，某属性在点 $p_i (1 \leqslant i \leqslant v)$ 的取值可以看作随机变量 X_i，这些随机变量构成一个随机变量集合 $X_{\text{map}} = (X_1, X_2, \cdots, X_v)$，它们的一个实现记为 $x_{\text{map}} = (x_1, x_2, \cdots, x_v)$。已知点 p_{map} 的一般知识 G 和特定知识 S，构成全部知识 K = G∪S，要估计某自然、社会或流行病学变量在点 p_k 的值，即随机变量 $X_k = X(p_k)$ 的取值使用 BME 方法，能够得到 X_k 的后验概率密度函数。其步骤如下。

（1）将一般知识 G 以统计矩的形式表达出来：

$$\overline{g_\alpha (p_{\text{map}})} = \int g_\alpha (x_{\text{map}}) f_G (x_{\text{map}}) \mathrm{d}x_{\text{map}} \tag{17.1}$$

式中，$\alpha = 1, 2, \cdots, N$；f_G 为基于一般知识（G-based）的先验概率密度函数。构造合适的 g_α，使式（17.1）左端的 $\overline{g_\alpha (p_{\text{map}})}$ 可以直接利用一般知识计算或通过其他信息得到。特别地，$g_0 = 1$，$\overline{g_0} = 1$ 是规范化常数。

（2）信息论中，信息是对不确定性的消除或减小；熵是用于衡量不确定性程度的一个基本概念。"最大熵原理"是依据有限知识对某未知分布做出推断的一种方法，其原则是以已知事实为约束条件，使熵最大化的概率分布作为估计的概率分布。该方法对未知事物不做任何主观假设，即保留全部的不确定性，这样得到的概率分布的信息熵最大。依据最大熵原理，以式（17.1）为约束条件，最大化先验概率密度函数 f_G 的熵：

$$\overline{\text{Info}_G [x_{\text{map}}]} = -\int f_G (x_{\text{map}}) \log f_G (x_{\text{map}}) \mathrm{d}x_{\text{map}} \tag{17.2}$$

得到先验概率密度函数：

$$f_G (x_{\text{map}}) = e^{\mu_0 + \boldsymbol{\mu}^{\text{T}} \boldsymbol{g}} \tag{17.3}$$

式中，$G = \{G_\alpha, \alpha = 1, 2, \cdots, N\}$ 为步骤（1）中构造的函数集；$\mu = \{\mu_\alpha, \alpha = 1, 2, \cdots, N\}$ 为利用拉格朗日乘数法最大化式（17.2）过程中的拉格朗日乘数；μ_0 使 $\overline{g_0} = 1$。

（3）将式（17.3）代入式（17.1）（左端根据一般知识得到），求解得到系数 μ，将得到的结果再代入式（17.3），得到基于一般知识的先验概率密度函数 f_G。

（4）结合特定知识 S（包括硬数据和软数据），根据条件概率的定义及贝叶斯公式，计算基于全部知识 K = G∪S 的后验概率密度函数：

$$f_K (x_k) = f_G [x_k | x_{\text{map}} (S)] \tag{17.4}$$

（5）根据具体的研究目的，选择合适的统计量估计 $\hat{X}_k$。例如，BMEmode 估计取概率最大处的值，BMEmean 估计取平均误差方差最小处的值，也可以使用其他形式。

（6）不确定性分析。BME 方法给出了随机变量 X_k 的后验概率密度函数 $f_K (x_k)$，据此可以分析估计结果的不确定性，如计算估计结果的标准误差、置信区间等。

本章介绍了贝叶斯最大熵（BME）时空地统计方法，相比传统的地统计学方法，BME 的优势在于：

（1）BME 分析过程符合本体论（ontological）和认知论（epistemic）原则，具有坚实的方法论基础。

(2)以一般知识和特定知识的形式组织可利用的不同来源和精度的数据，包括采样数据、观测数据、历史数据、专家知识、物理定律、经验关系等。这些数据的有效利用能够提高估计精度。

(3)BME 估计以时/空随机场为基础，将空间位置和时间统一到时空坐标中，能够同时估计具有不同时间、不同空间的点的相关特征。同时，BME 估计是非线性的，不需要平稳假设或正态分布假设。

(4)BME 分析的结果是目标预测点相关属性(看作随机变量)的完整的概率密度函数，基于此可以得到完整的统计信息，包括数学期望、方差、最大概率对应的值、概率处于某区间的值的范围等。进而可以制作时空预测地图、进行不确定性分析等。

但是，BME 也存在一些问题：①传统地统计学的 Kriging 方法已经出现了半个多世纪，有很多软件能够支持该方法；而 BME 方法的出现要晚很多，软件支持方面还很欠缺。②BME是一个方法框架，针对不同的具体问题及可利用的不同数据形式，其计算步骤和算法不尽相同，需要使用者根据研究目的和数据情况进一步分析。③相比 Kriging 方法，BME 的计算更复杂。

第 18 章　贝叶斯层次模型

18.1　原　　理

贝叶斯层次模型（Bayesian hierarchy model, BHM）基于贝叶斯定理提出，属于贝叶斯统计学范畴。贝叶斯定理诞生于 18 世纪，备受争议和冷落，直到 20 世纪，才"占据了数理统计学这块领地的半壁江山"。目前，贝叶斯方法不仅广泛应用于传统的数据统计分析领域，也成为机器学习算法的核心方法之一。利用贝叶斯层次模型分析时空现象具有较为充分的合理性和科学性。贝叶斯统计模型通过引入先验信息，可以有效解决时空现象中的小样本和空间自相关性等问题。贝叶斯层次模型已在公共健康、社会学、生态学等领域得到了广泛应用。

贝叶斯层次模型由三个模型组成：数据模型、过程模型和参数（超参数）模型，数学形式如下：

数据模型：$Y \sim P(Y | \theta, \Theta)$

过程模型：$\theta | \Theta \sim P(\theta | \Theta)$

参数（超参数）模型：$\Theta \sim P(\Theta)$

其中，Y 为观测样本；θ 和 Θ 分别为研究过程中的参数集和（超）参数集。数据模型主要体现的是样本信息，由似然函数来表达；过程模型反映的是研究问题的变化机理，是连接样本与参数的桥梁，这一点与传统统计思想一致。（超）参数模型则是根据先验信息，给出（超）参数的先验分布形式。

利用贝叶斯层次模型研究时空现象时，可以通过和时空交互模型结合，把一个时空耦合过程分解为总体空间效应、总体时间效应和时空交互效应等三个子过程，针对时空数据而言，对应的贝叶斯层次模型表达如下（Haining, 2003; Cressie and Wikle, 2011; Banerjee et al., 2015）：

数据模型：$Y_{it} \sim P(y_{it} | \theta_{it}, \Theta)$

过程模型：$\theta_{it} = S(i) + \omega(t) + \Omega_{it}(i,t) + \varepsilon_{it}$

参数（超参数）模型：$\Theta \sim P(\Theta)$

其中，Y_{it} 为时空观测样本数据；θ_{it} 为时空过程变量；$S(i)$ 和 $\omega(t)$ 分别测度总体的空间格局和总体随时间变化趋势；$\Omega_{it}(i,t)$ 为时空局域效应；ε_{it} 为随机噪声；Θ 为（超）参数集。

贝叶斯层次模型分析时空问题时，通过先验知识的形式可以充分考虑空间和时间的相关性，也充分考虑了时空过程中的不确定性。通过贝叶斯层次模型，可以定量地估计出时空过程中的总体空间分布格局 $S(i)$、总体变化趋势 $\omega(t)$ 及每个统计单元所具有的局部变化 $\Omega_{it}(i,t)$，很细致地刻画时空演变过程。

贝叶斯统计模型具有复杂和高维数特点，对后验分布的估算，传统的解析近似和数值积分方法往往会失效，而马尔可夫链-蒙特卡罗（Markov Chain Monte Carlo, MCMC）方法的提出很好地解决了这个问题，贝叶斯统计推断可通过 WinBUGS 编程实现。贝叶斯统计推断的可靠性是通过判断 MCMC 计算结果的收敛性来实现的，如果由 MCMC 方法生成的马尔可夫链收敛，则估算结果可靠。

18.2　案　　例

应用贝叶斯层次模型(BHM)研究 1995～2014 年中国老龄化的时空演变规律，借此介绍贝叶斯统计软件 WinBUGS 的编程及实际操作。WinBUGS 可执行文件和许可文件等可在剑桥大学的 MRC Biostatistics Unit 主页下载(http://www.mrc-bsu.cam.ac.uk/software/bugs/the-bugs-project-winbugs/)，把 WinBUGS14.exe 放在某一路径中，双击打开 WinBUGS14.exe 后，按照网页中说明，把补丁文件"patch for 1.4.3"和许可文件"key for unrestricted use"安装完成即可。

18.2.1　数据说明

本实例研究区域范围为中国 31 个省级行政区域(不包括港、澳、台)，时间跨度 20 年：1995～2014 年。人口结构数据来自于对应年份的《中国人口和就业统计年鉴》，其中，2000 年和 2010 年数据分别源自第五次和第六次全国人口普查主要数据,本实例中的老龄化率是指某地区城镇和农村总体常住人口中，某一年份年龄在 65 岁及以上的常住人口所占比重。数据可在网站 http://www.sssampling.cn/201sdabook/data.html 上下载。

18.2.2　数据组织结构

WinBUGS 软件中常采两种数据组织形式，即列表和矩阵形式，接下来分别具体介绍。
#列表形式：
list(var1=value,var2=value,datamatrix=structure(.Data=c(d1,d2,…),.Dim=c(m,n)))
#数据实例：
list(N=3,T=4,Y=structure(.Data=c(2,6,1,4,5,9,0,1,2,5,3,7),.Dim=c(3,4)))
#矩阵形式：

v1[]	v2[]	v3[]
var11	var12	var13
var21	var22	var23
var31	var32	var33
END		

#空行

#数据实例：

v1[]	v2[]	v3[]	v4[]
2	6	1	4
5	9	0	1
2	5	3	7
END			

#空行

18.2.3　WinBUGS 编程

具体的编程规则可从 WinBUGS 帮助文件中学习，在此不再赘述。以下是关于中国人口老龄化 BHM 时空分析模型的 WinBUGS 程序实例代码。

```
#MODEL
model {
for (i in 1:N) {        # looping through spatial units
for (t in 1:T) {        # looping through years
y[i,t]  ～  dpois (mu[i,t])
              log (mu[i,t]) <-log (n[i,t]) +log.rates[i,t]
log.rates[i,t]  ～dnorm (theta[i,t],tau) I (,0)
theta[i,t] <-        U[i]+b0* (t- (1+T) /2) + v[t]+b1[i]* (t- (1+T) /2)
      }
mu.u[i]<-alpha+S[i]
    U[i]～dnorm (mu.u[i],tau_U)    # the spatially-unstructured random effects
  }
for (i in 1:N) {
    pp.b1.gt.zero[i] <- step (b1[i])    # posterior prob. that the area slope is above 0
  }
#### overall intercept
alpha～dflat ()
#### overall slope
b0～dflat ()
v[1:T]  ～  car.normal (adj.tm[], weights.tm[], num.tm[], prec.v)
prec.v  ～  dgamma (0.001,0.001) # prior on the RW1 variance
#### spatially-structured random effects on slopes
b1[1:N]  ～  car.normal (adj.sp[], weights.sp[], num.sp[], prec.S)
prec.S～  dgamma (0.001,0.001) # prior on precision of spatial-structured RE
#### spatially-structured random effects
S[1:N]～car.normal (adj.sp[], weights.sp[], num.sp[], tau_s)
tau_s～  dgamma (0.001,0.001)
#### variance of spatially-unstructured random effects
sigma_U～dnorm (0,10) I (0,)
tau_U<-pow (sigma_U,-2)
#### variance of overdispersions
sigma～dnorm (0,10) I (0,)
tau<-pow (sigma,-2)
for (i in 1:N) {
resid.RR[i] <- exp (S[i])
```

```
pp.resid.RR[i] <- step (resid.RR[i]-1)
}
for (t in 1:T) {
temporal.RR[t] <- exp (b0* (t- (1+T) /2) + v[t])
}
}
```

18.2.4　计算过程

WinBUGS 操作过程如下。

(1) 准备工作。打开 WinBUGS，通过菜单【File】→【New】新建一个空白的窗口，在空白窗口中输入代码，包括三块内容：模型板块 MODEL、数据板块 DATA、初始值板块 INITS。

(2) 自检模型。点击菜单【Model】→【Specification】，弹出一个 Specification Tool 面板，在代码窗口中，鼠标左键选择 model 关键字高亮后，点击【check model】。若 WinBUGS 左下角状态栏上显示"model is syntactically correct."，则 MODEL 建模正确。

(3) 加载数据。在代码窗口中，把数据定义 DATA 关键字 list 左键选择高亮起来，点 Model/Specification Tool 面板上的【load data】，若 WinBUGS 左下角状态栏上显示"data loaded."，则数据加载完毕。

(4) 编译模型。设置 Model/Specification Tool 面板上的马尔可夫链的数目，默认为 1 即可 (有几组初始值，就可以选择几个马尔可夫链)，然后点击 Specification Tool 面板上的【compile】，如果 WinBUGS 左下角状态栏上显示"model compiled"，则模型和数据加载完成。

(5) 加载初始值。在代码窗口，把初值定义 INITS 部分的初始值中的 list 鼠标左键选择高亮，再点击 Model/Specification Tool 面板上的【load inits】，如果 WinBUGS 左下角状态栏显示"model is initialized"，则初始值转载成功。

(6) 预烧过程。点击菜单【Model】→【Update】，弹出 Update Tool 面板，修改 Update Tool 面板中的 updates:如 150000，然后点击【update】按钮 (图 18.1)。

(7) 设定参数变量。点击菜单【Inference】→【Samples】，弹出 Sample Monitor Tool 面板，其中 node 中填要估计的参数名，然后点【set】，本案例需要计算的参数共有 6 个，具体见图 18.2。

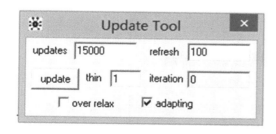

图 18.1　更新窗口示例

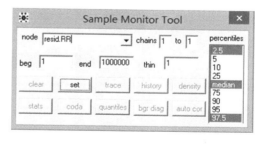

图 18.2　参数设定窗口示例

b1 (从总体趋势中分离出的局部变化趋势)

pp.b1.gt.zero (b1>0 的后验概率)

resid.RR（总体空间格局参数）

temporal.RR（总体时间趋势）

把它们逐个填写在 node 中，逐一点【set】。

（8）估算参数的后验分布。在 Update Tool（如果关闭，可从【Model】→【Update】打开）窗口中，填写 updates 次数，如 50000，然后单击【update】按钮，同（5）。

（9）检验收敛性与显示参数估计结果。点击菜单【Inference】→【Samples】,在弹出的 Sample Monitor Tool 面板上选一个参数变量(node),可通过以下各按钮实现相应功能。

history：显示参数变量取样的历史曲线。

density：显示参数核密度曲线。

stats：显示参数的统计结果（后验均值、后验方差等）。

图 18.3 是对参数 b1 的贝叶斯估计结果显示窗口。

node	mean	sd	MC error	2.5%	median	97.5%	start	sample
b1[1]	-0.01846	0.002549	5.469E-5	-0.02344	-0.01845	-0.01337	5001	5000
b1[2]	-0.005682	0.002569	4.529E-5	-0.01071	-0.005843	-5.196E-4	5001	5000
b1[3]	-5.64E-4	0.002265	3.835E-5	-0.004995	-5.605E-4	0.003886	5001	5000
b1[4]	-0.002357	0.002379	3.848E-5	-0.00703	-0.002373	0.002307	5001	5000
b1[5]	0.008795	0.002328	3.886E-5	0.004299	0.008804	0.01336	5001	5000
b1[6]	0.005298	0.002282	4.022E-5	8.123E-4	0.005305	0.009734	5001	5000
b1[7]	0.007034	0.00243	4.093E-5	0.002411	0.007042	0.0118	5001	5000
b1[8]	0.01839	0.0239	3.308E-5	0.01374	0.01837	0.02306	5001	5000
b1[9]	-0.03508	0.002439	4.026E-5	-0.03973	-0.03512	-0.0303	5001	5000
b1[10]	-0.001973	0.002327	3.319E-5	-0.006482	-0.001961	0.002599	5001	5000
b1[11]	-0.01857	0.002305	3.411E-5	-0.02303	-0.01857	-0.01396	5001	5000
b1[12]	0.005909	0.0023	3.537E-5	0.001359	0.005955	0.01047	5001	5000
b1[13]	-0.009419	0.002383	3.827E-5	-0.01416	-0.00944	-0.00474	5001	5000
b1[14]	-0.001423	0.002314	3.054E-5	-0.005928	-0.001408	0.003112	5001	5000
b1[15]	-2.79E-4	0.002297	4.083E-5	-0.0048	-3.157E-4	0.004235	5001	5000
b1[16]	-0.004542	0.002272	2.947E-5	-0.008953	-0.004534	-1.745E-5	5001	5000
b1[17]	0.009957	0.002311	3.174E-5	0.005525	0.009981	0.01449	5001	5000
b1[18]	0.004163	0.002245	3.747E-5	-2.233E-4	0.004144	0.008604	5001	5000
b1[19]	-0.02136	0.002297	3.315E-5	-0.02591	-0.02132	-0.01685	5001	5000
b1[20]	-0.003673	0.002294	3.513E-5	-0.00813	-0.003666	8.722E-4	5001	5000
b1[21]	-0.007499	0.002773	6.095E-5	-0.01298	-0.007461	-0.001992	5001	5000
b1[22]	0.01198	0.002258	3.144E-5	0.0075	0.01201	0.01633	5001	5000
b1[23]	0.01961	0.002287	3.514E-5	0.01495	0.01964	0.02404	5001	5000
b1[24]	0.008042	0.002385	3.62E-5	0.003393	0.008027	0.01271	5001	5000

图 18.3　参数估计结果输出

coda：显示参数每步的取值。

auto cor：参数自相关性。

收敛性可通过迭代历史轨迹(history)、自相关函数(auto corr)等来进行判定，当迭代历史轨迹随机波动或自相关函数接近于 0 时，便可以认为迭代过程已收敛。图 18.4 和图 18.5 分别是收敛的参数迭代估算历史轨迹曲线图和自相关变化图。

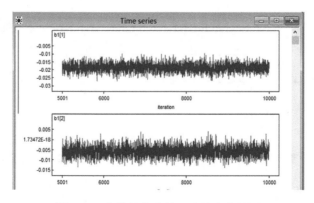

图 18.4　参数迭代估算历史轨迹曲线图

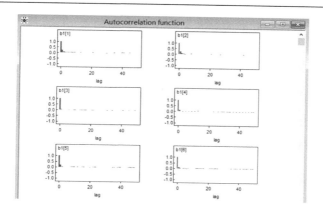

图 18.5 参数迭代估算自相关变化图

18.2.5 实验结果解释

如前所述，贝叶斯层次模型 (BHM) 可以估算出总体空间效应参数 $\exp(S_i)$、总体变化趋势参数 $b_0 t + v_t$、局部变化趋势参数 b_{1i}，图 18.6 是总体空间效应参数 $\exp(S_i)$ 的后验中位数估计结果，在贝叶斯层次模型估计结果的基础上由 ArcGIS 软件编制出图。总体空间效应参数 $\exp(S_i)$ 的大小测度了第 i 个空间单元老龄化程度与全国老龄化总体水平的相对程度，若大于 1，则说明其老龄化程度高于全国总体水平，反之亦然。

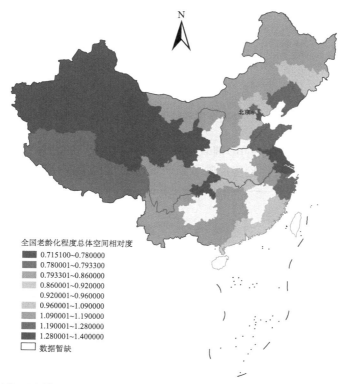

图 18.6 贝叶斯层次模型 (BHM) 估计的全国老龄化总体空间相对度分布图 (台湾数据暂缺)

此外，还可以通过总体空间效应参数大于 1 的后验概率 $P\left(\exp\left(S_i\right)>1\mid Y_{it}\right)$ 大小确定老龄化程度的热点、温点和冷点区域，若 $P\left(\exp\left(S_i\right)>1\mid Y_{it}\right)>0.8$，则该区域为热点，若 $0.2\leqslant P\left(\exp\left(S_i\right)>1\mid Y_{it}\right)<0.8$，则为温点区域，若 $P\left(\exp\left(S_i\right)>1\mid Y_{it}\right)<0.2$，则为冷点区域。图 18.7 是根据 BHM 的估计结果确定的中国人口老龄化程度热点、温点和冷点区域分布图。根据其数学含义，热点区域老龄化程度高于全国总体水平，温点区域老龄化程度与全国总体水平相当，冷点区域老龄化程度低于全国总体水平。

图 18.7　贝叶斯层次模型（BHM）估计的全国老龄化热点、温点和冷点区域分布图（台湾数据暂缺）

图 18.8 显示的是 BHM 估计的中国老龄化 1995～2014 年的总体变化趋势，由总体变化参数 b_0t+v_t 定量测度，总体变化趋势反映了所研究时空过程的演化总体态势。

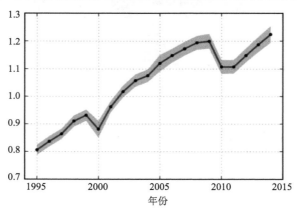

图 18.8　贝叶斯层次模型（BHM）估计的全国老龄化的时间变化趋势

除了总体空间效应和总体时间效应之外，BHM 还可以估计出时空交互效应——局部变化趋势，在模型中以参数 b_{1i} 定量测度，若 $b_{1i}>0$，表明第 i 省份的老龄化局部变化趋势强于全国总体趋势，反之亦然。图 18.9 显示的是 1995～2014 年全国老龄化局部变化趋势 BHM 估计结果图。

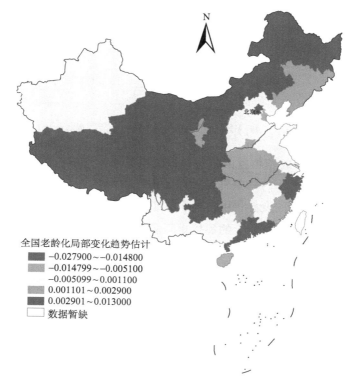

全国老龄化局部变化趋势估计
■ -0.027900～-0.014800
■ -0.014799～-0.005100
　-0.005099～0.001100
■ 0.001101～0.002900
■ 0.002901～0.013000
□ 数据暂缺

图 18.9　贝叶斯层次模型(BHM)估计的全国老龄化局部变化趋势分布图(台湾数据暂缺)

18.3　数　学　模　型

前面已对贝叶斯层次模型的基础数学形式进行了简要介绍。下面对用于时空分析的贝叶斯层次模型数学形式进行较为详细的介绍。在利用贝叶斯层次模型分析时空现象时，观测样本似然分布形式的确定非常重要。一般而言，观测样本可分为离散计数观测和连续变量观测，对于前者而言，样本似然分布一般采用离散分布，如泊松分布、负二项分布等；对于连续观测数据而言，多采用多维正态分布为样本似然分布形式。若样本似然分布为多维正态分布，则贝叶斯层次模型的数学形式具体为

样本似然分布：$Y_{it} \sim \mathrm{MVN}(\mu_{it}, \sigma_Y^2)$

时空过程函数：$\ln(\lambda_{it}) = \alpha + S_i + (b_0 t + v_t) + b_{1i} t + \varepsilon_{it}$

参数(超参数)先验分布：$\theta, \Theta \sim P(\theta, \Theta \mid Y)$

式中，下标 i 和 t 分别为在 t 时的第 i 个空间单元；Y_{it} 为时空观测数据；μ_{it}、σ_Y^2、λ_{it}、α、S_i、b_0、v_t、b_{1i}、t 均为时空参数，其中，α 为时空变化过程中的基础固定量；S_i 为时空演变过

程中形成的总体空间格局；$b_0 t + v_t$ 描述观测数据在研究期内的总体变化趋势，由线性变化和随机效应 v_t 组成，可以刻画非线性的总体变化趋势；$b_{1i} t$ 描述研究期内每个空间单元的观测数据的局部变化趋势；ε_{it} 为时空演变过程中的随机高斯噪声。

贝叶斯层次模型中的时空参数 S_i、$b_0 t + v_t$ 和 b_{1i} 的先验分布形式均采用 Besag-York-Mollié(BYM)模型，BYM 模型通过条件自回归先验分布和卷积运算模型，同时考虑了时间和空间上的结构和非结构随机效应。条件自回归先验分布是一种高斯–马尔可夫随机场模型，贝叶斯层次模型把时空过程中的时空相关性作为先验知识纳入，具体数学形式如下：

$$S_k = \phi_k + \psi_k$$

$$\phi_k \mid \sigma^2 \sim N(0, \sigma^2)$$

$$\psi = (\psi_1, \cdots, \psi_n) \mid W, \tau_\psi^2 \sim \mathrm{MVN}(\frac{1}{n_{W_k}} \sum_{j \sim W_k} \psi_j, \frac{\tau_\psi^2}{n_{W_k}})$$

式中，S_k 为时空域中第 k 个时空位置的时空参数随机变量；变量 ϕ_k 为第 k 个时空位置的时空非结构随机效应；$\psi = (\psi_1, \cdots, \psi_n)$ 为条件自回归先验参量；W 为时间或空间域上的邻接矩阵；τ_ψ^2 为条件自回归先验参量 ψ 的变异程度；n_{W_k} 为时间或空间域上的有效邻接单元数，一般由时空邻接矩阵 W 的形式确定，空间上的邻接矩阵多采用一阶或二阶"皇后"邻接模式，若相邻，则 $W_{ij} = 1$，不相邻，则 $W_{ij} = 0$；对于时间域上的邻接矩阵多采用一阶或二阶的一维队列相邻模式。由贝叶斯统计计算模型可得，上述时空参数的后验概率密度函数满足：

$$P(\phi, \psi, \tau_\psi^2, \sigma^2 \mid Y) \propto \prod_{i=1}^{n} \left\{ \frac{1}{\sigma_Y^2 \sqrt{2\pi}} \exp[\frac{-(y-\mu)^2}{2\sigma_Y^2}] \right\}$$

$$\times \frac{\tau_\psi^{-n}}{\sigma^2 \sqrt{2\pi}} \exp[\frac{-\frac{1}{2\tau_\psi^2} \sum_{i \sim j} (\phi_i - \phi_j)^2}{2\sigma^2}]$$

$$\times \frac{\tau_\psi^{-n-2}}{\sqrt{2\pi}} \exp(-\frac{1}{2\sigma^2} \sum_{i=1}^{n} \psi_i^2) \times \mathrm{prior}(\tau_\psi^2, \sigma^2)$$

时空噪声随机变量 $\varepsilon_{it} \sim N(\sigma_\varepsilon^2)$，根据 Gelman 和 Rubin(1992)等的研究，模型中所有随机变量方差(如 σ_v、σ_ε)的先验分布都被确定为严格的正值半高斯分布 $N_{+\infty}(0,10)$ 或伽马分布。

本章利用 BHM 分析了 1995～2014 年全国老龄化的时空演化过程，从估计结果来看，BHM 不仅可以估计出丰富的时空演化结果，而且每一个结果都是定量测度，充分体现了 BHM 同时具有贝叶斯统计和时空交互模型的优点。另外，BHM 对于缺失值处理也具有一定的优势，同时可以利用 BHM 进行时空演化预测。

第19章　地理演化树模型

时空预报的现有方法有单变量外推法，如时间序列、Kriging、BME 方法等；多变量回归，如多元线性回归、空间回归、神经网络、BHM 等；动力学模型，如经济学的 CGE 模型、大气科学中的 GCM 模型和地理学中的元胞自动机 CA、自主体 ABM 模型等。数据自适应方法用数据驱动形成模型结构，如神经网络、深度学习、遗传规划等，以及知识推理挖掘数据中的条件概率生成规则。

与以上基于统计、物理机制和智能学习的方法不同，本章介绍基于类似生物演化机理的地理演化树模型。其哲学是：如果知道了对象的生长演化规律，那么，根据一次横断面观测就能够推断出研究对象未来和过去的状态。同时，地理演化树模型可以作为一种新的坐标系，表达和解释高维现象和多维分异性。对于具有演化机制的时空现象，可以利用横断面数据重构其时间演化过程，用于区域演化的预测预报，进一步用于理解相关的环境与社会经济现象及其变化趋势 (Wang et al., 2012b)。

例如，全国 300 多个城市有不同的类型(如工矿城市、旅游城市、综合性城市等)和发展阶段(初期、中期、晚期等)，可以将城市的演化规律用树型结构来表示：一个大枝干表示一类城市，有若干个大枝干；大枝干上的一个细枝条表示相同发展阶段的城市，距离树根近的枝条发展阶段较高；每个叶子表示一个城市。树的结构和生长揭示了城市的演化规律。同一类城市具有相似的发展路径。对一个城市未来的判断可以通过观察地理演化树上同类型中发展阶段比较高的城市的现状而得到；城市地理演化树还可以作为解释变量用来解释与之相关的城市化、污染排放、资源消耗、疾病谱等现象的空间差异原因及未来趋势。

19.1　原　　理

一个具有时空演化机理的对象的未来状态是可以预期的。例如，不同的生物具有生命周期、地貌具有演化轮回、经济具有周期等。观测数据是这一生命过程的数值表现。一个区域的经济社会状态可以用产业结构、就业结构、人均收入等来刻画，进一步归纳为区域类型和发展阶段。这些数据集内部蕴含了区域经济社会演化信息。

由于自然资源环境和人文禀赋等边界条件及初始时间的空间分异性，具有时间演化机制现象的不同类型和不同阶段可能在地理空间上同时存在，即在一个给定时刻的空间横断面数据集中同时存在。因此，有可能以空间换时间：利用横断面数据重构演化过程，基于不同类型及不同发展阶段所形成的树形结构，表达为地理演化树 (Wang et al., 2012b)。地理演化树是一种基于多个区域的横断面数据重构区域生命演化过程的方法，揭示时空演化规律，并据此解释相关现象、对每个个体(区域)的未来态势进行预测预报。以下以城市类型和发展阶段为例介绍演化树构建方法，并将其运用于城市扩张土地占用的解释和预测。

19.2　案　例

19.2.1　城市演化

由农业经济向工业经济再向服务经济的过渡，是区域经济发展的一般规律。伴随着工业化进程，社会经济结构表现出一定的阶段性。城市类型和发展阶段可以解释很多相关的现象，如土地扩张的区域差异、资源利用、污染排放、疾病谱等。

19.2.2　方法

图 19.1 描述了地理演化树构造和运用于土地占用建模的思路。首先，收集有一定时间间距的两个年份反映城市类型和发展阶段的统计数据。然后，对两个年份全国城市的社会经济人口数据分别进行聚类，得到两个年份各城市的类型及其发展阶段。最后，构建城市演化树和马尔可夫链。作为城市演化树的应用案例之一，建立城市类型发展阶段与城市土地占用之间的相关关系，据此对各城市的城市扩张和土地占用做出预测。

地理演化树模型免费软件：www.sssampling.cn/geotree。

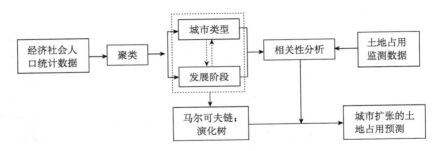

图 19.1　城市群演化树构造方法及其应用举例(Wang et al., 2012b)

19.2.3　数据

第五次人口普查数据中分行业人口资料将城市各种经济活动分成 16 个行业，分别是"农林牧渔业""采掘业""制造业""电力、煤气及水的生产和供应业""建筑业""地质勘查业、水利管理业""交通运输、仓储及邮电通信业""批发和零售贸易、餐饮业""金融保险业""房地产业""社会服务业""卫生、体育和社会福利业""教育、文化艺术及广播电影电视业""科学研究和综合技术服务业""国家机关、政党机关和社会团体""其他行业"。因为多元聚类分析中并非变量越多越好，所以需要将不重要的、引起共线性的变量剔除。由于"农林牧渔业"人口比重与其他多个行业人口具有较高的相关性，并且该行业不能反映以非农业为主的城市职能，首先将该行业剔除；"其他行业"因为比重较小，且不具有稳定内涵，所以剔掉；由于"批发和零售贸易、餐饮业"人口比重与其他具有较小比重的多个第三产业的行业人口具有共线性，借鉴周一星和孙则昕(1997)的做法，将"金融保险业""房地产业""社会服务业""卫生、体育和社会福利业""教育、文化艺术及广播电影电视业"及"科学研究和综合技术服务业"合并成"其他第三产业"，继续进行共线性检验，发现"其他第三产业"

仍与"批发和零售贸易、餐饮业"相关显著产生共线性,故根据重要性将"其他第三产业"剔掉后通过共线性检验。

此外,借鉴周一星和孙则听(1997)的做法,将具有特殊性的采掘业(包括煤炭采选业、石油和天然气开采业、黑色金属矿采选业、有色金属矿采选业、建筑材料及其他非金属矿采选业、采盐业和木材及竹材采选业)再加入采掘业产值占城市工业产值比重变量,用来判别采掘业城市,称作"采掘业产值比重"变量。旅游业是一项重要的城市职能,采用周一星对旅游城市职能的分类结果,对于作为主导产业职能的旅游业,按其在产业结构中的位置和重要性,依次指定其权重为 0.5、0.3、0.2 和 0.1,标注为"旅游职能指数"。

最后用于分类的变量简称分别是"采掘业""制造业""水电煤气业""建筑业""地质勘探业""交通邮电业""商业""机关团体""采掘业产值比重"和"旅游职能指数",首先进行 [−1,1]标准化,然后进行多元聚类。

19.2.4　阶段划分

衡量一个国家或地区的工业化水平和发展阶段有多种理论和指标,常用的是 Chenery 和 Syrquin(1979)的"标准工业化结构转换模型"。结构转换,是指传统部门向现代部门转化,最终使国民经济由传统与现代并存的二元结构转变为单一现代部门的一元结构。全过程分为逐步推进的三个阶段:①初级产品阶段,即经济结构转变的起始阶段;②工业化阶段,这是经济结构迅速变化的阶段,此时的经济重心由初级产品生产向制造业生产转移,转移的重要标志是制造业对经济增长贡献将高于初级产品生产的贡献;③发达经济阶段,此时传统的农业部门完成了现代化改造,整个国民经济转变为一元结构。

为建立城市演化树,选择 Chenery 和 Syrquin(1979)的人均 GDP、产业结构、就业结构标准及有关城市化阶段理论推导得到判断工业化阶段的指标体系(表 19.1)。

表 19.1　城市经济阶段划分标准(刘旭华,2005)

阶段	人均GDP(1980年美元)	产业结构/%			就业结构/%			城市化水平/%	经济发展阶段	
		第一产业	第二产业	第三产业	第一产业	第二产业	第三产业			
1	300~600	38	26	36	65	17	18	5	初级产品生产阶段	
2	600~1200	29	32	39	57	20	23	30	初级	工业化阶段
3	1200~2400	20	40	40	50	22	28	40	中级	
4	2400~4500	13.5	46	40.5	36.5	25.5	38	54	高级	
5	4500~7200	8	51	40	20	30	50	70	初级	发达经济阶段
6	7200~10800	3	47	50	8	30	62	80	高级	

资料来源:钱纳里等,1989;姜爱林,2004;高佩义,2004

(1)人均 GDP。人均 GDP 是一个国家或地区按人口平均的产出水平,是一国(地区)生产率水平的反映,是其生存和发展的基础,也是实现工业化的前提条件。

(2)产业结构。产业结构反映了一个国家或地区的经济实力、技术进步和竞争力。工业化作为产业结构变动最迅速的时期,其演进阶段也可以通过产业结构的变动反映出来。根据

Syrquin 和 Chenery(1989)的研究成果，产业结构具有一定的规律性：从三次产业 GDP 结构的变动看，在工业化起点，第一产业的比重较高，第二产业的比重较低，随着工业化的推进，第一产业的比重持续下降，第二产业的比重迅速上升，而第三产业的比重只是缓慢提高。具体衡量标准是：当第一产业的比重低到 20%以下、第二产业的比重上升到高于第三产业而在 GDP 结构中占最大比重时，工业化进入中期阶段；当第一产业的比重再降低到 10%左右、第二产业的比重上升到最高水平，工业化则到了结束阶段，即后期阶段；此后第二产业的比重转为相对稳定或有所下降。

(3)就业结构。指在国民经济各个组成部分中就业的劳动力之间的数量构成关系。劳动力结构的变化反映工业化过程中劳动力由生产率低的部门向生产率高的部门转移，和产业结构的变化一样，可以清楚地看到经济增长方式的转变过程。因此，就业结构是反映一个国家或地区经济发展阶段的重要标志。三次就业结构变化的趋势是随着工业化的起步和推进，第一产业劳动力比重不断下降，第二产业和第三产业劳动力比重不断提高；当工业化发展到一定阶段，第二产业劳动力比重的变化不再显著，大量农业劳动力开始向第三产业转移，并导致第一产业劳动力比重的持续下降与第三产业劳动力比重的持续上升。

(4)城市化水平。城市化水平是城市人口占总人口的比例，本书以城市非农业人口占总人口比重作为测度。城市化意味着城市人口占总人口的比重相对提高。城市在工业化阶段的国民经济发展过程中发挥着经济、政治、文化、商贸、金融和信息中心等方面的作用。通过城市的优先发展带动区域经济和社会发展是各国在工业化阶段的普遍经验。城市化水平的高低及城市结构的合理化程度已经成为衡量一个国家或地区现代化程度的重要标志之一。

随着人均 GDP 水平的增长和发展阶段的提升，增加值构成和就业结构等都将发生变化。其特征是：增加值构成在初级产品生产阶段到工业化中级阶段之间变化比较迅速，而在工业化中级阶段到发达经济初级阶段之间变化比较缓慢；就业结构在初级产品生产阶段到工业化中级阶段之间变化较快，在工业化中级阶段到发达经济初级阶段之间变化更快。总的看来，就业结构一直处于快速变动之中；而增加值构成在工业化中级阶段之前变化比较迅速；在工业化中级阶段后变化比较缓慢。

19.2.5　城市类型

顾朝林(1992)出版的《中国城市体系》一书提出把职能体系分成政治中心、交通中心、矿工业城镇和旅游中心等四个体系及若干亚体系和若干子集来加以阐述。周一星和孙则昕(1997)发表了覆盖 1990 年全国 465 个城市的职能分类体系，其采用 1990 年城市市区分行业社会劳动者资料和工业产值资料，通过多变量聚类分析的沃德误差法和纳尔逊统计分析原理，得到中国 1990 年城市职能综合分类体系。

采用 k-means 分割分类将 253 个城市分成 8 类。在每一城市职能类型内，将具有相同的初期经济阶段和末期经济阶段的城市划为一类，共分成 60 个子类。根据表 19.2 可得 8 类城市的主要职能特征如下(每个类后注明该类中超过平均值加 0.5 个标准差的行业部门及超过平均值以上几个标准差)：

表 19.2　中国各类型城市各行业职工平均比重和标准差（刘旭华，2005）

类名	城市数	部门 / 特征值	制造业	水电煤气业	建筑业	地质勘探业	交通邮电业	商业	机关团体	采掘业	采掘业产值比重	旅游职能指数
Ⅰ	61	平均值(M)	9.03	0.66	2.47	0.16	2.73	6.77	2.60	0.91	3.99	3.44
		标准差(S.D)	4.04	0.32	1.20	0.11	0.90	2.02	0.81	1.29	6.09	7.04
Ⅱ	22	平均值(M)	26.94	2.84	7.57	0.42	7.96	15.57	5.18	2.71	2.31	1.82
		标准差(S.D)	6.17	0.67	1.20	0.30	2.10	2.70	1.03	2.76	3.35	5.88
Ⅲ	32	平均值(M)	16.20	3.07	4.60	0.48	6.49	11.42	5.06	13.66	42.23	1.56
		标准差(S.D)	6.20	0.97	1.61	0.47	2.15	2.88	1.68	6.62	24.39	5.15
Ⅳ	43	平均值(M)	18.24	1.27	4.19	0.33	4.71	11.68	4.31	0.98	2.22	0.93
		标准差(S.D)	6.81	0.49	1.21	0.25	1.23	1.99	0.94	1.54	3.54	3.66
Ⅴ	22	平均值(M)	24.63	2.62	4.07	0.44	6.63	14.20	6.99	1.49	3.61	0.45
		标准差(S.D)	7.02	0.84	1.16	0.22	1.35	2.64	1.44	2.29	5.95	2.13
Ⅵ	19	平均值(M)	30.65	1.16	6.07	0.18	5.19	16.73	4.13	0.70	1.50	28.42
		标准差(S.D)	10.60	0.53	1.74	0.11	1.07	3.26	1.20	1.18	2.72	8.98
Ⅶ	42	平均值(M)	28.93	1.45	5.94	0.26	5.73	17.93	5.01	0.53	1.25	0.95
		标准差(S.D)	7.49	0.40	1.43	0.14	1.13	2.27	0.98	0.76	2.61	2.97
Ⅷ	12	平均值(M)	48.03	0.76	5.43	0.12	3.28	13.95	2.76	0.26	0.24	0.83
		标准差(S.D)	12.56	0.34	2.08	0.08	0.86	3.32	1.00	0.39	0.42	2.89

Ⅰ　无主导产业的小型综合性城市；

Ⅱ　交通、建筑业、水电煤气明显的综合城市（交通 1，建筑 1，水电煤气 1，商业 0.5，行政 0.5，地质 0.5，制造业）；

Ⅲ　矿业城市（采掘 2，水电煤气 1，交通 0.5，地质 0.5）；

Ⅳ　工商业明显的中等综合性城市；

Ⅴ　行政明显的综合性城市（行政 1，交通 0.5，水电煤 0.5，地质 0.5）；

Ⅵ　工商业职能显著的旅游城市（旅游 1，制造 0.5，商业 0.5，建筑 0.5）；

Ⅶ　工业职能显著的商业城市（商业 1，制造 0.5，建筑 0.5）；

Ⅷ　制造业城市（制造业 2）。

19.2.6　演化树

根据上述指标计算了 1990 年和 2000 年 253 个地级城市所处的经济阶段，其中，城市化水平使用非农业人口比重来计算发展阶段。城市演化树清晰形象地显示出了各城市类型及所处阶段；演化树用马尔可夫链表达方便了计算。

图 19.2（局部放大图 19.3）通过树的形式画出中国 253 各地级以上城市在 2000 年的职能类型和所处的发展阶段，即城市发展树。其中，每个树叶代表一个城市，城市名后的编码为城市类型子类编码。大致上，树的高度越高，经济发展阶段越高；而每一类型的一个枝干上，城市是按 2000 年人均 GDP 从高到低、在树干上是从主干到末梢排列的，即离主干越近，人均

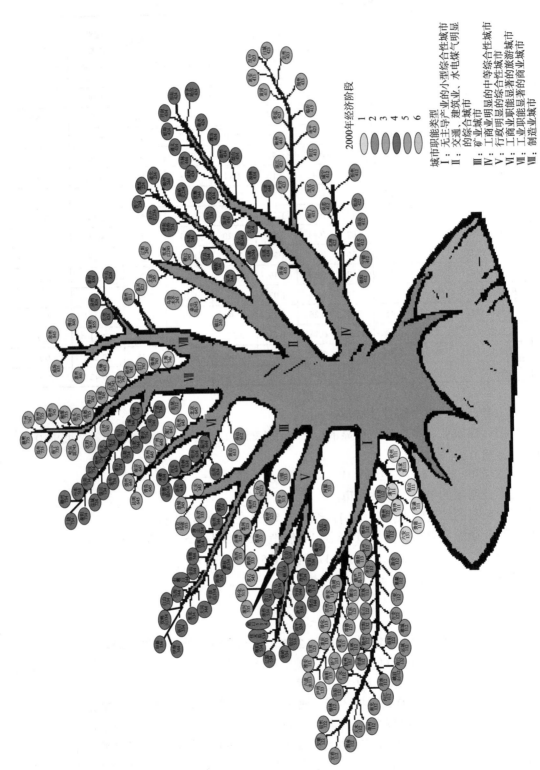

图 19.2　城市发展树

GDP 越高，城市发展越早，反之，则城市起步晚，或发展较慢。从图 19.2 可以看出，城市扩张率较高的类型多处于较高级经济阶段，如前所述，当城市经济进入工业化中后期后，城市进入加速发展阶段，与之伴随的是城市建设用地的大量扩张，而 II、III 类型(交通建筑业综合城市和矿业城市)尽管处于较高级阶段，但城市发展导致的城市建设用地的增加率并不大，这充分说明城市建设用地的增长与城市类型密切相关，每种类型的城市土地增长具有不同的驱动力，但都受经济发展左右，是工业化、城市化的一个内生过程。

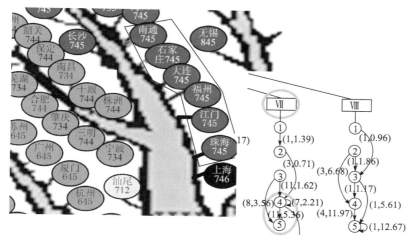

图 19.3　城市发展树(局部放大)及马尔可夫链

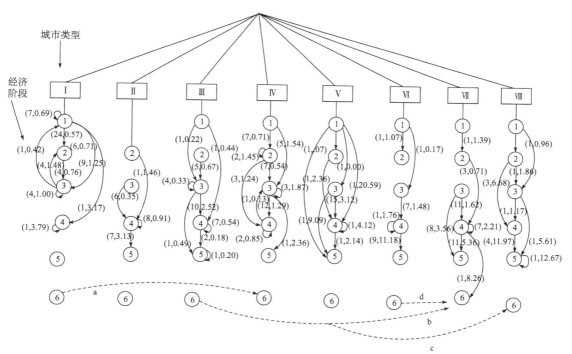

图 19.4　城市演化马尔可夫链(刘旭华，2005；Wang et al.，2012b)

图中城市类型方框罗马数字和发展阶段椭圆阿拉伯数字分别与表 19.2 中的城市类型罗马数字

和表 19.1 中的发展阶段阿拉伯数字对应

　　借用马尔可夫链来表示各类型城市发展阶段间的转换，如图19.4所示。其中，每个箭头代表一个子类，箭头表示2000年到达阶段，箭尾表示1990年所处阶段，子类编码即为(类型，1990年阶段，2000年阶段)。箭头上标注数字为(概率，城市扩张率平均值)，这里的概率为具有同种类型、相同初期发展阶段和相同末期发展阶段的城市个数，即每个子类的城市数目。从图19.4可以看出，在城市经济的高级阶段，工商业化带来了显著的城市用地扩张。从长期看，8种类型间可能还存在类型转换，即某类型中的城市跳转到其他类型。虚线箭头a表示类型Ⅰ可能会跳转到类型Ⅳ，由于这两类主要是职能强度上的差别，均是综合性城市，随着城市发展，无主导职能的小型综合城市将会逐渐转变为中等综合性城市；虚线箭头b、c表示矿业城市走向老年后，将会寻求转向其他类型，可能会由于原来的化工业基础转为制造业城市，也可能会因为较好的交通基础转为商业城市；虚线箭头d表示某些旅游业城市可能会转为商业城市。

19.2.7　城市化与土地占用

　　以上建立的城市演化树可以用来解释与城市类型和发展阶段相关的各种现象。研究发现，城市占用土地与城市类型和城市发展阶段有关。例如，相同发达程度的工业城市比矿业城市具有更高的城市扩张率。同一种城市类型，目前处于较低级经济阶段的城市外延增长会遵循已发展到更高级阶段的城市的土地增长规律。某些类型城市(如制造业或商业为主)自工业化初期、中期开始，随着工业化发展的加速，城市土地扩张也表现为加速增长，只要政策等外界条件允许，城市核会由于内部压力或/和外部推力不断打破其平衡状态保持加速扩张，直到发达经济阶段仍保持较高的增长率；而另外一些城市由于职能强度不够，扩张缓慢；其他一些专业化城市(如单一主导职能的旅游城市)土地受经济阶段的提升影响不大，即使经济发展到发达阶段仍保持较低的城市外延增长率；而一些矿业城市尽管在其经济阶段的变迁中发生的城市土地增长率不大，但受自然资源即矿产可采储量的制约，矿业城市等必然要经历"幼年—青中年—老年"这一发展过程，因此，矿业城市原有的主导产业开始衰弱时多半会扶持和发展其第二位主导产业，从而跳跃到其他类型，遵循其他类型城市外延增长的一般规律。

　　为量化城市扩张占地与城市类型和发展阶段的关系，将各指标表征的发展阶段及人均GDP、非农人口比重、非农产业比重、非农就业比重等进行了相关性分析，见表19.3。p4指1987～2000年城市建设用地的增加量；p4_area指p4与城市行政面积的比值；tpop2k指2000年城市市区总人口；agdp90stg指1990年人均GDP表征的经济阶段；gdp90stg指1990年产业结构表征的经济阶段；lbr90stg指1990年就业结构表征的经济阶段；urb90stg指1990年城市化水平表征的经济阶段；agdp2kstg指2000年人均GDP表征的经济阶段；gdp2kstg指2000年产业结构表征的经济阶段；lbr2kstg指2000年就业结构表征的经济阶段；urb2kstg指2000年城市化水平表征的经济阶段；chagdp指1990～2000年人均GDP的变化；chnagrpopr指1990～2000年非农业人口比重的变化；chnagrlbrr指1990～2000年非农就业比重的变化；chnagrgdpr指1990～2000年非农产业比重的变化。城市扩张率与城市类型的相关性为0.4，在0.01的显著性水平下显著相关。从表19.3可以看出，城市扩张与城市所处的经济阶段和阶段提升是显著相关的，表明从经济发展阶段的角度考察城市建设用地的变化是可行的。因此，可以用城市演化树来预测各城市的土地占用。

表 19.3　1987～2000 年中国地级城市扩张与城市发展规模和发展阶段的相关性

	p4	p4_area	tpop2k	agdp90stg	gdp90stg	lbr90stg	urb90stg	agdp2kstg	gdp2kstg	lbr2kstg	urb2kstg	chagdp	chnagrpopr	chnagrlbrr	chnagrgdpr
p4	1														
p4_area	0.41**	1													
tpop2k	0.69**	0.09	1												
agdp90stg	0.29**	0.33**	0.18**	1											
gdp90stg	0.14*	0.19**	0.19**	0.66**	1										
lbr90stg	0.12	0.18**	0.14*	0.63**	0.81**	1									
urb90stg	0.14*	0.22**	0.21**	0.60**	0.77**	0.77**	1								
agdp2kstg	0.34**	0.39**	0.21**	0.75**	0.52**	0.47**	0.42**	1							
gdp2kstg	0.20**	0.22**	0.23**	0.47**	0.67**	0.63**	0.53**	0.56**	1						
lbr2kstg	0.13*	−0.04	0.09	−0.34**	−0.37**	−0.34**	−0.3**	−0.3**	−0.2**	1					
urb2kstg	0.07	0.28**	0.06	0.59**	0.71**	0.69**	0.81**	0.53**	0.64**	−0.37**	1				
chagdp	0.36**	0.32**	0.14*	0.66**	0.32**	0.26**	0.23**	0.79**	0.33**	−0.15*	0.32**	1			
chnagrpopr	−0.15*	0.08	−0.31**	−0.21**	−0.33**	−0.38**	−0.45**	0.07	0.02	−0.03	0.06	0.08	1		
chnagrlbrr	−0.14*	−0.2**	−0.18**	−0.61**	−0.76**	−0.86**	−0.84**	−0.46**	−0.54**	0.5**	−0.75**	−0.25**	0.38**	1	
chnagrgdpr	−0.08	−0.05	−0.18**	−0.45**	−0.69**	−0.64**	−0.62**	−0.13*	−0.19**	0.2**	−0.32**	−0.05	0.7**	0.62**	1

**表示相关系数通过 0.01 的显著性水平检验；*表示相关系数通过 0.05 的显著性水平检验。

　　I（小型综合性城市）、III（矿业城市）、IV（中等综合性城市）类型城市所处的经济阶段大多较低；而VII（商业城市）、VIII类（制造业城市）大多已经发展到工业化高级阶段。行政明显的综合性城市、商业城市和制造业城市的城市土地扩张率较高，无主导产业的小型综合性城市、矿业城市和旅游城市的城市土地扩张率较低；所有类型城市的共性是越向工业化高级阶段发展，城市土地扩张率越高；跨越阶段越大，扩张率越高。

　　除个别阶段的旅游城市、商业城市和制造业城市的土地扩张率的方差较高外，其他类型和阶段的城市扩张率方差是可以接受的。而变动较大的城市类型和阶段主要是由于其均值本身就比较高，而且工商业城市本身的经济发展规律比较复杂，城市建设和发展除了受经济发展规律左右外，还受国家政策的影响比较大。中国东部地区快速的耕地减少与改革开放和招商引资政策带来的开发区建设热潮有很大关系，而据分析东部地区的城镇扩张与耕地减少的相关性高达 0.88，同时，东部地区具有较好的经济基础（stage90 较高）的城市更容易招商引资进行开发区建设。总而言之，可以认为工商业城市的土地增长率的扰动与经济政策有关。当然，也不排除个别城市发展的特殊性，即某类型中存在异常点，如旅游业城市中苏州的城市扩张率高达 38.8%，扬州的扩张率为 22.97%。

19.3　讨　　论

　　许多时空数据是时空过程的数字记录，因此不是一堆冰冷机械的数据，而是生命过程的表达。生命过程是有演化规律的。演化树理论提供了基于时空数据集重塑生命系统的新方法。在演化树的构架下，对象的未来发展方向和规模变得清晰和可预见，并且用演化树解释地理分异现象。

以城市演化为例，基于城市数据集构建了城市演化树，每个城市都置于这棵树的某个位置，树枝表示不同的发展类型或城市类型，叶记录某个城市，叶在树枝上的位置表示该城市发展的阶段。某个城市的演化将沿着其所在树枝的方向，与它邻近的较早的叶子城市现状，就是其未来近期的可能状态。虽然存在少量有意无意地变异，即跨枝叶甚至跨树干的跨越式发展。但作为应用之一，城市化占地与城市类型和发展阶段规模密切联系，可以基于城市演化树对其进行预测和分析。

读者可以用新的数据或者针对特定的研究问题选择新的指标，构造自己的地理演化树。Liao 等(2013)利用演化树解释中国残疾人的空间分异性；张伟等(2013)用地理演化树分析了长江三角洲地区可持续发展测度与演化；王珏和袁丰(2014)构造了长江三角洲城市紧凑度演化树用以解释相关的区域经济现象；王成龙和刘慧(2016)构造了山东省地市演化树，很好地解释了山东省外商直接投资的区域分异与演化特征；Dai 和 Zhou(2017)用地理演化树分析了中国城市空气污染物的时空关联性。

第 20 章　Genbank 序列时空进化分析

病毒侵害生物体健康，并且在时间空间维度不断地演化和变异。Genbank 数据库收集了人们发现的病毒核苷酸序列文件、序列收集的时间和地点等信息，对序列做进化分析（phylogenetic analysis）可以确定基因、物种时空起源和发生（进化）关系（黄原，2012）。本章以 H7N9 为例，简要介绍序列的获取、比对、生成进化树及时空可视化等过程。

20.1　序列收集与比对

对序列进行进化分析，首先要查询、下载所需序列及相关信息，然后进行序列比对。

20.1.1　查询、下载序列

序列文件与相关信息可在 Genbank 数据库 https://www.ncbi.nlm.nih.gov/genbank/找到相应的链接下载，如 H7N9 病毒的 DNA 序列可在流感病毒数据库 https://www.ncbi.nlm.nih.gov/genome/viruses/variation/flu/下载。本例选择 H7N9 病毒 DNA 序列的 HA 片段，Host 选择 any，Country/Region 选择 China，Collection data 选择 2013.10.1 至 2014.7.1，其他选项如图 20.1 所示。

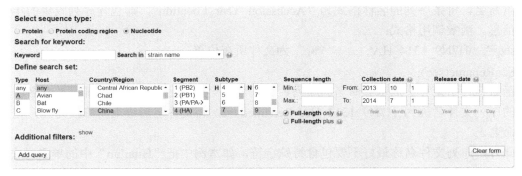

图 20.1　H7N9 核苷酸序列查询选项

点击【Add query】执行查询，勾选【Collapse identical sequences】，以使完全相同的序列在结果中只出现一次，结果如图 20.2 所示，共查询到 226 条序列。点击【Show results】可以查看序列信息，点击各属性（如 Accession）可以进行排序（图 20.3）。

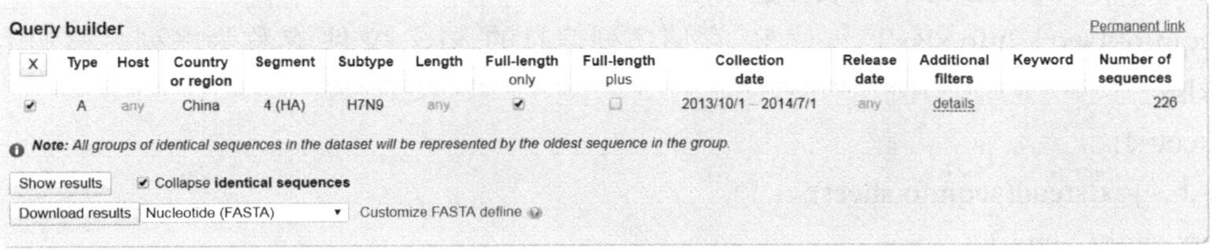

	Type	Host	Country or region	Segment	Subtype	Length	Full-length only	Full-length plus	Collection date	Release date	Additional filters	Keyword	Number of sequences
✓	A	any	China	4 (HA)	H7N9	any	✓	☐	2013/10/1 - 2014/7/1	any	details		226

图 20.2　H7N9 核苷酸序列查询结果

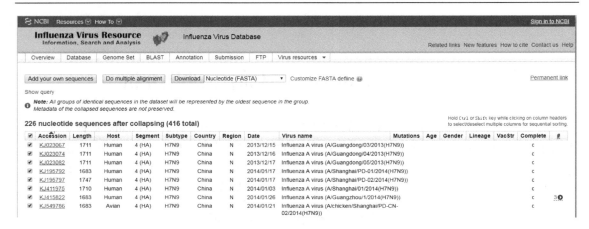

图 20.3　查询到的序列信息

在图 20.3 中点击【Download results】可以下载序列数据或序列相关信息。此处下载两个文件，一是序列数据本身，二是相应的序列信息。首先下载序列数据，点击【Customize FASTA defline】可自定义序列的名称，这里使用 ">{accession}_{year}"，选择 "Nucleotide（FASTA）" 格式，点击【Download】即可下载。得到的序列文件是后缀为.fa 的 fasta 格式，修改为 txt 格式，并重命名为 H7N9_1314_HA.txt。其次，在【Download】右侧的选项框中选择 "Result Set（Tab delimited）" 格式下载序列信息，结果为 txt 文件。将该数据导入到 Excel 文件，并命名为 H7N9_1314_HA_Info.xlsx。完成后可使用自定义的 Matlab 函数 SeqRename（seq）对序列进行重命名，每条序列的名称格式为 "Accession_Year_Location"，即包含序列收集的年份和位置信息。函数调用格式：

seq='…\H7N9_1314_HA';　　　% …为文件所在位置

SeqRename(seq);

函数运行结束后会提示重命名的序列数目，可据此判断是否所有序列都已重命名。重命名后的序列文件名称为 H7N9_1314_HA_Renamed.txt，将文件名后缀重新修改为.fa，完成序列重命名。

此外，序列文件名称最好不要包含特殊字符，如本例中把 "Huai'an" 中的单引号去掉，改为 "Huaian"。

修改序列名称的 Matlab 程序：

function []=SeqRename(seq)

% 对 H7N9 片段序列进行重命名，重命名后序列名称的格式：原名称_Location

% seq:要重命名的序列文件名称，包含路径，但不包含后缀.txt

%%% 读取序列信息、提取位置信息

seqinfo=[seq,'_Info.xlsx'];　　　% 存储序列信息的 xlsx 文件,名称为序列名称加上后缀_Info.xlsx

sheet=1;

[~,b,~]=xlsread(seqinfo,sheet);

seq_ac=b(2:end,1);

```
    seq_name=b(2:end,9);
    seq_name_split=regexp(seq_name,'/','split');
    seq_address=cell(length(seq_name),1);
    for i=1:length(seq_name)
        x=char(seq_name_split{i,1}(2));
        if(abs(x(1))>=97)                    % 首字符为小写字母，序列名称中第二项为 Host，第三
项为位置
            seq_address{i}=seq_name_split{i,1}(3);
        else                                % 首字符不是小写字母，Host 为 Human，序列名称中不
含 Host 信息，第二项为位置
            seq_address{i}=seq_name_split{i,1}(2);
        end
    end
    %%% 重命名序列名称
    fileorigin=[seq,'.txt'];
    filerename=[seq,'_Renamed.txt'];
    fidin=fopen(fileorigin);
    fidout=fopen(filerename,'w');
    i=0;
    while ~feof(fidin)                       % 判断是否为文件末尾
        tline=fgetl(fidin);                  % 从文件读行
        if isempty(tline)==0&&tline(1)=='>'  % 判断首字符是否是'>'
            i=i+1;
            if isequal(tline(2:9),seq_ac{i})==1     % 判断 Accession 是否一致
                str=strcat([tline,'_'],seq_address{i});  % 给序列名称添加位置信息
                fprintf(fidout,'%s\n',str{1,1});         % 将新的序列名称写入目标文件
            else
                disp(['序列文件第',num2str(i),'条序列与位置数据对应的 Acssesion 不一致']);
                break;
```

20.1.2　序列比对

　　打开输出的序列文件，发现除 Accession 为 KU318989 的序列位置显示为“China”以外，其他序列的位置均具体到省或市，为统一，后续分析中删除了此条序列。

　　读入的序列文件需要比对后才能进一步分析，本例使用软件 ClustalX 2.1（http://downloads.informer.com/clustalx/2.1/）进行序列比对。首先打开 ClustalX 2.1 软件，点击【File】→【Load Sequences】加载序列文件（图 20.4）；点击【Alignment】→【Output Format Options】选择要输出的格式，为了进行后续分析，此处勾选“FASTA format”（图 20.5）；点击【Alignment】→【Do Complete Alignment】输入或修改要保存的比对后序列的文件名，点击【OK】后就开始进行序列比对（图 20.6）。

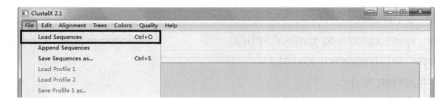

图 20.4　ClustalX 载入序列文件

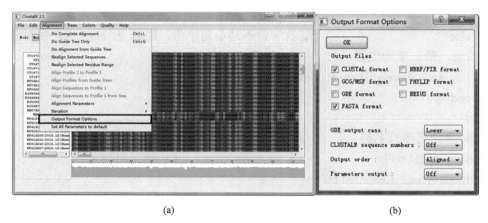

（a）　　　　　　　　　　　　　　　　　　　　　　　（b）

图 20.5　ClustalX 设置比对后要保存的格式

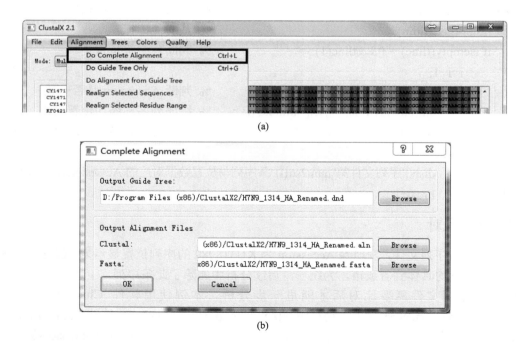

（a）

（b）

图 20.6　使用 ClustalX 进行序列比对

20.2　进　化　分　析

序列比对完成后可以做进化分析，但首先要选择合适的进化模型。常用的基本替换模型包括 GTR、JC、HKY 等；常用处理位点之间的速率变异的方式包括不变位点模型(I)、速率的 Gamma 分布模型(Γ)及这两种方式相结合的 I+Γ 模型等。软件 jModelTest 可以对不同的模型进行评估，以帮助人们选择最优模型。本节选择 GTR+I+Γ 模型，利用软件 BEAST，使用 MCMC 方法对序列做 Bayesian 进化分析。需要使用的软件/程序包括：BEAUti v1.8.4、BEAST v1.8.4、Tracer v1.6、TreeAnnotator v1.8.4 等，可在 http://beast.bio.ed.ac.uk/下载。此外，还使用了 FigTree v1.4.3（http://tree.bio.ed.ac.uk/）美化和注释生成的进化树。本节首先用 BEAUti 设置进行 BEAST 分析的一系列参数，然后使用 BEAST 进行序列进化分析，最后简要分析运行结果。

20.2.1　用 BEAUti 生成.xml 文件

BEAUti 程序用于设置 BEAST 模型参数。

（1）载入比对完成的序列数据。点击【File】→【Import Data】（图 20.7）打开载入文件对话框，选择比对完成的序列文件。

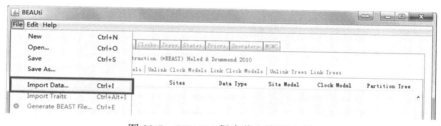

图 20.7　BEAUti 程序载入序列文件

（2）设置序列日期信息。转到"Tips"标签，勾选"Use tip dates"。程序默认所有序列的 Date 都为 0，即它们是在同一时间收集的。本例中，使用序列收集的年份信息。因为前面已经把年份信息包含在序列名称中，所以在 BEAUti 中可以方便地"猜测"日期信息。点击【Guess Dates】打开一个新的对话框，如图 20.8 所示，选择"Defined by a prefix and its order"，并根据序列名称设置前缀及次序，点击【OK】后可以看到"Date"列自动读入了序列名称中包含的年份信息。读取日期信息后的界面如图 20.9 所示。

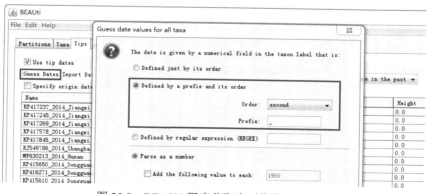

图 20.8　BEAUti 程序获取序列收集日期信息

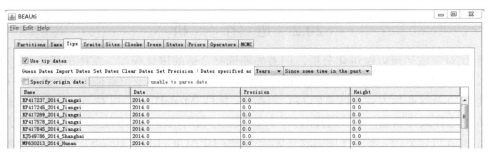

图 20.9　设定日期信息后的 BEAUti 界面

（3）设定序列的位置信息。转到"Traits"标签，可以添加序列的任何特征，此处添加序列的位置信息。点击【Add trait】打开"Creat or Import Trait(s)"窗口，在"Name"栏填入"Location"，Type 栏使用默认值"discrete"，点击【OK】关闭窗口（图 20.10）。

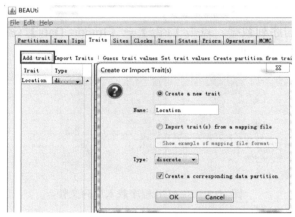

图 20.10　BEAUti 程序设定序列的位置信息

完成后，"Guess trait values"按钮被激活，点击该按钮将弹出一个新窗口，如图 20.11所示，同设置日期信息一样根据序列名称设置前缀和次序，即可得到序列的位置信息（图 20.12）。这些信息也可以手动填入或修改。

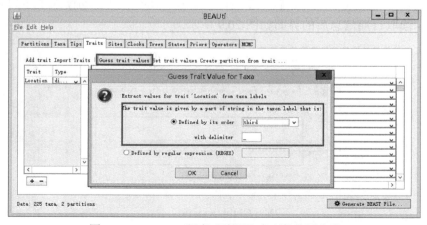

图 20.11　BEAUti 程序"猜测"序列的位置信息

图 20.12　设定位置信息后的 BEAUti 界面

（4）设置进化模型。转到 Sites 标签，对本例中的 DNA 序列，Substitution Model 使用 GTR，Base frequencies 选择 Estimated，Site Heterogeneity Model 选择 Gamma+ Invariant Sites，Number of Gamma Categories 选择 4，其他使用默认设置（图 20.13）；左侧 Substitution Model 窗口选择 Location，设置 Discrete Trait Substitution Model 为 Symmetric substitution model，并勾选 Infer social network with BSSVS（图 20.14）。更多有关序列进化模型的内容可参看文献（黄原，2012）。

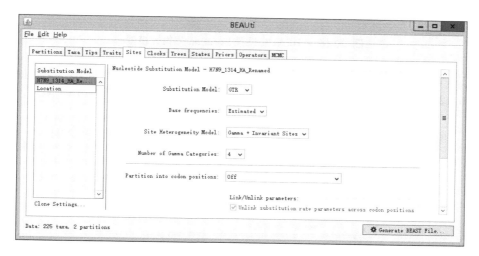

图 20.13　　BEAUti 设置 DNA 序列进化模型

图 20.14　　BEAUti 设置离散特征替换模型

（5）选择生物钟模型。转到 Clocks 标签，对本例中的 DNA 序列，选择 Lognormal relaxed molecularclock（Uncorrelated）模型，如图 20.15 所示；对 Location，选择 Strict clock（图 20.16）。

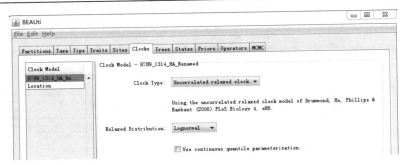

图 20.15　BEAUti 设置 DNA 序列生物钟模型

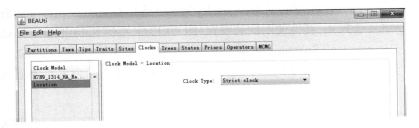

图 20.16　　BEAUti 设置 Location 生物钟模型

（6）设置 Tree Prior。转到 Trees 标签，Tree Prior 选择 Coalescent: GMRF Bayesian Skyride（Mini et al.，2008），Tree Model 保持默认的 Random starting tree，如图 20.17 所示。

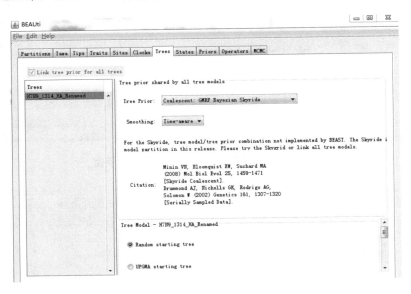

图 20.17　BEAUti 设置 Tree Prior

此外，转到 States 标签，点击左侧 Partition 栏下的 Location，检查确保 Reconstruct states at all ancestors 已经勾选（默认），如图 20.18 所示。

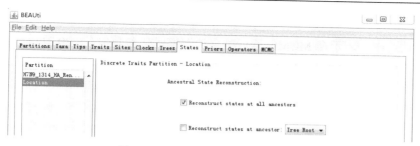

图 20.18　BEAUti 程序 States 标签

（7）设置先验信息。转到 Priors 标签，设置先验模型及参数，本例设置同 Phylogeographic inference in discrete space: A hands-on practical[①]。点击.ucld.mean 行第二列 Prior，在弹出的先验模型设置窗口，设置先验分布为 Shape = 0.001，Scale = 1000 的 Gamma 分布，如图 20.19 所示。点击 Locations.clock.rate 行第二列，在弹出的窗口中设置先验分布为 Mean=1.0, Offset=0 的指数（Exponential）分布（图 20.20）。

图 20.19　.ucld.mean 的先验分布设置

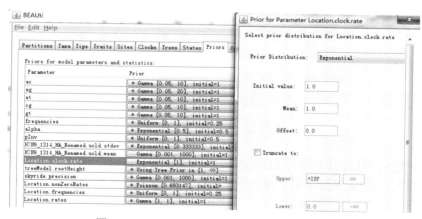

图 20.20　Location.clock.rate 的先验分布设置

① Lemey P, Faria N R. 2013. Phylogeographic inference in discrete space: A hands-on practical. http://hpc.ilri.cgiar.org/beca/training/AdvancedBFX2013_2/Oct_2013/Discrete Phylogeography.pdf.

此外，Operators 标签显示了各 operator 的类型、描述等信息，在窗口上方有选项 Auto Optimize，默认选中，表示在 MCMC 运行时自动调整优化参数值(图 20.21)。

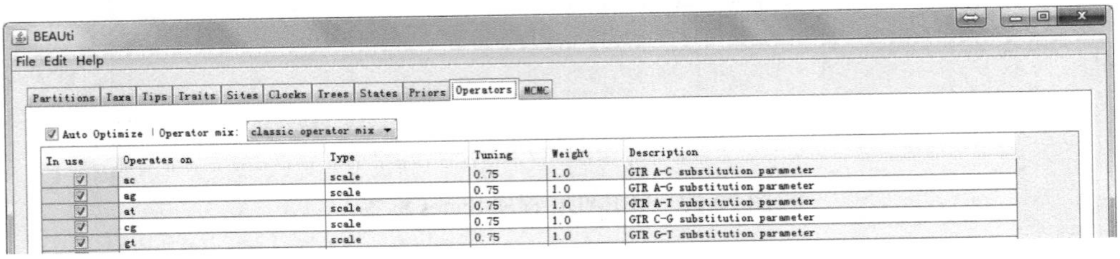

图 20.21　Operators 窗口勾选“Auto Optimize”

(8) 设置 MCMC 参数。完成以上设置后进入最后一步，设置 MCMC 相关参数，本例中设置链长 Length of chain 为 100000000；Echo state to screen every 设置为 5000 表示每 5000 步在屏幕上显示一次；Log parameters every 设置为 5000 表示每 5000 步取样一次并保存参数。File name stem 表示要保存的文件名，如图 20.22 所示。

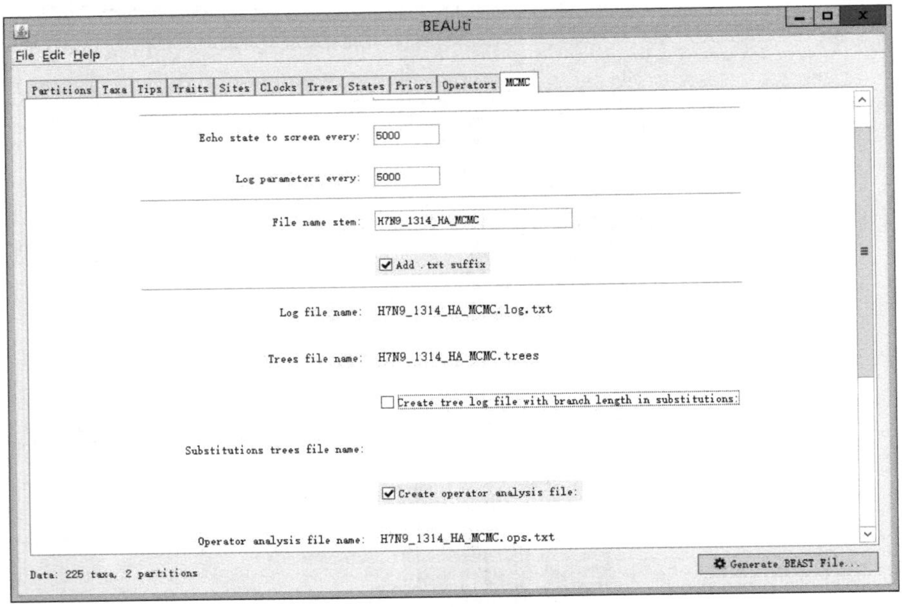

图 20.22　MCMC 参数设置

设定好参数后，点击右下角的【Generate BEAST File】，弹出一窗口，窗口中的表格显示了各参数的先验信息、范围及描述信息，点击下方的【Continue】(图 20.23)，浏览到要保存.xml 文件的目标文件夹，保存文件即可。

至此，生成并保存的.xml 文件存储了运行 BEAST 所需要的所有参数，打开 BEAST 程序，载入该文件运行即可。

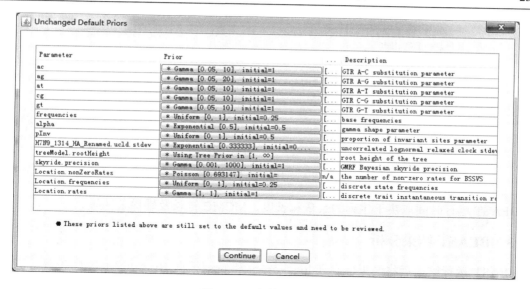

图 20.23　参数信息汇总

20.2.2　运行 BEAST

　　创建好.xml 文件后，打开 BEAST 程序，载入创建好的.xml 文件就可以运行 BEAST 分析。如图 20.24 所示，勾选"Use BEAGLE library if available"（电脑已安装 BEAGLE），其他采用默认值，点击下方的【Run】按钮，开始 BEAST 分析。图 20.25 显示了运行中的界面。

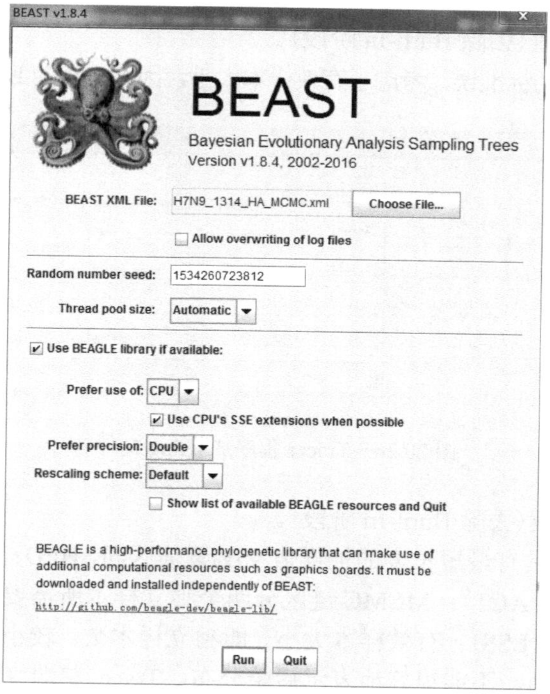

图 20.24　BEAST 程序加载.xml 文件

25000	-16352.3935	-4927.6782	-11424.7153	87.5456	4.44297E
30000	-16219.3131	-4986.4071	-11232.9060	79.9602	4.25969E
35000	-16036.2501	-5009.3341	-11026.9160	88.8003	3.44328E
40000	-15819.6376	-5057.3080	-10762.3296	95.2416	3.23514E
45000	-15634.0266	-5066.7355	-10567.2910	106.747	2.44426E
50000	-15361.6095	-4890.1385	-10471.4709	57.1625	2.90405E
55000	-15144.2677	-4939.2037	-10205.0639	48.8733	2.34121E
60000	-15107.3940	-4972.6656	-10134.7284	57.2031	1.856E-3

图 20.25　BEAST 运行界面

BEAST 运行时间取决于序列的数量和长度、MCMC 链长及硬件条件等。

20.2.3　BEAST 结果分析

BEAST 运行结束后将结果保存在.log、.trees 和.ops(根据 BEAUti-MCMC 设置，可能后面还包含.txt)文件中，需要对这些结果进行分析。由于 MCMC 是一种随机算法，结果通常不完全一致。

(1)使用 Tracer 程序分析.log 日志文件。打开 Tracer 程序，点击【File】→【Import Trace File】加载.log 文件(图 20.26)。加载完成后，如图 20.27 所示，左端上方展示日志文件名称、States 及 Burn-In 值(MCMC 链的不稳定阶段，系统默认 10%)。本例中，共运行 10^8 步，每 5000 取样一次，因此共 20000 个样本值保存在日志文件中。程序左端列出了追踪的参数"痕迹"(Trace)，选中某参数，右端根据选择的标签，展示相应的分析结果。在"Estimates"标签下，上方列出了不同的统计值，下方则是参数取值的频数直方图。部分统计值的含义如下：

mean：样本的平均值(去除 Burn-In 阶段)。

stderr of mean：均值的标准误，考虑了有效样本大小，因此较小的 ESS 会得到较大的标准误。

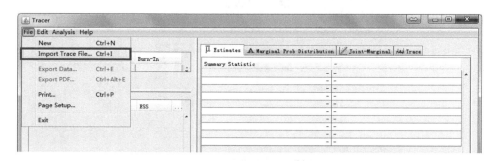

图 20.26　Tracer 程序加载.log 文件

median：样本中位数(去除 Burn-In 阶段)。

95% HPD Interval：具有最短长度的抽样值 95%置信区间，HPD：highest posterior density。

auto-correlation time(ACT)：MCMC 链区分两个独立样本所需要的评价状态数。

effective sample size(ESS)：有效样本大小，即独立样本数。较小的 ESS 表示抽到的样本中包含了很多相关的样品，不能很好地表示后验分布。Trace 左端 Trace 列表中对 ESS<100 的 ESS 值用红色高亮显示，100<ESS<200 的用黄色展示。

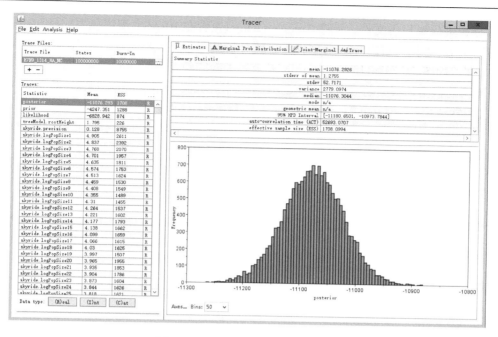

图 20.27　Tracer 程序分析日志文件

　　右下方的频数直方图显示，尽管 posterior 值在–10500 和–10250 范围内近似正态分布(图 20.27)，但也有很多样本值小于–10750。猜测可能是因为样本包含了不稳定阶段的值(程序默认 Burn-In 为 10%)。点击右上方的 Trace 标签查看 Trace 轨迹，如图 20.28 所示，可观察到链进入稳定阶段的步数，然后双击程序左上方 Burn-In 下面的数字进行修改。另一个原因是链的长度不够长，MCMC 未进入稳定阶段就停止，此时，需要回到图 20.22 修改步长后重新计算。

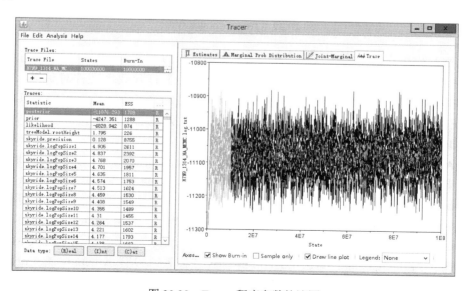

图 20.28　Tracer 程序参数轨迹图

(2) 分析进化树日志文件。程序 TreeAnnotator(包含在 BEAST 程序包中)分析 BEAST 运行完成后得到的进化树日志(.trees)文件，并将分析结果保存到指定的、具有标准 NEXUS 格式的树文件。如图 20.29(a)所示，Burnin 表示要去除的不稳定阶段的 State 或 Tree，如果选择 Burnin 树的数量，根据前面分析，MCMC 共抽样 20000 棵树，去掉 25%，即 5000 棵。其他选项使用默认值。在 Input Tree File 后面点击【Choose File】选择 BEAST 运行接收后保存的.trees(.txt)文件，再在 Output File 后面点击【Choose File】转到要保存的目标文件夹，并输入要保存的文件名，点击【保存】后回到 TreeAnnotator 程序，点击【Run】开始载入树的信息。根据文件大小，需要几分钟时间。载入文件结束后[图 20.29(b)]就可以关闭该程序，在指定的文件夹下可以找到保存好的 NEXUS 格式的树文件。

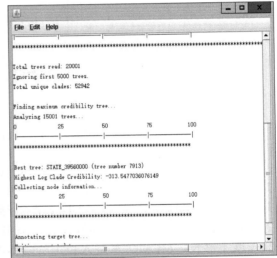

(a) 程序参数设置　　　　　　　　　　　　　(b) 完成载入文件

图 20.29　TreeAnnotator 程序

(3) 修饰进化树。对上一步保存好的 Tree 文件，可以使用 FigTree 程序进行修饰及添加注释。打开 FigTree，选择【File】菜单下的【Open】打开载入文件对话框，载入.tree 树文件。FigTree 程序左端列出了用于修饰、注释进化树的多个选项，可根据具体目的进行设置，任何设置都不会改变树的拓扑结构，只是为了更好地展示相关信息，以利于分析。本例进行如下设置。

展开 Appearance 标签，Colour by 选择 Location，点击 Colours 标签打开颜色设置窗口，设置易于区分的颜色(图 20.30)；Line Weight 设置为 2；Line Width by 选择 Location.prob，Min Weight 设置为 1。勾选 Scale Axis，然后展开 Time Scale 标签，设置 Offset=2014(最近的序列收集年份)，Scale factor 设置为 1；回到 Scale Axis 标签下，勾选 Reverse Axis。打开 Tree 标签，勾选 Root Tree，设置 Rooting 为 MidPoint，勾选 Order Notes，设置 Ordering 为 decreasing。勾选 Legend 并打开该标签，设置 Attribute 为 Location。图例和时间轴都可以设置合适的字体大小。完成设置后，进化树如图 20.31 所示。

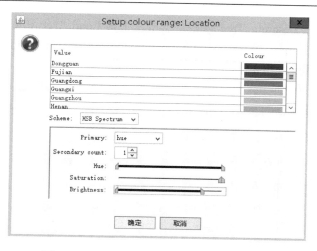

图 20.30　FigTree 程序 Appearance 颜色设置

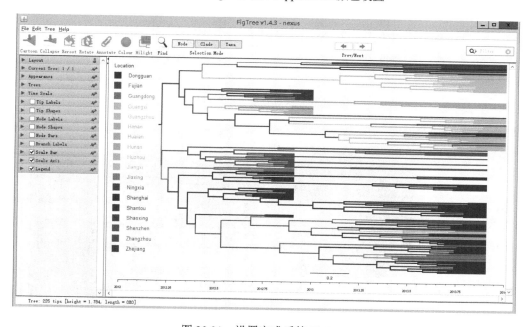

图 20.31　设置完成后的 FigTree

此外，还可以添加其他注释，如为节点添加标签或根据某个参数设置不同的形状、在分支上添加相关参数等。注释好的进化树，可以导出为 PDF、PNG、JPEG 等格式。

20.3　时空进化过程可视化

20.2(2)小节得到 .tree 文件包含了 H7N9 病毒 DNA 序列 HA 片段收集的时间和空间信息，而进化树则体现了 DNA 的进化过程，SPREAD(spatial phylogenetic reconstruction of evolutionary dynamics)程序可以分析、可视化 DNA 进化的时空过程，程序可在 http://www. kuleuven.be/aidslab/phylogeography/SPREAD.html 上下载。

打开 SPREAD，在 Discrete Tree 标签下点击左上角 Load Tree File 载入 .tree 文件，State Attribute Name 选择 Location，点击【Setup location coordinate...】，在打开的窗口中输入经纬度，或载入包含地点和经纬度的文件，如图 20.32 所示。

Branches mapping 和 Circles mapping 可以设置分支和圆盘的颜色，本例使用默认值。展开 Output 标签，输入要保存的文件名，点击【Generate】，则会生成一个 .kml 文件；点击【Plot】，结果如图 20.33 所示。

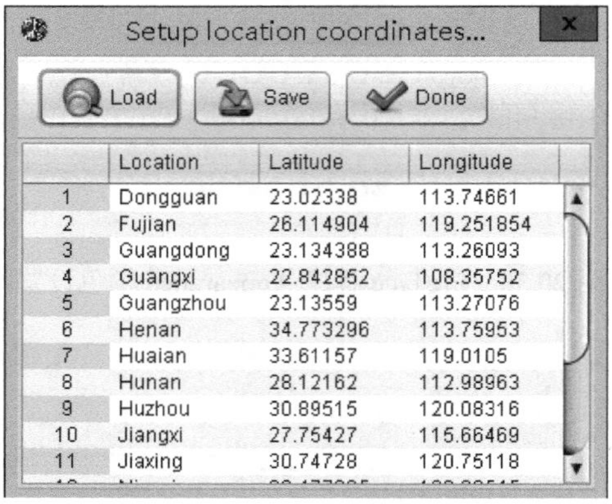

图 20.32　设置各地址的经纬度

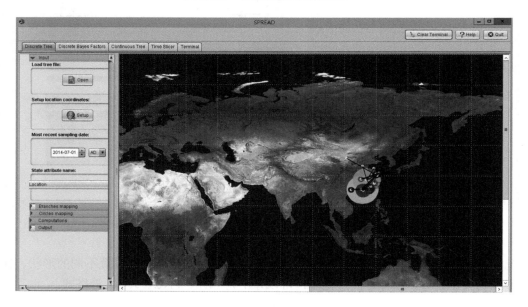

图 20.33　SPREAD 展示进化树

生成的 .kml 文件可以用 Google Earth 打开，并动态展示 DNA 的时空进化过程。图 20.34 展示了动态过程中两个时间点的状态。

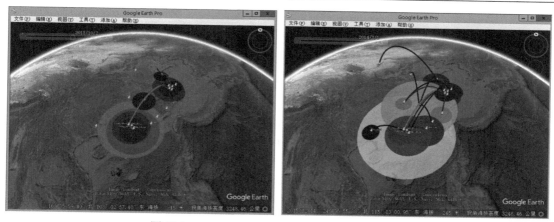

图 20.34　Google Earth 展示 DNA 时空进化过程

概　念

BME（Bayesian maximum entropy）：Christakos（2000）提出的基于时空相关性，融合物理定理、硬数据和软数据，无线性约束的一种时空数据插值方法。

贝叶斯网络 BN（Bayesian network）：基于概率推理的图形化网络，将多变量观测数据代入贝叶斯公式逐步构造形成推理网络，网络的每个连接反映两变量之间的推理关系，并附有概率。

粗糙集（rough set）：通过概念简约，从数据归纳出推理规则的一种方法。根据数据建立决策属性，对条件属性进行约简，根据约简生成规则，使用规则对未知对象进行预测并且进行误差分析的过程。

大数据（big data）：从统计学角度，没有经过抽样设计，但是可以为研究所用的数据。这类数据一般有偏于总体，并且存在数据质量问题。在使用中需要特别的统计学考虑，如需要纠偏。

地理加权回归 GWR（geographically weighted regression）：Fothringham 等（2000）提出的系数是空间坐标函数的空间回归方程。

地理探测器（geographical detector）：Wang 等（2010b，2016a）提出的统计检验空间分层异质性，以及进行两变量空间归因的一套统计学方法。包括风险空间定位、空间分层异质性检验与因子解释力度量、风险因子比较和多因子交互作用分解等四个统计公式。

地统计学：Matheron（1963）提出的基于空间自相关的线性插值方法，也称 Kriging。当总体满足二阶平稳假设条件下，插值结果无偏最优。

二阶平稳假设：假设研究区域任何一点的属性值为随机变量，任何一点上随机变量的数学期望相等；两点之间的空间自相关性只与两点之间的相对距离有关，而与两点的绝对距离无关。

Getis G 统计：Getis 和 Ord（1992）提出的对全局是否存在空间自相关性进行检验的一个统计公式。

Getis G，Local 统计：Ord 和 Getis（1995）提出的对各点与其周围是否存在空间相关性进行检验的一个统计公式。

局域统计（local statistics）：提取数据集子集特征的方法。

空间抽样（spatial sampling）：考虑空间分层异质性或者考虑空间自相关性的抽样模型。

空间抽样三明治模型（sandwich spatial sampling）：Wang 等（2002，2013b）提出的针对空间分层异质性总体的空间插值模型。该模型建立了样本信息沿总体、分异层到报告单元层的传递函数，实现了用小样本对多个报告单元同时报告的能力。

空间抽样与统计推断三位一体理论（spatial sampling and inference trinity）：Wang 等（2012a）提出总体性质、抽样方法和统计量三位一体决定了统计推断的精度。其中每一维度都有多种类型或选择。抽样与统计量互为对方的反函数；只有当统计量的假设与总体性质和样本条件相符时，才能进行恰当的统计推断或空间抽样。据此理论，选择最佳抽样和统计推断公式。

空间非同质（**spatial non-homogeneity**）：统计特征随空间绝对位置而变化的空间现象。例如，属性数学期望值随空间位置而变化称为一阶空间非同质或空间非静态（nonstationary）；协方差随空间位置而变化，当然也随两点相对距离而变化的空间现象称为二阶空间非静态。一阶空间非静态必然导致二阶空间非静态；二阶空间非静态不一定导致一阶空间非静态。

空间分析（**spatial analysis**）：针对空间数据或几何图形的各种分析方法，一般指统计方法。

空间分层异质性（**spatial stratified heterogeneity**）：地理现象的空间差异，一般用分类（classification）或分区（zonation）表示，在统计学中称作分层（stratification）。空间分层异质性是指层内方差小于层间方差的现象。该词由 Wang 等（2016a）创造。

空间回归（**spatial regression**）：考虑空间相关性的回归方程。例如，以邻接区域的因变量为本区域的解释变量的回归方程。

空间同质（**spatial homogeneity**）：统计特征不随空间绝对位置而变化的空间现象。例如，属性数学期望值不随空间位置而变化称为一阶空间同质或空间静态；协方差不随空间位置而变化，只随两点相对距离而变化的空间现象称为二阶空间静态。一阶空间静态不一定导致二阶空间静态；二阶空间静态必然要求一阶空间静态。

空间数据（**spatial data**）：具有空间坐标位置或相对距离的数据。

空间统计（**spatial statistics**）：考虑空间相关性或空间异质性的统计方法。

空间异质性（**spatial heterogeneity**）：单变量属性值在空间不同位置之间的差异。包括空间局域异质性、空间分层异质性等。

机器学习（**machine learning**）：智能计算方法，具有人脑信息处理过程的某些特点。

空间自相关（**spatial autocorrelation**）：单变量空间相距两点值之间的关联性。

Kriging：见地统计学。

Kulldorff 时空扫描统计量：Kulldorff（1997）提出的一组时空热点探测公式。研究区由考察区域及非考察区域组成，构造随机过程在研究区的似然函数。该似然函数在实际观测数据条件下的数值与假设事件随机发生条件下的数值差异越大，说明考察区域与周围差异越大，很可能是热点区域。其中模拟多次（如 999 次）随机过程，用于热点的显著性检验。

LISA 统计：见 Local Moran's I。

层（strata）：见空间分层异质性。

Moran's I 统计：Moran（1950）提出的对全局是否存在空间自相关性进行检验的一个统计公式。

Moran's I，Local 统计：Anselin（1995）提出的对各点与其周围是否存在空间相关性进行检验的一个统计公式，也称为 LISA，即 Local Indicator of Spatial Association。

全局统计（global statistics）：提取全部数据集特征的统计方法。

数据挖掘：基于数据挖掘信息和知识的方法，比统计学假设更少。运用于空间数据时称作空间数据挖掘。

图层（coverage）：地图及其属性，通常指在 GIS 存储。

样本（sample）：由一组样本单元组成的集合。

样本单元（sample unit）：最小数据存在的单元。

有偏样本（biased sample）：样本直方图不等于总体直方图的样本。

遗传规划 GP(genetic program)：基于观测数据建立非线性模型的一种方法。在一个由多个简单模型集成的模型库中，通过组合、交叉、遗传、变异、重组等计算，形成由几个简单模型组合形成的一个复合模型，它可以较好地拟合多变量观察数据。

遗传算法 GA(genetic algorithm)：求模型参数的方法。给定模型待求参数组的一组初始解，代入模型输出，与期望输出之偏差，通过遗传、变异等处理，得到一组校正的参数值，重复迭代以上过程，直至误差小到可接受阈值。

总体(population)：所有研究单元的集合。

参 考 文 献

柏延臣, 王劲峰. 2003. 遥感信息的不确定性研究——分类与尺度效应. 北京: 地质出版社.

毕硕本, 计晗, 陈昌春, 等. 2015. 地理探测器在史前聚落人地关系研究中的应用与分析. 地理科学进展, 34(1): 118-127.

蔡芳芳, 濮励杰. 2014. 南通市城乡建设用地演变时空特征与形成机理. 资源科学, 36(4): 731-740.

陈昌玲, 张全景, 吕晓, 等. 2016. 江苏省耕地占补过程的时空特征及驱动机理. 经济地理, 36(4): 155-163.

陈述彭. 2001. 地球信息图谱探索研究. 北京: 商务印书馆.

陈述彭, 鲁学军, 周成虎. 2003. 地理信息系统导论. 北京: 科学出版社.

陈希孺. 2002. 数理统计学简史. 长沙: 湖南教育出版社.

陈业滨, 李卫红, 黄玉兴, 等. 2016. 广州市登革热时空传播特征及影响因素. 热带地理, 36(5): 767-775.

崔日明, 俞佳根. 2015. 基于空间视角的中国对外直接投资与产业结构升级水平研究. 福建论坛(人文社会科学版), (2): 26-33.

丁悦, 蔡建明, 任周鹏, 等. 2014. 基于地理探测器的国家级经济技术开发区经济增长率空间分异及影响因素. 地理科学进展, 33(5): 657-666.

董玉祥, 徐茜, 杨忍, 等. 2017. 基于地理探测器的中国陆地热带北界探讨. 地理学报, 72(1): 135-147.

樊杰. 2015. 中国主体功能区划方案. 地理学报, 70(2): 186-201.

复旦大学. 1979. 概率论. 北京: 高等教育出版社.

高佩义. 2004. 中外城市化比较研究. 天津: 南开大学出版社.

葛咏, 王劲峰. 2003. 遥感信息的不确定性研究——误差传递模型. 北京: 地质出版社.

顾朝林. 1992. 中国城镇体系: 历史·现状·展望. 北京: 商务印书馆.

胡丹, 舒晓波, 尧波, 等. 2014. 江西省县域人均粮食占有量的时空格局演变. 地域研究与开发, 33(4): 157-162.

黄原. 2012. 分子系统发生学. 北京: 科学出版社.

姜爱林. 2004. 城镇化、工业化与信息化协调发展研究. 北京: 中国大地出版社.

黎夏, 叶嘉安. 2004. 利用案例推理(CBR)方法对雷达图像进行土地利用分类. 遥感学报, 8(3): 246-253

李佳洺, 陆大道, 徐成东, 等. 2017. 胡焕庸线两侧人口的空间分异性及其变化. 地理学报, 72(1): 148-160.

李俊刚, 闫庆武, 熊集兵, 等. 2016. 贵州省煤矿区植被指数变化及其影响因子分析. 生态与农村环境学报, 32(3): 374-378.

李连发, 王劲峰. 2014. 地理空间数据发掘. 北京: 科学出版社.

李涛, 廖和平, 褚远恒, 等. 2016. 重庆市农地非农化空间非均衡及形成机理. 自然资源学报, 31(11): 1844-1857.

廖一兰, 王劲峰, 孟斌, 等. 2007. 人口统计数据空间化的一种方法. 地理学报, 62(10): 1110-1119.

廖颖, 王心源, 周俊明. 2016. 基于地理探测器的大熊猫生境适宜度评价模型及验证. 地球信息科学学报, 18(6): 767-778.

刘旭华. 2005. 中国土地利用变化驱动力模拟分析. 北京: 中国科学院地理科学与资源研究所博士学位论文.

刘彦随, 李进涛. 2017. 中国县域农村贫困化分异机制的地理探测与优化决策. 地理学报, 72(1): 161-173.

刘彦随, 杨忍. 2012. 中国县域城镇化的空间特征与形成机理. 地理学报, 67(8): 1011-1020.

卢少华. 2006. 遗传规划在港口吞吐量预测中的应用. 武汉理工大学学报, 30(3): 520-523.

陆守一, 唐小明, 王国胜. 2001. 地理信息系统实用教程(第2版). 北京: 中国林业出版社.

倪书华. 2014. 空间统计学及其在公共卫生领域中的应用. 汕头大学学报(自然科学版)，29(4)：61-67.

齐清文. 2004. 地学信息图谱的最新进展. 测绘科学，29(6)：15-23.

钱纳里，鲁滨逊，塞尔奎因. 1989. 工业化和经济增长的比较研究·中译本. 吴奇，王松宝译. 上海：上海三联书店.

秦耀辰. 1994. 区域模型系统及其应用. 开封：河南大学出版社.

桑燕芳，王中根，刘昌明. 2013. 小波分析方法在水文学研究中的应用现状及展望. 地理科学进展，32(9)：1413-1422.

申思，薛露露，刘瑜. 2008. 基于手绘草图的北京居民认知地图变形及因素分析. 地理学报，63(6)：625-634.

史文中. 2005. 空间数据与空间分析不稳定性原理. 北京：科学出版社.

陶海燕，潘中哲，潘茂林，等. 2016. 广州大都市登革热时空传播混合模式. 地理学报，71(9)：1653-1662.

通拉嘎，徐新良，付颖，等. 2014. 地理环境因子对螺情影响的探测分析. 地理科学进展，33(5)：625-635.

王成龙，刘慧. 2016. 山东省外商直接投资的区域分异与演化特征. 地域研究与开发，35(1)：70-75.

王家耀，邓红艳. 2005. 基于遗传算法的制图综合模型研究. 武汉大学学报·信息科学版，30(7)：565-569.

王劲峰. 1993. 欧亚新海大陆桥与我国西部开发. 遥感信息，(4)：26-30.

王劲峰. 2009. 地图的定性与定量分析. 地球信息科学学报，11(2)：169-175.

王劲峰，等. 2006. 空间分析. 北京：科学出版社.

王劲峰，葛咏，李连发，等. 2014. 地理学时空数据分析方法. 地理学报，69(9)：1326-1345.

王劲峰，Haining R，Wise S. 1999. 中国干旱、洪水、地震灾害监测空间采样设计. 自然科学进展，9(4)：336-345.

王劲峰，姜成晟，李连发，等. 2009. 空间抽样与统计推断. 北京：科学出版社.

王劲峰，徐成东. 2017. 地理探测器：原理和展望. 地理学报，72(1)：116-134.

王珏，袁丰. 2014. 基于演化树模型的长江三角洲城市紧凑度综合评价. 长江流域资源与环境，23(6)：741-749.

王录仓，武荣伟，刘海猛，等. 2016. 县域尺度下中国人口老龄化的空间格局与区域差异. 地理科学进展，35(8)：921-931.

王曼曼，吴秀芹，吴斌，等. 2016. 盐池北部风沙区乡村聚落空间格局演变分析. 农业工程学报，32(8)：260-271.

王少剑，王洋，蔺雪芹，等. 2016. 中国县域住宅价格的空间差异特征与影响机制. 地理学报，71(8)：1329-1342.

魏凤娟，李江风，刘艳中. 2014. 湖北县域土地整治新增耕地的时空特征及其影响因素分析. 农业工程学报，30(14)：267-275.

邬伦，刘瑜，张晶，等. 2001. 地理信息系统——原理、方法和应用. 北京：科学出版社.

谢帅，刘士彬，段建波，等. 2016. OSDS 注册用户空间分布特征及影响因素分析. 地球信息科学学报，18(10)：1332-1340.

徐建华. 2002. 现代地理学中的数学方法(第 2 版). 北京：高等教育出版社.

徐秋蓉，郑新奇. 2015. 一种基于地理探测器的城镇扩展影响机理分析法. 测绘学报，44(S0)：96-101.

薛露露，申思，刘瑜，等. 2008. 城市居民认知距离透视认知变形——以北京市为例. 地理科学进展，27(2)：96-103.

杨勃，石培基. 2014. 甘肃省县域城镇化地域差异及形成机理. 干旱区地理，37(4)：838-845.

杨忍，刘彦随，龙花楼，等. 2015. 基于格网的农村居民点用地时空特征及空间指向性的地理要素识别——以环渤海地区为例. 地理研究，34(6)：1077-1087.

杨忍，刘彦随，龙花楼，等. 2016. 中国村庄空间分布特征及空间优化重组解析. 地理科学，36(2)：170-179.

叶大年，赫伟. 2001. 中国城市的对称分布. 中国科学(D 辑)，31(7)：608-616.

叶庆华，刘高焕，田国良，等. 2004. 黄河三角洲土地利用时空复合变化图谱分析. 中国科学(D 辑)，34(5)：

461-474.

应龙根, 宁越敏. 2005. 空间数据: 性质、影响和分析方法. 地球科学进展, 20(1): 49-54.

于佳, 刘吉平. 2015. 基于地理探测器的东北地区气温变化影响因素定量分析. 湖北农业科学, 54(19): 4682-4687.

俞佳根, 叶世康. 2014. 空间视角下中国对外直接投资与产业结构升级水平研究. 商业经济研究 34: 127-128.

湛东升, 张文忠, 余建辉, 等. 2015. 基于地理探测器的北京市居民宜居满意度影响机理. 地理科学进展, 34(8): 966-975.

张百平. 2008. 数字山地垂直带谱研究进展. 山地学报, 26(1): 12-14.

张超. 1984. 计量地理学基础. 北京: 高等教育出版社.

张晗, 任志远. 2015. 基于 Whittaker 滤波的陕西省植被物候特征. 中国沙漠, 45(4): 901-906.

张伟, 段学军, 张维阳. 2013. 长三角地区可持续发展测度与演化分析. 长江流域资源与环境, 22(10): 1243-1249.

赵永, 王劲峰. 2008. 经济分析 CGE 模型与应用. 北京: 中国经济出版社.

赵作权. 2009. 地理空间分布整体统计研究进展. 地理科学进展, 28(1): 1-8.

郑新奇. 2004. 城市土地优化配置与集约利用评价. 北京: 科学出版社.

周成虎, 骆剑承, 等. 2009. 高分辨率卫星遥感影像地学计算. 北京: 科学出版社.

周磊, 武建军, 贾瑞静, 等. 2016. 京津冀 $PM_{2.5}$ 时空分布特征及其污染风险因素. 环境科学研究, 29(4): 483-493.

周一星, 孙则昕. 1997. 再论中国城市的职能分类. 地理研究, 16(1): 11-22.

朱长青. 2006. 数值计算方法及其应用, 北京: 科学出版社.

朱鹤, 刘家明, 陶慧, 等. 2015. 北京城市休闲商务区的时空分布特征与成因. 地理学报, 70(8): 1215-1228.

Agterberg F P. 1984. Trend surface analysis//Gaile G L. Spatial Statistics and Models. Netherlands: D Reidel Publishing Company: 147-171.

Almasria A, Lockingb H, Shukurb G. 2008. Testing for climate warming in Sweden during 1850—1999: Using wavelets analysis. Journal of Applied Statistics, 35(4): 431-443.

Anselin L. 1988. Spatial Econometrics: Methods and Models. Springer Netherlands, Germany: Dordrecht Kluwer Academic Publishers.

Anselin L. 1995. Local indicators of spatial association-LISA. Geographical Analysis, 27: 93-115.

Anselin L. 2006. Spatial Heterogeneity//Warff B(Ed.). Encyclopedia of Human Geography. Thousand Oaks: SAGE Publishing: 452-453.

Anselin L. 2010. Thirty years of spatial econometrics. Papers in Regional Science, 89(1): 3-26.

Atkinson P M. 1991. Optimal ground-based sampling for remote sensing investigations: estimating the regional meant. International Journal of Remote Sensing, 12(3): 559-567.

Banerjee S, Carlin B P, Gelfand A E. 2015. Hierarchical Modelling and Analysis for Spatial Data. 2nd ed. Boca Raton: CRC Press.

Besag J, York J, Mollie A. 1991. A Bayesian image restoration, with two applications in spatial statistics. Annals of the Institute of Statistical Mathematics, 43(1): 1-20.

Bilmes J A. 1998. A gentle tutorial of the EM algorithm and its application to parameter estimation for gaussian mixture and hidden markov models. Department of Electrical Engineering and Computer Science U. C. Berkeley, Technical Report: 1-13.

Bishop C M. 2006. Pattern Recognition and Machine Learning. Berlin: Springer.

Breiman L. 2001. Random forests. Machine Learning, 45: 5-32.

Brus D J, de Gruijter J J. 1997. Random sampling or geostatistical modelling? Choosing between design-based and model-based sampling strategies for soil(with discussion). Geoderma, 80: 1-59.

Cao F, Ge Y, Wang J F. 2013. Optimal discretization for geographical detectors-based risk assessment. GIScience & Remote Sensing, 50(1): 78-92.

Chenery H, Syrquin M. 1979. Structural Change and Development Policy. Oxford: Oxford University Press.

Christakos G. 1990. A bayesian maximum-entropy view to the spatial estimation problem. Mathematical Geology, 22(7): 763-777.

Christakos G. 1992. Random Field Models in Earth Sciences. San Diego: Academic Press.

Christakos G. 2000. Modern Spatiotemporal Geostatistics. Oxford: Oxford University Press.

Clark P J, Evans F C. 1954. Distance to nearest neighbor as a measure of spatial relationships in populations. Ecology, 35(4): 445-453.

Cliff A D, Ord J K. 1973. Spatial Autocorrelation. London: Pion.

Cliff A D, Ord J K. 1981. Spatial Processes: Models and Application. London: Pion.

Cochran W G. 1977. Sampling Techniques. 3rd ed. Hoboken: Wiley.

Cressie N. 1991. Statistics for Spatial Data. Hoboken: Wiley.

Cressie N, Wikle C K. 2011. Statistics for Spatio-Temporal Data. Hoboken: Wiley.

Dai Y H, Zhou W X. 2017. Temporal and spatial correlation patterns of air pollutants in Chinese cities. PLoS ONE, 12(8): e0182724.

Daubechies I. 1988. Orthonormal bases of compactly supported wavelets, Comm. Pure and Applied Math, 41: 909-996.

Dempster A, Laird N, Rubin D. 1977. Maximum likelihood estimation from incomplete data via EM algorithm. Royal Statistical Society Series B, 39(1): 1-38.

Diggle P J. 1983. Statistical Analysis of Spatial Point Patterns. London: Academic Press.

Dormann C F, McPherson J M, Araujo M B, et al. 2007. Methods to account for spatial autocorrelation in the analysis of species distributional data: a review. Ecography, 30: 609-628.

Du Z, Xu X, Zhang H, Wu Z, et al. 2016. Geographical detector-based identification of the impact of major determinants on aeolian desertification risk. PLoS ONE 11(3): e0151331. doi: 10. 1371/journal. pone. 0151331.

Dutilleul P R L. 2011. Spatio-Temporal Heterogeneity: Concepts and Analysis. Cambridge: Cambridge University Press.

Eberhart R C, Shi Y. 1998. Comparison Between Genetic Algorithms and Particle Swarm Optimization. Evolutionary Programming Ⅶ. Lecture Notes in Computer Science 1447. Berlin: Springer.

Everitt B S. 2002. The Cambridge Dictionary of Statistics. 2nd ed. Cambridge: Cambridge University Press.

Figliola A, Seerano E. 1997. Analysis of physics of physiological time series using wavelet transform. IEEE Engineering in Medicine and Biology, 16(3): 74-79.

Fischer M M, Getis A. 2010. Handbook of Applied Spatial Analysis: Software Tools, Methods and Applications. Berlin: Springer.

Foody G M. 2002. Status of land cover classification accuracy assessment. Remote Sensing of Environment, 80: 185- 201.

Fothringham A S, Brunsdon C, Charlton M E. 2002. Geographically Weighted Regression. Hoboken: Wiley.

Fothringham A S, Brunsdon C, Charlton M E. 2000. Quantitative Geography: Perspectives on Spatial Data Analysis. London: SAGE Publications.

Gandin L S. 1963. Objective Analysis of Meterorological Fields. Gidrometeor-ologicheskoe Izdatel'stvo (GIMIZ), Leningrad (translated by Israel Program for Scientific Translations, Jerusalem, 1965).

Gao H, Tang Y W, Jing L H, et al. 2017. A novel unsupervised segmentation quality evaluation method for remote sensing images. Sensors, 17: 2427.

Gastner M T, Newman M E J. 2004. Diffusion-based method for producing density equalizing maps. Proceeding of the National Academy of Sciences of the United States of America, 101: 7499-7504.

Geary R C. 1954. The contiguity ratio and statistical mapping. The Incorporated Statistician, 5: 115-145.

Gelman A, Rubin D B. 1992. Inference from iterative simulation using multiple sequences. Statistical Science, 7(4): 457-472.

Getis A, Ord J K. 1992. The analysis of spatial association by use of distance statistics. Geographical Analysis, 24: 189-206.

Goldstein H. 2011. Multilevel Statistical Models. 4th ed. Hoboken: Wiley.

Goodchild M F, Haining R. 2004. GIS and spatial data analysis: Converging perspectives. Papers in Regional Science, 83: 363-385.

Griffith D A. 2003. Spatial Autocorrelation and Spatial Filtering: Gaining Understanding Through Theory and Scientific Visualization. Berlin: Springer.

Griffith D A, Haining R, Arbia G. 1994. Heterogeneity of attribute sampling error in spatial data sets. Geographical Analysis, 26(4): 300-320.

Haggett P. 1976. Hybridizing alternative models of an epidemic diffusion process. Economic Geography, 52: 136-146.

Haining R. 1988. Estimating spatial means with an application to remote sensing data. Communication Statistics-Theory Meth, 17(2): 537.

Haining R. 1990. Spatial Data Analysis in the Social and Environmental Sciences. Cambridge: Cambridge University Press.

Haining R. 2003. Spatial Data Analysis: Theory and Practice. London: Cambridge University Press.

Hastie T, Tibshirani R, Friedman J. 2008. The Elements of Statistical Learning. Berlin: Springer.

Hildebrand F B. 1962. Advanced Calculus for Applications. New York: Prentice-Hall.

Hinton G E, Salakhutdinov R R. 2006. Reducing the dimensionality of data with neural networks. Science, 313(5786): 504-507.

Hotelling H. 1933. Analysis of a complex of statistical variables into principal components. J. Educ Psychol, 24: 417-441.

Hu M G, Wang J F. 2011. A meteorological network optimization package using MSN theory. Environmental Modelling & Software, 26: 546-548.

Hu M G, Wang J F, Zhao Y. 2013. A B-shade based best linear unbiased estimation tool for biased samples. Environmental Modelling & Software, 48(2013): 93-97.

Hu Y, Wang J F, Ren D, et al. 2011. Geographical-detector-based risk assessment of the under-five mortality in the 2008 Wenchuan Earthquake, China. PLoS ONE, 6(6): e21427.

Huang J X, Wang J F, Bo Y C, et al. 2014. Identification of health risks of hand, foot and mouth disease in China using the geographical detector technique. International Journal of Environmental Research and Public Health, 11: 3407-3423.

Issaks E, Srivastava R. 1989. Applied Geostatistics. Oxford: Oxford University Press.

Journel A G, Huijbergts C J. 1978. Mining Geostatistics. London: Academic Press.

Ju H R, Zhang Z X, Zuo L J, et al. 2016. Driving forces and their interactions of built-up land expansion based on the geographical detector – a case study of Beijing, China. International Journal of Geographical Information Science. http: //dx. doi. org/10. 1080/13658816. 2016. 1165228.

Kennedy J, Eberhart R C. 1995. Particle Swarm Optimization//IEEE International Conference on Neural Networks, IV. Piscataway, NJ: IEEE Service Center: 1942-1948.

Kennedy J, Eberhart R C. 2001. Swarm Intelligence. San Francisco: Morgan Kaufmann Division of Academic Press.

Krishna-Iyer P V. 1950. The theory of probability distributions of points on a lattice. Ann Math Stat, 21: 198-217.

Kulldorff M. 1997. A spatial scan statistic. Communications in Statistics: Theory and Methods, 26: 1481-1496.

Lecun Y, Bengio Y, Hinton G. 2015. Deep learning. Nature, 521 (7553): 436-444.

Leon S J. 2015. Linear Algebra with Applications. 9th ed. Boston: Pearson.

Li J, Zhu Z W, Dong W J. 2016. A new mean-extreme vector for the trends of temperature and precipitation over China during 1960-2013. Meteorol Atmos Phys DOI 10. 1007/s00703-016-0464-y.

Li L F, Wang J F, Cao Z D, et al. 2008. An information-fusion method to regionalize spatial heterogeneity for improving the accuracy of spatial sampling estimation. Stochastic Environmental Research and Risk Assessment, 22: 689-704.

Li X, Yeh A. 2001. Zoning land for agricultural protection by the integration of remote sensing. GIS and cellular automata. Photogrammetric Engineering & Remote Sensing, 67 (4): 471-477.

Li X W, Xie Y F, Wang J F, et al. 2013. Influence of planting patterns on Fluoroquinolone residues in the soil of an intensive vegetable cultivation area in north China. Science of the Total Environment, 458-460: 63-69.

Liang P, Yang X P. 2016. Landscape spatial patterns in the Maowusu (Mu Us) sandy land, northern China and their impact factors. Catena, 145 (2016): 321-333.

Liao Y L, Wang J F, Chen G, et al. 2013. Clustering of disability caused by unintentional injury amongst the population aged from 15-60 years: a challenge in rapidly developing China. Geospatial Health, 8 (1): 13-22.

Liao Y L, Wang J F, Du W, et al. 2016a. Using spatial analysis to understand the spatial heterogeneity of disability employment in China. Transactions in GIS. doi: 10. 111 1/tgis. 12217.

Liao Y L, Wang J F, Men B, et al. 2009. Integration of GP and GA for mapping population distribution. International Journal of Geographic Information Sciences, 24 (1): 47-67.

Liao Y L, Zhang Y, He L, et al. 2016b. Temporal and spatial analysis of neural tube defects and detection of geographical factors in Shanxi Province, China. PLoS ONE, 11 (4): e0150332. doi: 10. 1371/journal. pone. 0150332.

Longley P A, Goodchild M F, Maguire D J, et al. 1999. Geographical Information Systems: Principles, Techniques, Applications and Management. 2nd ed. Hoboken: Wiley.

Lou C R, Liu H Y, Li Y F, et al. 2016. Socioeconomic drivers of $PM_{2.5}$ in the accumulation phase of air pollution episodes in the Yangtze river delta of China. International Journal of Environmental Research and Public Health, 13: 928.

Luo W, Jasiewicz J, Stepinski T, et al. 2016. Spatial association between dissection density and environmental factors over the entire conterminous United States. Geophysical Research Letters, 43 (2): 692-700.

Matheron G. 1963. Principles of geostatistics. Economic Geology, 58: 1246-1266.

Moran P A P. 1950. Notes on continuous stochastic phenomena. Biometrika, 37: 17-23 .

Openshaw S. 1983. The modifiable areal unit problem. CATMOG 38, Norwich, UK: Geo Books.

Ord J K, Getis A. 1995. Local spatial autocorrelation statistics: Distributional issues and an application. Geographical Analysis, 27: 286-306.

Pawlak Z. 1997. Rough set approach to knowledge-based decision support. European Journal of Operational Research, 99(2): 48-57.

Pearson K. 1901. On lines and planes of closest fit to systems of points in space. Philosophical Magazine, 2:

559-572.

Ren Y, Deng L Y, Zuo S D, et al. 2014. Geographical modeling of spatial interaction between human activity and forest connectivity in an urban landscape of southeast China. Landscape Ecol. doi 10. 1007/s10980-014-0094-z.

Ren Y, Deng L Y, Zuo S D, et al. 2016a. Quantifying the influences of various ecological factors on land surface temperature of urban forests. Environmental Pollution. http: //dx. doi. org/10. 1016/j. envpol. 2016. 0 6. 0 04.

Ren Z P, Wang D Q, Ma A H, et al. 2016b. Predicting malaria vector distribution under climate change scenarios in China: Challenges for malaria elimination. Scientific Reports, 6: 20604.

Ripley B D. 1977. Modelling spatial patterns. Journal of the Royal Statistical Society Series B-Statistical Methodology, 39: 172-192.

Ripley B D. 1981. Spatial Statistics. Hoboken: Wiley.

Rodriguez-Iturbe I, Mejia J M. 1974. The design of rainfall networks in time and space. Water Resources Research, 10: 713-728.

Shen J, Zhang N, Gexigeduren, et al. 2015. Construction of a Geodetector-based model system to indicate the potential occurrence of grasshoppers in Inner Mongolia steppe habitats. Bulletin of Entomological Research, 105: 335-346.

Singh B N, Tiwari A K. 2006. Optimal selection of wavelet basis function applied to ECG signal denoising. Digital Signal Processing, 16(3): 275-287.

Smith M J, Goodchild M F, Longley P. 2007. Geospatial Analysis: a Comprehensive Guide to Principles, Techniques and Software Tools. London: Troubador Publishing Ltd.

Stehman S, Sohl T, Loveland T. 2003. Statistical sampling to characterize recent United States land cover change. Remote Sensing of Environment, 86: 517-529.

Stein M L. 1999. Interpolation of Spatial Data: Some Theory for Kriging. Berlin: Springer.

Syrquin M, Chenery H. 1989. Three decades of industrialization. The World Bank Economic Review, 3(2): 145-181.

Tan J T, Zhang P Y, Lo K V, et al. 2016. The urban transition performance of resource-based cities in northeast China. Sustainability, 8, 1022; doi: 10. 3390/su8101022.

Tobler W R. 1970. A computer movie simulating urban growth in the Detroit region. Economic Geography, 46(2): 234-240.

Todorova Y, Lincheva S, Yotinov I, et al. 2016. Contamination and ecological risk assessment of long-term polluted sediments with heavy metals in small hydropower cascade. Water Resources Management, 30: 4171-4184.

van Donkelaar A, Martin RV, Brauer M, et al. 2016. Global estimates of fine particulate matter using a combined geophysical-statistical method with information from satellites, models, and monitors. Environmental Science & Technology, 50(7): 3762-3772.

Vapnik V. 1995. The Nature of Statistical Learning Theory. New York: Springer-Verlag.

Vapnik V, Chervonenkis A Y. 1971. On the uniform convergence of relative requencies of events to their probabilities. Theory of Probabilities and its Application, 16(2): 263-280.

Waller L A. 2014. Putting spatial statistics (back) on map. Spatial Statistics, 9(2014): 4-19.

Wang J F. 2017. Spatial Sampling//Richardson D, Castree, Goodchild M F, et al. The International Encyclopedia of Geography. Hoboken: Wiley.

Wang J F, Christakos G, Hu M G. 2009. Modeling spatial means of surfaces with stratified non-homogeneity. IEEE Transactions on Geoscience and Remote Sensing, 47(12): 4167-4174.

Wang J F, Haining R, Cao Z D. 2010a. Sample surveying to estimate the mean of a heterogeneous surface: Reducing the error variance through zoning. International Journal of Geographical Information Science, 24(4): 523-543.

Wang J F, Haining R, Liu T J, et al. 2013b. Sandwich estimation for multi-unit reporting on a stratified heterogeneous surface. Environment and Planning A, 45(10): 2515-2534.

Wang J F, Hu M G, Xu C D, et al. 2013a. Estimation of citywide air pollution in Beijing. PLoS ONE, 8 (1): e53400.

Wang J F, Hu Y. 2012. Environmental health risk detection with Geodetector. Environmental Modelling & Software, 33: 114-115.

Wang J F, Jiang C S, Hu M G, et al. 2013c. Design based spatial sampling: theory and implementation. Environmental Modelling & Software, 40(2013): 280-288.

Wang J F, Li X H, Christakos G, et al. 2010b. Geographical detectors-based health risk assessment and its application in the neural tube defects study of the Heshun Region, China. International Journal of Geographical Information Science, 24(1): 107-127.

Wang J F, Liu J Y, Zhuang D F, et al. 2002. Spatial sampling design for monitoring cultivated land. International Journal of Remote Sensing, 23(2): 263-284.

Wang J F, Liu X H, Peng L, et al. 2012b. Cities evolution tree and its application in land occupation prediction. Population and Environment, 33: 186-201.

Wang J F, McMichael A J, Meng B, et al. 2006. Spatial dynamics of an epidemic of severe acute respiratory syndrome in an urban area. Bulletin of World Health Organization, 84: 965-968.

Wang J F, Reis B Y, Hu M G, et al. 2011. Area disease estimation based on sentinel hospital records. PLoS ONE, 6(8): e23428.

Wang J F, Stein A, Gao B B, et al. 2012a. A review of spatial sampling. Spatial Statistics, 2: 1-14.

Wang J F, Wang Y, Zhang J, et al. 2013d. Spatiotemporal transmission and determinants of typhoid and paratyphoid fever in Hongta District, China. PLoS Neglected Tropical Diseases, 7(3): e2112.

Wang J F, Wise S, Haining R. 1997. An integrated regionalization of earthquake, flood and drought hazards in China. Transactions in GIS, 2(1): 25-44.

Wang J F, Xu C D, Hu M G, et al. 2014. A new estimate of the China temperature anomaly series and uncertainty assessment in 1900-2006. Journal of Geophysical Research-Atmospheres, 119(1): 1-9.

Wang J F, Xu C D, Hu M G, et al. 2017. Global land surface air temperature dynamics since 1880. International Journal of Climatology, doi: 10. 1002/joc. 5384.

Wang J F, Zhang T L, Fu B J. 2016a. A measure of spatial stratified heterogeneity. Ecological Indicators, 67: 250-256.

Wang X G, Xi J C, Yang D Y, et al. 2016b. Spatial differentiation of rural touristization and its determinants in China: a geo-detector-based case study of Yesanpo scenic area. Journal of Resources and Ecology, 7(6): 464-471.

Wu J L, Wang J F, Meng B, et al. 2004. Spatial exploratory data analysis of birth defect risk factors' identification. BMC Public Health, 4(23): doi: 10. 1186/1471-2458-4-23.

Wu R N, Zhang J Q, Bao Y H, et al. 2016. Geographical detector model for influencing factors of industrial sector carbon dioxide emissions in Inner Mongolia, China. Sustainability, 8(2): 149.

Xu C D, Wang J F, Hu M G, et al. 2013. Interpolation of missing temperature data at meteorological stations using P-BSHADE. Journal of Climate, 26(19): 7452-7463.

Xu C D, Wang J F, Li Q X. 2018. A new method for temperatures spatial interpolation based on sparse historical stations. Journal of Climate, 31: 1757-1770.

Yang R, Xu Q, Long H L. 2016. Spatial distribution characteristics and optimized reconstruction analysis of China 's rural settlements during the process of rapid urbanization. Journal of Rural Studies, http: //dx. doi. org/10. 1016/j. jrurstud. 2016. 05. 013.

Yin Q, Wang J F. 2017. The association between consecutive days' heat wave and cardiovascular disease mortality in Beijing, China. BMC Public Health, 17: 223.

Zhang T, Yin F, Zhou T, et al. 2016. Multivariate time series analysis on the dynamic relationship between Class B notifiable diseases and gross domestic product (GDP) in China. Scientific Reports, 6: 29.

Zhu H, Liu J M, Chen C, et al. 2016. A spatial-temporal analysis of urban recreational business districts: A case study in Beijing, China. Journal of Geographical Sciences, 25 (12): 1521-1536.

附　　录

　　附录简介了本书用到的空间统计学软件包(附录 A)、机器学习软件包(附录 B)，以及数据集(附录 C)。这些软件都是比较常用并且可以从互联网上免费下载和使用的；数据集免费下载和使用的地址是 http://www.sssampling.cn/201sdabook/main.html。

附录A 空间统计学软件包

当今流行的统计工具软件 SPSS、MATLAB 等大大地促进了数据分析深加工及其在各领域的应用。其统计部分主要处理独立样本数据。

空间数据分析理论、方法和技术自 20 世纪 60 年代末开始得到认识并研究。空间数据分析理论和技术较为复杂，对于一般科研人员而言，掌握难度大，耗费精力多。为此，世界各地的学者和研究机构及一些软件开发商已经研制了一些空间分析软件包，这些软件包有的关注于某一类型的空间数据的分析，对空间数据分析在特定领域(如空间经济分析、犯罪分析、公共卫生研究)的应用起到了极大的推动作用；有些则试图发展尽可能全面的空间分析功能，对空间分析理论和方法的研究和实践具有重要的意义。

空间分析理论分别来源于地理学、地质学、大气科学、经济学和统计学。研究对象大体可以分为多边形数据(如行政统计单元和遥感像元)、空间连续数据(如气温和土壤重金属含量)和点数据(如火灾发生点群和新发病例空间分布)三大类，所涉及的分析方法不同，造成软件功能、结构、风格上的不同。源于地质学的空间分析软件包一般均以地统计数据为主要研究对象，其空间分析方法以 Kriging 为代表，相关的软件也比较成熟，如 GISlab 等，主流 GIS 软件 ArcGIS 中也包含地统计分析模块。地理学者所关注的空间现象主要包括点数据和多边形数据。因为多边形数据和点数据可以相互转换(如由点生成泰森多边形、由多边形生成中心点)，所以，两者的很多分析方法有相似的地方。积极推动空间分析理论和方法研究的欧美地理学家大多经历了 20 世纪 60 年代地理学计量革命，他们研发的空间信息分析软件包多以空间相关性和空间异质性为理论核心。而随着计算机技术、对地观测技术的快速发展及科学研究中人文和自然综合研究趋势的日益加强，空间分析的需求越来越多，相关软件包的开发和应用，对促进地理信息科学的发展具有非常强大的推动作用。

附录 A 简介在第二篇空间统计学用到的软件和下载网址，包括 GeoDa、CrimeStat、WinBUGS、GeoBUGS、SatScan、Geodetecor、SSSI 等。也可以在 Google 或 Bing 或百度搜索引擎直接输入软件名称找到下载地址。各软件的具体使用已在第二篇各章中详述过。

附图 A1　GeoDa 软件版权界面

A1　GeoDa：空间统计分析软件

GeoDa(附图 A1)是一个专用于格数据探索性空间数据分析(ESDA)的模型工具集成软件，由美国的 Luc Anselin 博士开发。它用一个友好的图形界面来描述如自相关性统计、空间回归等空间数据分析。GeoDa 软件基于动态链接窗口技术，利用多张地图和统计图表来实现交互操作。

GeoDa 主要支持的数据格式也是 ArcGIS 的 shape 文件。当将文件导入软件后，用户可以利用菜单里 9 个菜单项(附图 A2)进行各种分析。GeoDa 软件菜单栏的每项菜单都具有特定功能，其中，最重要的菜单项在工具条内都有相应的图标对应。

在 GeoDa 软件里,这些工具条可以随意被拖动并放置在界面任何位置。菜单栏里的 File 菜单是用来打开或关闭一个工程文件及退出系统的。当工程中没有激活窗口时, File 菜单仅包含两个选项:用来打开 GeoDa 工程设置窗口的"Open Project"和退出系统的"Exit"。而 Edit 菜单则具有 3 组功能项:第一项操作地图;第二项选择用来制图和统计分析的变量;最后一项使用 Windows 剪贴板。View 菜单包含两个选项来选择在工程界面和工具条里显示哪些工具项,这些工具项没有相应按钮与之对应。Tools 菜单有 3 个子按钮来建立和分析空间权重,转换和创建点及多边形文件,以及输出数据。Table 菜单可以对图层属性表进行操作。Map 菜单则用于区域制图,这些图既包含分数图、百分位数图、箱式图、标准差图等普通标准图,又涵盖了比率平滑图等专业图。Explore 菜单主要用来展示探索性数据分析结果统计图(直方图、散点图、排序图、三维散点图等)。Space 菜单用来进行度量数据空间自相关性等探索性空间数据分析,包括 Moran 散点图及 Moran's I 推断;二元散点图及 Moran's I 推断;发生率的 Moran 散点图[通过经验贝叶斯(EB)标准化];局域 Moran's I 显著性地图;局域 Moran's 聚集性地图;二元局域 Moran's I;发生率的局域 Moran's I[通过经验贝叶斯(EB)标准化]。Regression 菜单可以用来进行经典回归和空间回归等操作。

附图 A2　GeoDa 软件功能模块

GeoDa 软件、使用 GeoDa 进行探究性数据分析、空间相关性分析等操作的专门指导手册、空间数据分析进程的解释和实例的介绍可以在 GeoDa 网站获得(http://geodacenter. github.io/download_windows.html)。

A2　CrimeStat:空间聚类软件

CrimeStat 软件(附图 A3)由美国 Ned Levine 主持开发,美国 National Institute of Justice 等机构资助。从该软件的名称就可以发现,开发软件的最初目的是对犯罪事件进行空间统计分析,但目前该软件在流行病学等众多领域也都获得广泛应用。

CrimeStat 软件包括 5 个部分(附图 A4):数据设置、空间描述、空间模型、犯罪旅行需求和选项设置。CrimeStat 软件输入项为事件发生的地点(如案发地点),在数据设置中可以指定主要文件、次要文件和参照文件等,支持的文件格式包括 dbf 数据库文件、ArcView 的 shape 文件或者 ASCII 文件;并且可以指定投影类型、距离单位等参数。在 CrimeStat 中,空间分析被细分为以下 7 个主要类别:①空间描述,用于描述点(犯罪事件)的空间分布特征,主要的指标包括平均中心、最近距离中心、标准偏移椭圆、Moran's I、

附图 A3　CrimeStat 软件界面

Moran 相关图、平均方向等。②距离统计描述，用于识别点(犯罪事件)空间分布是否具有聚集性，如最邻近分析、线性最邻近分析、Ripley 的 K 函数和距离矩阵演算等。③热点分析，用于寻找点(犯罪事件)集中分布区域，包括层次邻近分析、风险修正的层次邻近分析、STAC、K 均值和局域 Moran's I 统计等统计分析形式。④单变量核密度估计，通常生成密度表面或事件发生频率的等值线。⑤双变量核密度估计，通常为事件发生频率与基准水平的比较。⑥时空分析，分析点(犯罪事件)时空分布规律，包括计算 Knox 系数、Mantel 系数、时空移动平均数和关联旅程分析等。⑦犯罪旅程分析(Journey-to-crime analysis)，包括定标、估计和绘制犯罪轨迹图。犯罪旅程分析包括 5 个不同数学函数或一个经验的函数。在这 7 种分析中，用户可以得到不同的空间统计指标，而且可以将图形化的结果存为 ArcView/ArcInfo、MapInfo、Atlas*GIS、Surfer for Windows 等软件支持的格式。犯罪旅行需求是 CrimeStat 软件独有的专业特色功能，其是旅行需求理论在犯罪分析中的应用。这个模型常应用于区域层面，包括以下模块：①旅行发生器，包含独立的旅行发生和旅行吸引力模型。②旅行分布，用于计算观测的旅行分布、模拟旅行分布、比较观测的与模拟的旅行距离的分布。③模式划分，根据不同的起源-目的地组合，划分 5 种不同旅行模式。④网络分配，估计可能的旅行线路，包括各网络段的总容量，这个网络可以使用除距离之外的旅行时间、旅行速度或旅行花费来模拟。

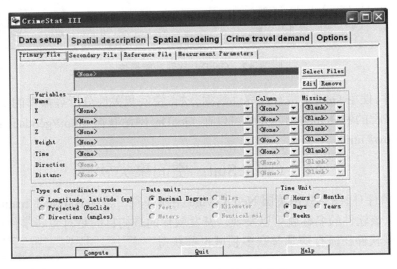

附图 A4　CrimeStat 软件功能模块

　　CrimeStat 软件包可以从 http://www.icpsr.umich.edu/CRIMESTAT/免费下载，同时，这个网站也提供样本数据和使用指南。除此以外，在联机帮助系统中，还提供了相关统计指标的详细说明。

A3　WinBUGS 和 GeoBUGS：贝叶斯层次建模软件

　　WinBUGS(bayesian inference using gibbs sampling)是英国剑桥公共卫生研究所的 MRC Biostatistics Unit 推出的用马尔可夫链-蒙特卡罗(Markov Chain Monte Carlo, MCMC)方法进行贝叶斯推断的专用软件包。它可方便地对许多常用或复杂模型(如分层模型、交叉设计模型、空间和时间作为随机效应的一般线性混合模型、潜变量模型、脆弱模型、因变量的测量误差、协变量、截尾数据，限制性估计，缺失值问题)和分布进行 Gibbs 抽样，还可以用简单的有向图模型(directed graphical model)进行直观的描述，并给出参数的 Gibbs 抽样动态图，用平滑方法得到后验分布的核密度估计图，抽样值的自相关图及均数和置信区间的变化图等，使抽样结果更直观、可靠。Gibbs 抽样收敛后，可以很方便地得到参数后验分布的均数、标准差、95%置信区间和中位数等信息。

　　WinBUGS 软件中，构建模型是进行分析的最关键步骤。WinBUGS 软件采用一种混合文档作为其文件格式。一个混合文档，可以包括文字、表格、公式、图表、图形等众多信息。模型同样是混合文档的一个部分，通过 Model 这一关键字来区分(附图 A5)。Model 为模型指示语，由{}括起来的语句为模型的具体内容，for 语句表示循环变量及循环次数。每个循环语句同样要用{}括起来才完整。"～"表示随机变量的分布，左边为变量，右边为分布，dnorm表示服从正态分布，括号内为该分布的两个参数。"<-"表示变量间的逻辑函数关系，其左右符号含义同"～"。逻辑关系可用逻辑函数如"sqrt""sum"等或一般运算符号表示。

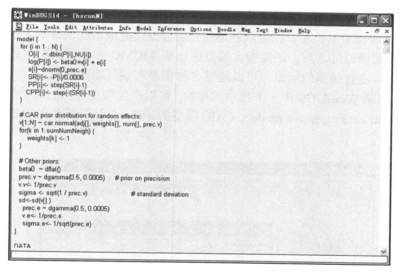

附图 A5　WinBUGS 软件功能模块

　　另外，可以用 Doodle 功能来进行有向图建模。在有向图模型结构中，每个椭圆形饼状图表示一个结点，有两种类型：随机结点(stochastic node)和逻辑结点(logical node)。结点间以实箭头或空箭头相连，实箭头表示结点间的随机关系，空箭头表示结点间的逻辑关系，箭头指向的结点为父结点，箭头出发的结点为子结点。附图 A6 中方框形平板表示循环结构，每个平板表示一个循环，并且在其左下角用"for"语句表明了循环变量及循环次数，板外的表示非循环结点。各板公共部分表示多重循环。

　　建立模型还需要对数据进行定义和输入。在 WinBUGS 中，一般采用 S-PLUS 格式定义数据，各类观测值变量被定义成数组(如有缺失数据，用 NA 表示)。构建好一个模型后，需要在 WinBUGS 软件中对模型进行检验，这一过程称为"Specification"。Specification 的第一步是 check model，即检查其语法是否正确，模型中各个变量是否有赋值方式。第二步是输

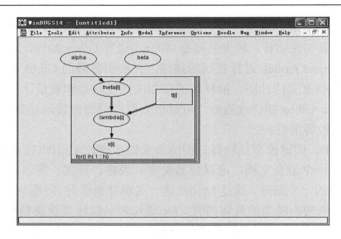

附图 A6　WinBUGS 软件有向图建模

入数据。WinBUGS 软件的数据可以和模型存放于同一混合文档中,其关键字为 list。通过 load data 实现数据的输入和检查。第三步是要指定链的数目,即 MCMC 采样器的数目,然后点击【Compile】完成模型的检验。如果顺利通过,可以继续完成后面的计算,否则需检查其提示的错误信息。编译通过之后,还要指定模型中一些 MCMC 参数的初始值或由系统自动产生。接下来就可以进行模型的运算,可以通过多种图形观察其运算结果。

GeoBUGS 则是 WinBUGS 中一个特别的模块,可以产生和管理空间邻接矩阵、空间条件自回归(conditional autoregressive models, CAR)模型的计算,并为计算的结果提供图形输出功能(附图 A7)。

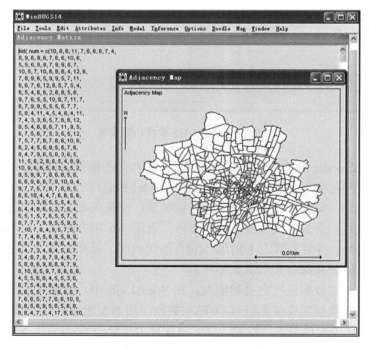

附图 A7　WinBUGS 软件邻接图展示

目前关于 WinBUGS 最权威、资源最丰富的是"The BUGS Project"网站：http://www.mrc-bsu.cam.ac.uk/software/bugs/the-bugs-project-winbugs/。

A4　SatScan：空间扫描软件

SatScan 软件是一款用空间、时间或时空扫描统计量分析空间、时间和时空数据的免费软件，其由哈佛大学公共医学院 Martin Kulldorff 和 Information Management Services Inc.联合开发。该软件主要应用于以下几个方面：①实施疾病地理监测，探查疾病在空间、时空分布上的聚类，并检验它们是否具有统计显著性。②检验某种疾病在时间、空间、时空上是否服从随机分布。③计算某种疾病聚类警报的统计显著性。④为疾病暴发早期探测重复进行定期疾病监测等。该软件还适用于解决生态学、经济学、历史学、动物学等其他学科里的类似问题。

利用 SatScan 软件进行空间分析时，通常需要根据病例数据空间分布概率模型选择输入以下格式的数据（附图 A8）：病例数据（.cas），对照人群数据（.ctl），人口数据（.pop），坐标数据（.geo），格网数据（.geo）。这些文件都可以用记事本打开并编辑。除了输入数据以外，还需要设置研究时段、时间精度、坐标类型和协变量等参数。同时，SatScan 软件分析的结果涵盖了探寻出来的热点区域位置、相对风险、病例情况等信息，可以以 ASCII、dBASE 和 ArcGIS 的.shp 形式输出。

SatScan 软件数据分析按照研究目的分为前瞻性分析和回顾性分析。前瞻性分析的结果具有一定预测性，只涉及时间和时空分析，如时空重排扫描统计量；回顾性分析是对已经发生的疾病数据进行研究，揽括了时间、空间和时空分析方法（附图 A9）。如果按照探测热点的特点来分，SatScan 软件数据分析又可以分为探寻具有高发病率、低发病率或者异于正常发病率的区域的分析。SatScan 软件根据空间、时间或时空扫描统计量原理，通过计算聚类搜索区域内外事件发生率似然比来寻找疾病发生热点。进行空间分析时，共有 5 个似然比计算模型。如果根据某一区域内潜在受疾病威胁的人群情况，得到该区域的病例数在空间上服从泊松分布，那么，SatScan 软件分析必须选择基于泊松分布的似然比计算模型。如果仅有类似于病例数据和对照数据此类的 0/1 事件数据的话，SatScan 分析要选择贝努利模型。序数模型适用于

附图 A8　SatScan 软件输入功能模块

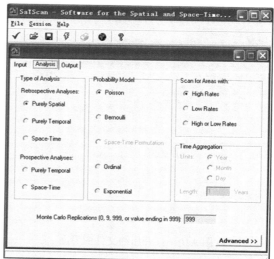

附图 A9　SatScan 软件分析功能模块

排序类别数据，指数模型则适用于存活时间数据。正态模型很少用到，一般针对其他类型的连续型数据。SatScan 软件能够进行多个数据集同步并行分析来寻找发生在其中的聚类。该软件还可以根据背景人群的空间异质性、病例发生的时间趋势或用户提供的协变量等信息相应地进行模型计算数据调整，得到有用的结果。

SatScan 软件可以从 http://www.satscan.org/下载。同时，该网站提供了样本数据和相关的文献。

A5　Geodetector：地理探测器软件

空间分层异质性(spatial stratified heterogeneity)和空间相关性(spatial autocorrelation)是空间数据的两大特性。对于一个数据集，如果它可以被划分为几个子集：其均值或方差不同，或者影响因素不同，甚至由不同机理过程所产生，那么，这个数据集就表现出空间分异性(spatial stratified heterogeneity)，即层内方差小于层间方差(with strata variance is less than between strata variance)。空间分异性将对全局统计产生严重后果。

全局模型是指具有一个数学函数形式、相同变量和相同参数的数学或统计模型，如回归模型。将全局模型运用于具有空间分异性的数据集将导致参数、因素，甚至机理混杂，结果引起误导或者得不到显著的结果。因此，在进行任何数据统计分析之前，应当对数据的平稳性进行识别；在进行任何空间数据统计分析之前，应当对数据的空间分异性进行检验。如果空间分异性不显著，则全局模型是可靠的；否则，应当将数据集分类后分别分析建模，或者运用分层统计模型。

实际上，空间分层异质性也是一种信息，是自亚里士多德以来人们认识自然的一个途径。地理探测器是检验和分析空间分异性数据的新的统计学方法，主要包括 4 个功能：①识别观测对象的空间分异性；②识别风险区；③识别导致空间分异性的因子；④识别多变量交互作用。

地理探测器软件由王劲峰和徐成东研发(2017)。该软件由 Excel 编制，功能独特，使用简单，适合类型量和数值量，物理含义清晰。下载地址：www.geodetector.cn，单击下载，解压缩，双击打开 Excel 地理探测器软件(附图 A10)，点击【启动内容】出现附图 A11 所示界面，随后读者可以用自己的数据覆盖 Excel 软件中的案例数据。点击【Read Data】，出现

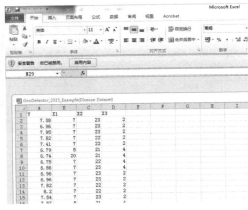

附图 A10　打开压缩文件的界面

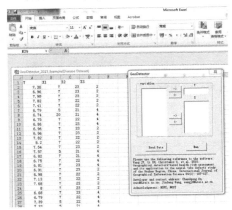

附图 A11　用户界面

附图 A12 所示界面。将变量分别读入 Y 和 X 栏（附图 A13）；点击【Run】，出现附图 14 所示界面，为地理探测器软件最终输出结果，包括 Risk detector、Factor detector、Ecological detector 和 Interaction detector。读者可以据此统计结果进行专业解读，形成研究论文和政策建议。

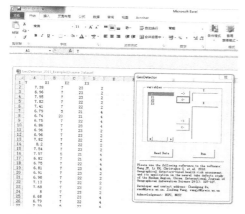

附图 A12　点击【Add Data】后的界面

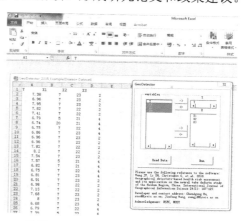

附图 A13　将变量分别读入 Y 和 X 栏

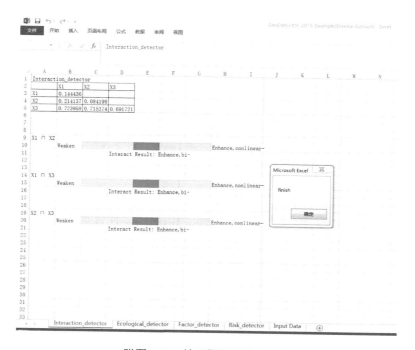

附图 A14　地理探测器输出结果

A6　SSSI：空间抽样与统计推断软件

SSSI 软件（附图 A15）是由中国科学院地理科学与资源研究所王劲峰、姜成晟主持研发的，是一种专业的空间抽样和统计推断软件，符合《地理信息 空间抽样与统计推断》国家标准（GB/Z 33451—2016），有中、英文两个版本。该软件是在空间抽样理论和超图 SuperMap

Viewer 类库基础之上开发的一个桌面软件，主要面向进行抽样调查、统计推断和空间数据分析的用户。

附图 A15　　SSSI 软件界面

SSSI 软件可运用于以下 3 方面：

(1) 对计划中的监测网络(农业、人口、经济、环境)——计算最佳分布和密度。

(2) 对已形成的监测网络(气象站)——推荐最佳估值方法网络改进建议。

(3) 对已形成的估计(区域污染指数、温室气体排放)——评价其精度、可靠性(样点分布、密度、估值方法)。

与现有的经典统计学软件和空间统计学软件比较，SSSI 不仅考虑了样本值(如经典统计学)和样本空间相对位置(如空间统计学)，还考虑了样本的空间绝对位置，参见附表 A1。

附表 A1　SSSI 的特点

	经典统计学 (如 SPSS)	空间统计学 (如 GeoDa)	空间抽样统计 (SSSI)
属性值	•	•	•
空间相对位置		•	•
空间绝对位置			•

经典统计学假设样本独立，但空间数据普遍存在空间相关性，因此产生了空间统计学，这时样本之间的相对位置是重要的。实际上，空间数据还普遍存在空间异质性，例如，两个样本单元放置的不同的(绝对)空间位置，即使它们之间的距离保持不变，其样本均值将是不同的。

SSSI 软件将抽样过程分为 3 个阶段：第一阶段是计算样本量或计算估值的先验精度；第二阶段是布设样本并调查样本值；第三阶段是统计推断和结果报告。在现有抽样理论中，计算样本量的方法、布样方法和通过样本值进行统计推断都是采用相同的模型，SSSI 软件则基于空间抽样优化决策三位一体理论(详见 4.5 节)，在计算样本量、布样和统计推断的时候可以采用不同的模型，从而获得更高的抽样效率。此外，SSSI 软件在当前主要抽样方法的基础上又新增了两种空间抽样模型和 "三明治" 抽样模型，这是本软件的一大特色，这三种抽样模型均考虑了样本间的相关性，因此，具有更高的效率。"三明治" 抽样模型在抽样对象空间分层的基础上增加了报告单元层，报告单元就是最后汇报时，用户希望使用的报告单位，如县界、省界、流域、网格等。

抽样系统包含如下具体功能模块：①数据输入和输出，包括读写工程文件、导入抽样底图或抽样范围、导入分层文件、保存工程文件及创建和保存样本点文件。②抽样区域和参数设置，选择抽样区域、抽样模型(简单随机抽样、系统抽样、分层抽样、空间随机抽样、空间分层抽样、"三明治"空间抽样)和输入计算样本量函数所需参数。③空间分层，分为专家经验分层和 k-means 分层两种形式。④可视化和查询，包括样本点在空间布局显示、样本点属性表显示和属性查询，以及空间布局图和属性表的动态联结显示。⑤空间分析与统计，涵盖选择统计推断模型、参数设置和抽样结果显示(表格和散点图)。⑥生成抽样结果报告或统计推断报告。

关于 SSSI 软件下载、详细说明、具体操作过程、案例请参照联机帮助系统，或登录网站 http://www.sssampling.cn。附图 A16 是 SSSI 的用户界面。

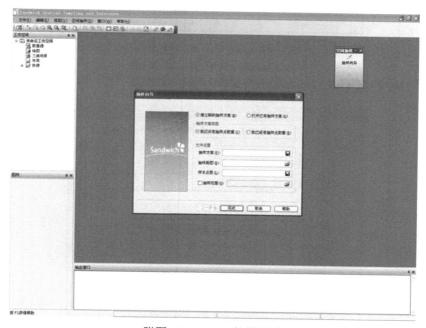

附图 A16　SSSI 软件界面

附录 B 机器学习软件包

本章简介在第三篇机器学习用到的软件和下载网址。各软件的具体使用已在第三篇有关各章中详述过。

B1 Bayesian Belief Network：贝叶斯网络推理软件

Bayesian Belief Network Software 由加拿大 Ualberta 大学 Jie Cheng 博士开发，主要用于生成贝叶斯网络。下载地址：http://www.sssampling.cn/201sdabook/main.html。

该软件共分为 3 个部分：

(1) **BN PowerConstructor**：用于从训练数据生成贝叶斯网络(附图 B1)。

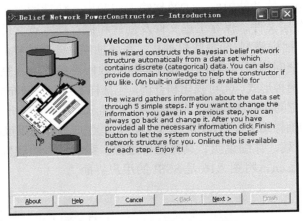

附图 B1 PowerConstructor 界面

(2) **BN PowerPredictor**：用于数据的建模、分类及预测(附图 B2)。

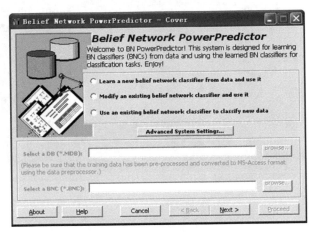

附图 B2 PowerPredictor 界面

(3)**Data PreProcessor**：主要进行前期的数据处理，以用于 BN PowerConstructor、BN PowerPredictor 两系统(附图 B3)。

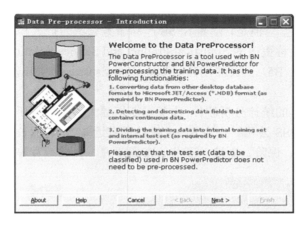

附图 B3　Pre-processor 界面

B2　Rosetta：粗糙集计算软件

Rosetta 是一个用来进行粗糙集分析的软件(附图 B4)，它包括了从数据预处理到结果检验的诸多功能。该软件不仅提供了友好的用户界面，还提供了以命令行格式存在的计算核。该软件为挪威科技大学计算机系知识系统研究组和波兰华沙大学数理学院逻辑算法研究团队共同设计开发完成。下载地址：http://www.lcb.uu.se/tools/rosetta/ index.php。

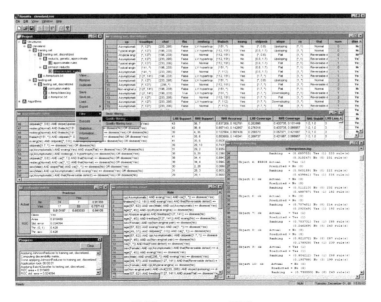

附图 B4　Rosetta 界面

B3　SPSS：数据统计软件

SPSS 是软件英文名称的首字母缩写，原意为 Statistical Package for the Social Sciences，即"社会科学统计软件包"。但是，随着 SPSS 产品服务领域的扩大和服务深度的增加，SPSS 公司于 2000 年将英文全称更改为 Statistical Product and Service Solutions，意为"统计产品与服务解决方案"（附图 B5）。软件网址：http://www.spss.com/software/?source=homepage&hpzone=nav_bar。

SPSS 是世界上最早的统计分析软件,由美国斯坦福大学的三位研究生于 20 世纪 60 年代末研制，同时成立了 SPSS 公司。迄今 SPSS 软件已有近 40 年的成长历史，其用户分布于通信、医疗、银行、证券、保险、制造、商业、市场研究、科研教育等多个领域和行业。

附图 B5　SPSS20 for Windows

SPSS 的特点在于：操作简单、无须编程、功能多样、方便的数据接口、灵活的功能模块组合。SPSS 的基本功能(附图 B6)包括：数据管理、统计分析、图表分析、输出管理等。SPSS 统计分析过程包括描述性统计、均值比较、一般线性模型、相关分析、回归分析、对数线性

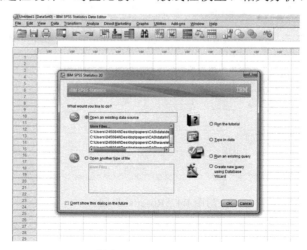

附图 B6　SPSS 操作界面

模型、聚类分析、数据简化、生存分析、时间序列分析、多重响应等几大类，每类中又分好几个统计过程，如回归分析中又分线性回归分析、曲线估计、Logistic 回归、Probit 回归、加权估计、两阶段最小二乘法、非线性回归等多个统计过程，而且每个过程中又允许用户选择不同的方法及参数。SPSS 也有专门的绘图系统，可以根据数据绘制各种图形。

B4　Weka：数据挖掘软件

Weka 的全名是怀卡托智能分析环境(Waikato Environment for Knowledge Analysis)，已有十多年的发展历史(附图 B7)。它是一种基于 Java 的开源数据挖掘软件，采用 GPLv2 授权协议。同时 Weka 也是新西兰独有的一种鸟名，而 Weka 的主要开发者来自新西兰。软件下载网址：http://www.cs.waikato.ac.nz/ml/weka/。

作为一个公开的数据挖掘工作平台，Weka 集合了大量能承担数据挖掘任务的机器学习算法，包括对数据进行预处理、分类、回归、聚类、关联规则分析，以及在交互式界面上可视化数据。可以通过查看 Weka 的源码和 API 文档来实现和改进各种数据挖掘算法，而这都包含在 Weka 安装包中。在 Weka 中集成自己的算法甚至借鉴它的方法实现独特的数据挖掘工具也不是件困难的事情。Weka 系统已获得广泛的认可，被誉为数据挖掘和机器学习历史上的里程碑，是现今最完备的数据挖掘工具之一。

附图 B7　Weka 操作界面

B5　PSO/ACO2：粒子群算法软件

PSO/ACO2 由英国 Kent 大学 Nicholas Holden 开发(附图 B8)，主要用于粒子群方法的分类，其特点在于添加了蚁群算法用以对类别变量进行处理，减化了数据预处理。软件通过对数据的训练，最终形成分类规则。软件下载地址是 http://sourceforge.net/projects/psoaco2/。

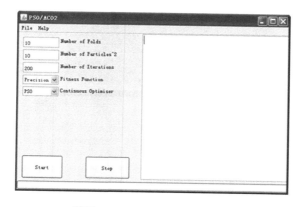

附图 B8　PSO/ACO2 操作界面

B6　MATLAB：科学计算软件

　　MATLAB 是一个高性能的科技计算软件（附图 B9），广泛应用于数学计算、算法开发、数学建模、系统仿真、数据分析处理及可视化、科学和工程绘图、应用系统开发。当前它的使用范围涵盖了工业、电子、医疗、建筑等各领域。网址是 http://www.mathworks.com/。

附图 B9　MATLAB R2015a

　　MATLAB 是英文 Matrix Laboratory（矩阵实验室）的缩写，最早是由 C.Moler 用 Fortran 语言编写的，用来方便地调用 LINPACK 和 EISPACK 矩阵代数软件包的程序。后来他对 MATLAB 作了大量的改进。现在 MATLAB 提供的工具箱（附图 B10）已覆盖信号处理、系统控制、统计计算、优化计算、神经网络、小波分析、偏微分方程、模糊逻辑、动态系统模拟、系统辨识和符号运算等领域。其特点表现在：语言简洁紧凑、库函数及运算符丰富、兼具结构化与面向对象编程、强大的绘图功能、丰富的工具箱、源程序开放等。

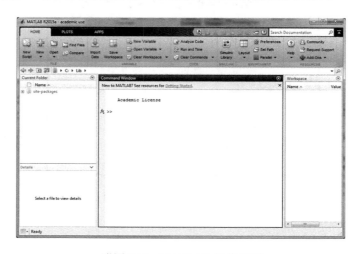

附图 B10　MATLAB 操作界面

B7　Minitab：智能统计分析软件

Minitab 是一款商用智能数据分析软件（附图 B11），由三位 Penn State 大学的教授在 1972年开发，其主旨是让学生更容易地学习统计学。由于其对于使用灵活性和易操作性的良好平衡，Minitab 也被工业界广泛使用。软件下载地址为 http://www.minitab.com/en-us/。

附图 B11　Minitab 18

B8　BMEGUI：贝叶斯最大熵软件

BMEGUI 是专门为了更好地实现贝叶斯最大熵模型而开发的一款软件（附图 B12）。与其他 BME 软件相比，BMEGUI 具有以下优点：①良好的用户操作体验；②平衡软件使用的灵活性和简洁性；③不需编程；④输出结果可被 ArcGIS 使用。软件下载地址为 http://www.unc.edu/depts/case/BMEGUI/。

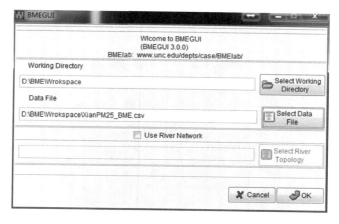

附图 B12　BMEGUI 操作界面

B9　地理演化树模型

地理演化树（GeoTree）是中国科学院地理科学与资源研究所空间分析组与福州林景行信

息技术有限公司联合自主开发的一款面向统计学和经济发展研究部门的计算机可视化时空演化探索性分析软件。它采用了美观、高效的操作界面(附图 B13),提供二维地图与三维树木模型相结合的功能,是一款可交互地展示各城市经济发展演化过程的软件。该软件工具主要用于模拟全国各地级市在一定时间内的经济发展阶段,以三维树木层次结构来可视化表达每个城市各经济发展指标,以及每个城市的经济分类和经济发展阶段。软件下载地址为:www.sssampling.cn/geotree。

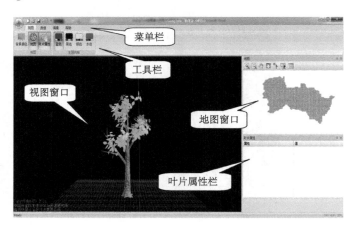

附图 B13　地理演化树模型软件操作界面

B10　BEAST:科学计算软件

BEAST 是由新西兰,英国和美国的学者联合开发的一款软件。它是使用贝叶斯分析分子序列的跨平台软件(附图 B14),并用于建立时间尺度上的树形结构。它可以分析同时期(同步)和非同期(异步)序列。一般若使用该软件进行时空分析,需结合其他地理信息软件分析或展示结果。软件下载地址为 http://beast.bio.ed.ac.uk/。

附图 B14　BEAST 的 logo(取自 *Art Forms of Nature* 一书)

B11　R：数据分析和图形显示的程序设计环境

R 是由奥克兰大学统计学系的 Ross Ihaka 和 Robert Gentleman 共同创立的，被称为一种数据操作环境（附图 B15），是经过充分设计、结构统一的系统，并具有良好的可扩充性。R 有大量的扩展包（package）可以使用。这些包既包括经典的统计分析，也有新兴的统计技术，当然也包括大量的空间分析扩展包。软件下载地址为 https://cran.r-project.org/。这个网站是拥有统一资料，包括 R 的发布版本、包、文档和源代码的网络集合。

附图 B15　R 的 logo

附录 C 数据集（Excel 和 GIS 格式）

本书各章案例用到的数据列表及其格式请见附表 C1 说明，数据下载地址：http://www.sssampling.cn/201sdabook/data.html。

附表 C1 各章案例用到的数据列表及格式

章	用到的数据	数据名称及格式
引论	无	无
第 1 章 GIS 简介	某县出生缺陷数据	某县.mxd; river.shp; road.shp; town.shp
第 2 章 地图分析	无	
第 3 章 空间总体特性	某县出生缺陷数据	village_point270.shp
第 4 章 空间抽样	某县林地数据	无
第 5 章 空间插值	某县出生缺陷数据	village_point270.shp
第 6 章 空间格局	北京市某病密切接触者点位	北京某疾病模拟数据.shp
	某县出生缺陷数据	Village_point270.shp, Geo.geo，control.ctl，case.cas
	CrimeStat 自带数据	BALTPOP.DBF
第 7 章 空间回归	某县出生缺陷数据	Village_point270.shp; Village_point270.GWT
第 8 章 地理探测器	某县出生缺陷数据	NTD.xls
第 9 章 决策树与随机森林	某县出生缺陷数据	NTD.xls
	全国中华按蚊出现点	sample_presence.csv sample_absence.csv
第 10 章 贝叶斯网络推理	某县出生缺陷数据	NTD.xls; BN1.bnc
第 11 章 深度学习	中国 $PM_{2.5}$ 年度浓度	DL_TrainingCA.csv
	中国人口、GDP、地形数据	DL_TrainingCA.csv
第 12 章 粗糙集	某县出生缺陷数据	NTD_Table_RoughSet.xls
第 13 章 支持向量机	某县出生缺陷数据	NTD_factor_train.csv; NTD_factor_test.csv
第 14 章 粒子群算法	某县出生缺陷数据	NTDS.xlsx; NTD_train.csv; NTD_test.csv
第 15 章 期望最大化算法	某县出生缺陷数据	NTD_test.csv，NTD_train.csv
	某县出生缺陷影响因素数据	NTD.xls
第 16 章 EOF 和小波分析	我国东部 1951~2000 年 37 个气象站点 50 年夏季降水	ECPPT.xlsx; 37.shp
第 17 章 贝叶斯最大熵	西安市 13 个空气质量监测站在 2015 年 12 月 25~31 日的日均 $PM_{2.5}$ 监测数据	XianPM25_Dec_BME.csv
第 18 章 贝叶斯层次模型	1995~2014 年中国老龄化数据	Chinese Prov Aging Pop Data for BHM.txt
第 19 章 地理演化树模型	无	
第 20 章 Genbank 序列时空进化分析	中国大陆 H7N9 病毒 DNA 序列 HA 片段时空数据	H7N9_HA_Origin.fa